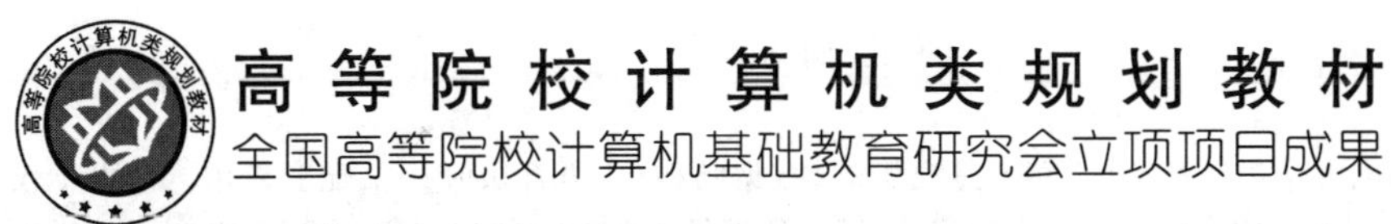

数据结构分析与解答
（C 语言版）

牛为华　袁和金　刘　军
王　妤　王翠茹　编著

北京邮电大学出版社
www. buptpress. com

内容简介

本书与北京邮电大学出版社 2019 年 8 月出版的《数据结构(C 语言版)》一书配套使用。本书不仅对配套教材的课后习题进行了详细的分析和解答，还对数据结构各章的知识结构、知识要点和难点进行了分析和总结。本书不仅可以作为教材的配套辅导资料，还可单独使用。书中精选了一些综合性较强、难度较大的题目作为例题进行讲解，可以满足学生的自学需求，有助于培养他们综合运用所学知识解决实际问题的能力。本书附录中包含近几年计算机专业全国硕士研究生招生考试数据结构部分的真题及模拟试卷，帮助学生了解考研的题型、难度和知识要点，提高他们的实际应用能力。本书既可作为各大中专院校“数据结构”课程的复习资料，又可作为相关专业自学考试与硕士入学考试“数据结构”科目的复习资料。

图书在版编目(CIP)数据

数据结构分析与解答 ：C 语言版 / 牛为华等编著 . -- 北京 ：北京邮电大学出版社，2022.3
ISBN 978-7-5635-6581-8

Ⅰ. ①数… Ⅱ. ①牛… Ⅲ. ①数据结构—教学参考资料②C 语言—程序设计—教学参考资料
Ⅳ. ①TP311.12②TP312.8

中国版本图书馆 CIP 数据核字(2021)第 255941 号

策划编辑：马晓仟　　**责任编辑**：王晓丹　左佳灵　　**封面设计**：七星博纳

出版发行：北京邮电大学出版社
社　　址：北京市海淀区西土城路 10 号
邮政编码：100876
发 行 部：电话：010-62282185　传真：010-62283578
E-mail：publish@bupt.edu.cn
经　　销：各地新华书店
印　　刷：保定市中画美凯印刷有限公司
开　　本：787 mm×1 092 mm　1/16
印　　张：18.75
字　　数：441 千字
版　　次：2022 年 3 月第 1 版
印　　次：2022 年 3 月第 1 次印刷

ISBN 978-7-5635-6581-8　　定价：48.00 元

前　　言

数据结构的原理和算法比较抽象，对于只有计算机程序设计基础知识的本科低年级学生来说，深入理解和熟练掌握其中的原理和算法是比较困难的，需要通过大量的习题来复习和巩固所学的知识，为此，我们编写了本书。本书遵循全国高等院校计算机相关专业本科“数据结构”课程教学大纲的要求，简要分析了各章的知识结构、难点，并归纳和总结了各章的知识要点；精选了一些难度稍大、综合性较强的题目作为例题进行详细的分析和解答；给出了与教材配套的习题及其分析和解答，这些习题内容丰富，题型多样，较好地覆盖了数据结构的相关知识；提供了近几年计算机专业全国硕士研究生招生考试中一些数据结构相关的试题及其解析，并汇编了几套模拟试题，便于学生自学和测验。

全书共分绪论、顺序表、链表、数组和广义表、字符串、树、图、查找表、内排序等内容。本书可以作为《数据结构(C语言版)》一书的配套辅导资料，适合作为计算机科学与技术、软件工程、网络工程，以及电子、信息相关专业数据结构知识的教辅资料，也可供从事相关工作的科技与工程人员参考。

本书由牛为华组织编写并统稿。其中，第1～4章由牛为华编写，第5～7章由袁和金编写，第8～9章由刘军编写，附录部分由王妤编写，王翠茹教授认真审阅了全书并提出了许多宝贵意见。

由于编者水平有限，本书难免存在不妥之处，恳请读者批评指正。

目　　录

第1章 绪 论

“数据结构”是计算机学科的一门专业基础课程，它为后续的多门专业课程提供了必要的知识和技能准备。例如，程序设计语言及其编译技术会用到栈、散列表及语法树，操作系统会用到队列、存储管理表及目录树，数据库系统会用到线性表、多重链表以及索引树等基本数据结构及其相关算法。

本章首先介绍了数据结构的一些基本概念、数据的逻辑结构和存储结构，以及数据类型的定义，然后阐述了算法设计的要求和方法，最后讨论了分析算法时间复杂度的方法。本章的重点在于了解数据结构的各个名词，以及时间复杂度、空间复杂度的估算。其中，算法时间复杂度的分析是本章的难点所在。

知识结构图

本章的知识结构如图1.1所示。

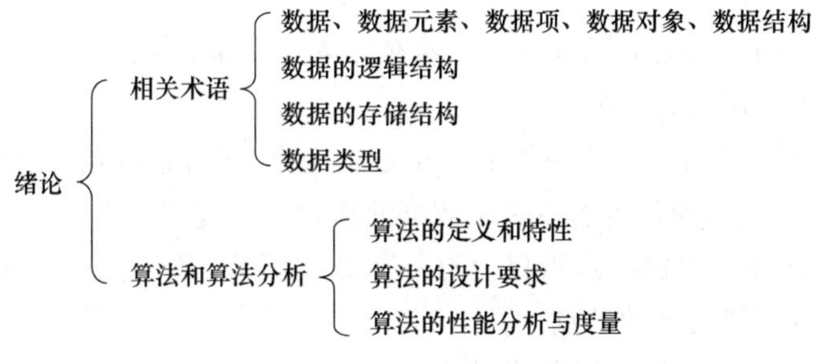

图1.1 绪论的知识结构

1.1 知识要点

1.1.1 相关术语

1. 数据、数据元素、数据项、数据对象、数据结构

数据：数据是对客观事物的符号表示，在计算机科学中是指所有能输入计算机并被计算机程序处理的符号的总称。

数据元素：数据元素是数据的基本单位，在计算机程序中通常作为一个整体进行考虑和处理。一个数据元素可以由若干个数据项组成。

数据项:数据项是数据的不可分割的最小单位。

数据对象:数据对象是性质相同的数据元素的集合,是数据的一个子集。

数据结构:数据结构是相互之间存在一种或多种特定关系的数据元素的集合。数据结构包括三方面的内容,即数据的逻辑结构、数据的存储结构和数据的运算。

2. 数据的逻辑结构

逻辑结构是数据元素之间的逻辑关系。数据的逻辑结构可以看作是从具体问题上抽象出来的数学模型,通常我们把数据元素之间的关联方式(邻接关系)叫作数据元素间的逻辑关系。数据元素之间逻辑关系的整体称为逻辑结构。表示方法通常有四种:

(1) 集合:结构中的数据元素之间除了“同属于一个集合”的关系外,别无其他关系。

(2) 线性结构:结构中的数据元素之间存在一对一的关系。若结构是非空集,则有且仅有一个开始结点,有且仅有一个终端结点,并且除开始结点无直接前驱和终端结点无直接后继外,其他所有结点有且仅有一个直接前驱和一个直接后继。

(3) 树形结构:结构中的数据元素之间存在一对多的关系。若结构是非空集,则除第一个结点外,其他所有结点都只有一个直接前驱,除叶子结点外,其他所有结点可能有多个直接后继。

(4) 图状结构:结构中的数据元素之间存在多对多的关系。若结构是非空集,则所有结点都可能有多个直接前驱和多个直接后继。

3. 数据的存储结构

数据的存储结构是指数据元素及其关系在计算机存储器中的表示。元素间的关系在计算机内的表示方法通常有四种:

(1) 顺序存储:每个存储结点只含有一个数据元素,所有结点相继存放在一个连续的存储区里,用存储结点间的位置关系表示数据元素之间的逻辑关系。

(2) 链式存储:每个存储结点不仅含有一个数据元素,还包含一组指针,每个指针指向一个与本结点有逻辑关系的结点。

(3) 索引存储:在存储结点信息的同时,还建立索引表,索引表的每一项称为索引项,索引项的一般形式是“(关键字,地址)”。关键字是能唯一标识一个结点的那些数据项,地址表示该关键字所在结点的起始存储位置。

(4) 散列存储:根据结点的关键字,采用某种方法,直接计算出结点的存储地址。

4. 数据类型

数据类型是一个值的集合和定义在这个值集上的一组操作的总称。通常包括以下三种类型:

(1) 原子类型:其值不可再分的数据类型。

(2) 结构类型:结构类型的值由若干成分按某种结构组成,而且它的成分可以是非结构的,也可以是结构的。

(3) 抽象数据类型:抽象数据类型和数据类型实质上是一个概念,是指一个数学模型以及定义在该模型上的一组操作。

1.1.2 算法和算法分析

1. 算法的定义和特性

算法是指解决某一特定类型问题的有限运算序列，其中每一条指令表示一个或多个操作。一个算法应该具有下列特性：

(1) 有穷性：一个算法必须在有穷步之后结束，即必须在有限时间内完成。

(2) 确定性：算法的每一步必须有确切的定义，无二义性，算法的执行对应着相同的输入仅有唯一的一条执行路径。

(3) 可行性：算法中的每一步都可以通过已经实现的基本运算的有限次执行得以实现。

(4) 输入：一个算法具有零个或多个输入，这些输入取自特定的数据对象集合。

(5) 输出：一个算法具有一个或多个输出，这些输出同输入之间存在某种特定的关系。

2. 算法的设计要求

(1) 正确：算法的执行结果应当满足预先规定的功能和性能要求。

(2) 可读：一个算法应当思路清晰、层次分明、简单明了、易读易懂。

(3) 健壮：当输入的不是合法数据时，应能进行适当处理，不至于引起严重后果。

(4) 高效：有效地使用存储空间和具有较高的时间效率。

3. 算法的性能分析与度量

算法的时间复杂度是执行该算法所耗费的时间，通常是问题规模为 n 的函数 $T(n)$。在实际分析时，可将语句执行次数的多少作为算法的时间量度。通常采用大 O 记号法来表示算法的时间复杂度。一般情况下有：

$$O(1)<O(\log_2 n)<O(n)<O(n\log_2 n)<O(n^2)<O(n^3)<O(2^n)$$

算法的空间复杂度是指该算法所消耗的存储空间，它也是问题规模 n 的函数 $S(n)$。

1.2 典型例题分析

例 1 简述数据的逻辑结构和存储结构的区别和联系。

解答 数据的逻辑结构反映的是数据之间的固有关系，而数据的存储结构是数据在计算机中的存储表示。可以采用不同的存储结构来表示具有逻辑结构特性的数据，如线性表可以用顺序表表示，也可以用链表来表示。当然采用的存储结构不同，对数据的操作在灵活性、算法复杂度等方面的差别也较大。

例 2 下列是几种用二元组表示的数据结构，画出它们分别对应的逻辑图形，并指出它们分别属于何种结构。

(1) $A=(K, R)$，其中：

$$K=\{a, b, c, d, e, f, g, h\}$$

$$R=\{r\}$$

$$r=\{<a, b>, <b, c>, <c, d>, <d, e>, <e, f>, <f, g>, <g, h>\}$$

(2) $B=(K, R)$,其中:

$$K=\{a, b, c, d, e, f, g, h\}$$

$$R=\{r\}$$

$$r=\{\langle d, b\rangle, \langle d, g\rangle, \langle d, a\rangle, \langle b, c\rangle, \langle g, e\rangle, \langle g, h\rangle, \langle e, f\rangle\}$$

(3) $C=(K, R)$,其中:

$$K=\{1, 2, 3, 4, 5, 6\}$$

$$R=\{r\}$$

$$r=\{(1, 2), (2, 3), (2, 4), (3, 4), (3, 5), (3, 6), (4, 5), (4, 6)\}$$

这里的圆括号对表示两结点是双向的。

(4) $D=(K, R)$,其中:

$$K=\{48, 25, 64, 57, 82, 36, 75\}$$

$$R=\{r_1, r_2\}$$

$$r_1=\{\langle 25, 36\rangle, \langle 36, 48\rangle, \langle 48, 57\rangle, \langle 57, 64\rangle, \langle 64, 75\rangle, \langle 75, 82\rangle\}$$

$$r_2=\{\langle 48, 25\rangle, \langle 48, 64\rangle, \langle 64, 57\rangle, \langle 64, 82\rangle, \langle 25, 36\rangle, \langle 82, 75\rangle\}$$

解答 (1) A 对应逻辑图形如图 1.2 所示,它是一种线性结构。

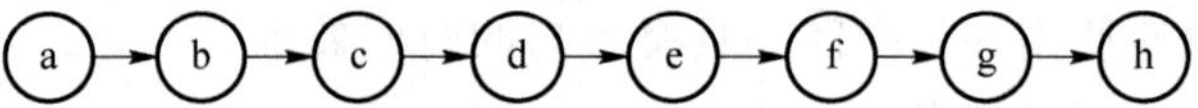

图 1.2 对应 A 的逻辑结构图示

(2) B 对应逻辑图形如图 1.3 所示,它是一种树形结构。

(3) C 对应逻辑图形如图 1.4 所示,它是一种图状结构。

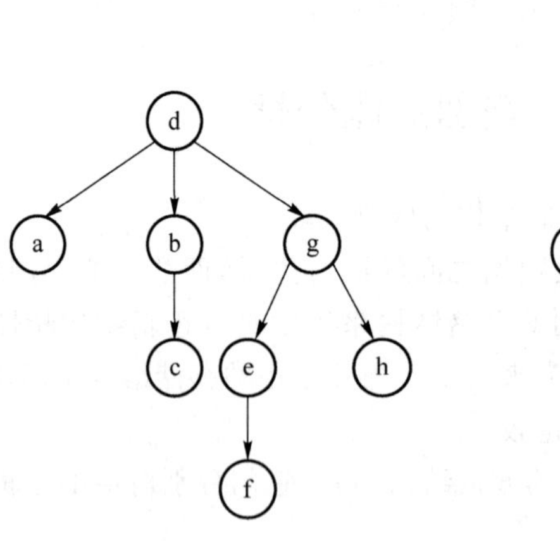

图 1.3 对应 B 的逻辑结构图示

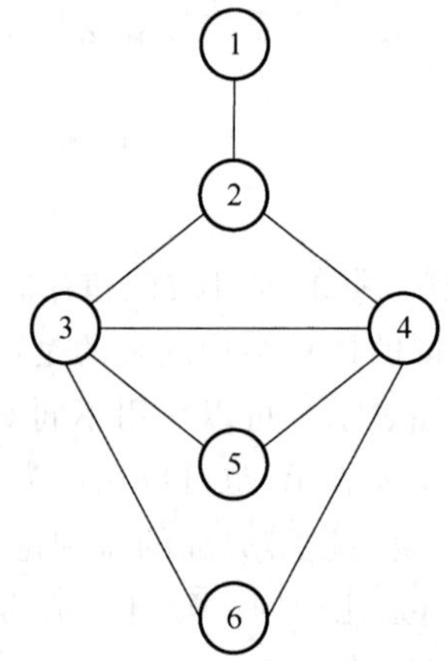

图 1.4 对应 C 的逻辑结构图示

(4) D 对应逻辑图形如图 1.5 所示,它是一种图状结构,r_1(对应图中虚线部分)为线性结构,r_2(对应图中实线部分)则为树形结构。

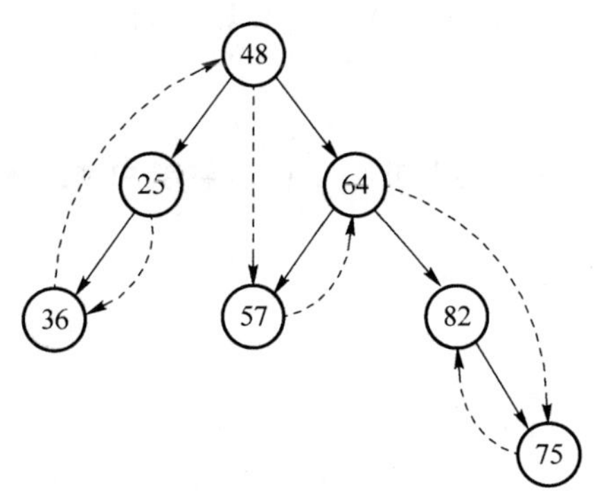

图 1.5 对应 D 的逻辑结构图示

例 3 举一个数据结构的例子,叙述其逻辑结构、存储结构和运算三方面的内容。

解答 例如有一份通讯录,如表 1.1 所示,记录了相关人员的电话号码,将其按姓名一人占一行构成表,这个表是一个数据结构,每一行为一个记录,每个记录(包括姓名、工作单位、职务、电话号码)即为一个结点,对于整个表来说,只有一个开始结点(前面无记录)和一个终端结点(后面无记录),其他结点则各有一个也只有一个直接前驱和直接后继(它的前面和后面均有且仅有一个记录)。这几个关系就确定了这个表的逻辑结构。

表 1.1 通讯录

姓名	工作单位	职务	电话号码
吴浩	市交警大队	副大队长	88234567
汪涌	市自来水公司	职工	87342567
…	…	…	…

那么怎样把这个表中的数据存储到计算机里呢?用高级语言如何表示各结点之间的关系呢?是用一段连续的内存单元来存放这些记录(如用数组表示),还是随机存放各结点数据再用指针进行链接呢?这就是存储结构的问题。我们都是从高级语言的层次来讨论这个问题的。例如,若用链式存储方式,结点的数据类型定义如下:

```
struct node{
    char name[8];              //存放姓名的数据域
    char dept[20];             //存放工作单位的数据域
    char duty[10];             //存放职务的数据域
    char num[11];              //存放电话号码的数据域
    struct node *next;         //指向下一个结点的指针
}
```

例 4 求两个 n 阶矩形的乘法 $C=A\times B$,其算法如下:

```
#define m 100
void maxtrixmult(int n, float a[m][m], float b[m][m], float &c[m][m])
{
    int i, j, k;
    float x;
    for (i = 1; i <= n; i++)                    ①
    {
        for (j = 1; j <= n; j++)                ②
        {
            x = 0;                              ③
            for (k = 1; k <= n; k++)            ④
                x += a[i][k] * b[k][j];         ⑤
            c[i][j] = x;                        ⑥
        }
    }
}
```

说明该算法的时间复杂度。

解答 该算法中主要语句的频度分别是:

① $n+1$; ② $n(n+1)$; ③ n^2; ④ $n^2(n+1)$; ⑤ n^3; ⑥ n^2

时间复杂度为所有语句的频度之和,即 $T(n)=2n^3+3n^2+2n+1=O(n^3)$。

教材习题 1

1. 什么是数据结构?有关数据结构的讨论涉及哪三个方面?

2. 设有数据逻辑结构:line=(D, R)。其中:

$$D=\{01, 02, 03, 04, 05, 06, 07, 08, 09, 10\}$$

$$R=\{r\}$$

$$r=\{<05, 01>, <01, 03>, <03, 08>, <08, 02>, <02, 07>, <07, 04>, <04, 06>, <06, 09>, <09, 10>\}$$

试分析该数据结构属于哪种逻辑结构。

3. 什么是算法?试根据算法特性解释算法与程序的区别。

4. 设有三个值大小不同的整数 a, b 和 c,试求:

(1) 其中值最大的整数;

(2) 其中值最小的整数；

(3) 其中位于中间值的整数。

5. 为字符串定义一个 ADT(Abstract Data Type,抽象数据类型),该 ADT 要包含字符串的常用操作,每个操作定义一个函数,每个函数由它的输入输出来定义。

6. 设 n 为整数,指出下列各算法的时间复杂度。

(1)
```
void prime (int n)              //n 为一个正整数
{
    int i  = 2;
    while ( (n % i) != 0 && i * 1.0 < sqrt(n) )
        i ++ ;
    if ( i * 1.0 > sqrt(n) )
        printf (" %d 是一个素数\n", n);
    else
        printf (" %d 不是一个素数\n", n);
}
```

(2)
```
int sum1 (int n)           //n 为一个正整数
{
    int p = 1, sum = 0, i;
    for (i = 1; i <= n; i ++ )
    {
        p *=  i;
        sum +=  p;
    }
    return sum;
}
```

(3)
```
int sum2 (int n)            //n 为一个正整数
{
    int sum = 0, i, j;
    for (i = 1; i <= n; i ++ )
    {
        p = 1;
        for (j = 1; j <= i; j ++ )
            p *=  j;
        sum +=  p;
    }
    return sum;
}
```

7. 考查下列两段描述。它们是否满足算法的特征?若不满足,说明违反了哪些特征。

(1) void exam1( )
```
{
    n = 2;
    while ( n % 2 == 0 )
        n = n + 2;
    printf (" % d\n");
}
```

(2) void exam2( )
```
{
    y = 0;
    x = 5/y;
    printf (" % d, % d\n", x, y );
}
```

习题 1 答案及解析

1. 数据结构是相互之间存在一种或多种特定关系的数据元素的集合。数据结构包括三方面的内容:数据的逻辑结构、数据的存储结构和数据的运算。数据结构课程的内容包括三个层次的五个"要素",如表 1.2 所示。

表 1.2　数据结构课程的内容构成

层次	方面	
	数据表示	数据处理
抽象	逻辑结构	基本运算
实现	存储结构	算法
评价	不同结构的比较及算法分析	

2. 题中的逻辑关系图形如图 1.6 所示。

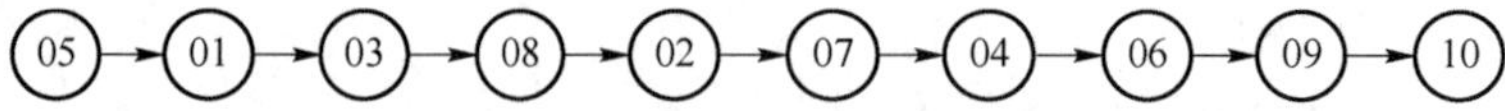

图 1.6　数据的线性结构示意图

在 line 中,每个数据元素有且仅有一个直接前驱元素(除结构中第一个元素 05 外),有且仅有一个直接后继元素(除结构中最后一个元素 10 外)。这种数据结构的特点是数据元素之间存在一对一的关系,即线性关系,因此本题所给定的数据结构为线性结构。

3. 算法是解决问题的步骤;程序是算法的代码实现。按照算法的特性来比较算法与程序的区别如下：

(1) 算法是求解问题的有穷操作序列,算法可以用程序来描述或实现,算法必须终止而程序则不一定；

(2) 算法对于特定的输入有特定的输出,程序提供了确定算法结果的平台；

(3) 算法有输入,算法的输入依靠程序的平台提供；

(4) 算法有输出,算法的输出也靠代码的支持。

4. 按照题目要求,分别设计算法如下：

(1) 求值最大的整数。

```
void max( )
{
    int max, a, b, c;
    max = a;
    if(b > max)
        max = b;
    if(c > max)
        max = c;
    printf ("max = %d", max);
}
```

(2) 求值最小的整数。

```
void min( )
{
    int min, a, b, c;
    min = a;
    if(b < min)
        min = b;
    if(c < min)
        min = c;
    printf ("min = %d", min);
}
```

(3) 求值位于中间的整数。

```
void minddle ( )
{
    int temp, a, b, c;
    if(a > b)
    {
        temp = a;
```

```
        a = b;
        b = temp;
    }
    if(a > c)
    {
        temp = a;
        a = c;
        c = temp;
    }
    if (b > c)
    {
        temp = b;
        b = c;
        c = temp;
    }
    printf ("middle = %d", b);
}
```

5. ADT String {

```
        数据对象:D = {s|s 为字符类型}
        数据关系:R = {所有数据元素均为字符类型}
        基本操作:
        void createNULLStr ( );                  //创建一个空串
        bool IsNULLStr (String s);               //判断串 s 是否为空串
        int length (String s);                   //返回串 s 的长度
        void Strassign (String &s, String &t);   //将串 t 的值赋给串 s,串
                                                   s 中的原值被覆盖掉
        String concat (String s1, String s2);    //返回将串 s1 和 s2 拼接
                                                   在一起构成一个新串
        String subStr (String s, int i, int j);  //在串 s 中,求从串的第 i
                                                   个字符开始连续 j 个字
                                                   符所构成的子串
        int index (String s1, String s2);        //如果串 s2 是 s1 的子串,
                                                   则可求串 s2 在串 s1 中
                                                   第一次出现的位置
        void replace (String &s, String &t, String &v);//用串 v 替换主串
                                                   s 中的子串 t
}ADT String
```

6.（1）算法的时间复杂度是由嵌套最深层语句的执行次数决定的。prime 算法的嵌套最深层语句为 i++，它的执行次数由条件“(n%i) != 0 && i*1.0<sqrt(n)”决定，显然执行次数小于 sqrt(n)，所以 prime 算法的时间复杂度是 $O(n^{1/2})$。

（2）sum1 算法的嵌套最深层语句为 sum+=p，它的执行次数为 n 次，所以 sum1 算法的时间复杂度是 $O(n)$。

（3）sum2 算法嵌套最深层语句为 p*=j，它的执行次数为 $1+2+3+\cdots+n=n(n+1)/2$ 次，所以 sum2 算法的时间复杂度是 $O(n^2)$。

7.（1）不满足算法的特征，是一个死循环，违反了算法的有穷性特征。

（2）不满足算法的特征，包含除零的错误，违反了算法的可行性特征。

第2章　顺　序　表

线性表的顺序存储结构也称为顺序表，顺序表是线性表的一种最简单的存储结构。本章详细介绍了线性表以及限定性线性表（栈和队列）的基本概念、顺序存储结构和基本运算在顺序表上的实现过程。

本章首先介绍了线性结构的性质，然后重点阐述了线性表、栈和队列的定义、特点、存储方法以及基本运算的实现。其中：线性表的逻辑结构及特点、线性表的顺序存储结构及寻址公式、线性表的插入和删除运算在顺序存储结构上的实现、栈的特点、栈结构在顺序存储结构上的实现、队列的特点、循环队列在顺序存储结构上的实现以及队列的简单应用是本章的重点内容；而线性表、栈和队列的存储以及基本运算在顺序存储结构上的实现则是本章的难点。

知识结构图

本章的知识结构如图 2.1 所示。

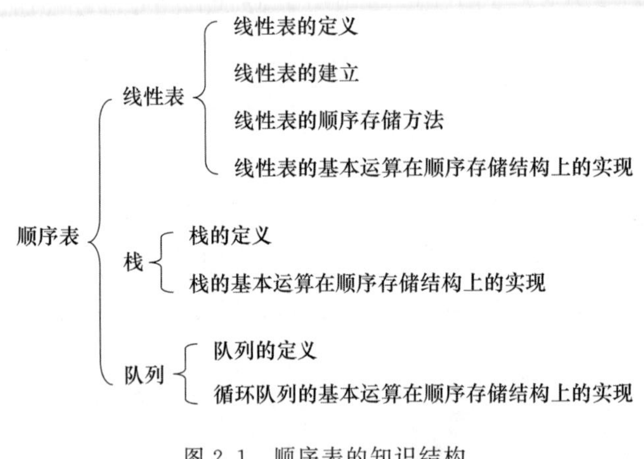

图 2.1　顺序表的知识结构

2.1　知识要点

2.1.1　线性表

1. 线性表的定义

线性表是零个或多个数据元素的有穷序列，通常可表示成：a_1，a_2，…，a_n（$n \geqslant 0$）。n

称为表的长度。若 $n=0$，则线性表为空表。当 $n\geqslant 1$ 时，a_1 称为第一元素，a_n 称为最后一个元素，称 a_i 是 a_{i+1} 的前驱，a_{i+1} 是 a_i 的后继。i 称为 a_i 的序号(或叫索引)。线性表的逻辑结构是线性结构。

线性表的定义如下：

```
#define Maxsize          //线性表中数据元素个数的最大值
typedef ElemType Linear_list[Maxsize+1];
```

这里的 ElemType 可以是任何相应的数据类型，如 int，float 或 char 等。

2. 线性表的建立

输入 n 个整数，产生一个存储这些整数的线性表 L 的函数如下：

```
void create (Linear_list &L, int n)
{
    int i;
    for (i=0; i<n; i++)
        scanf ("%d", &L[i]);
}
```

3. 线性表的存储方法

线性表的顺序存储结构用一组连续的存储单元依次存储线性表的各个数据元素。若已知第一个元素 a_1 的存储地址为 $\mathrm{Loc}(a_1)$，线性表的每个元素占用 C 个连续的存储单元，则对线性表中任一元素 a_i 的寻址公式为：

$$\mathrm{Loc}(a_i)=\mathrm{Loc}(a_1)+(i-1)*C(1\leqslant i\leqslant n)$$

任给一个 i，便可以很快计算出 $\mathrm{Loc}(a_i)$。因此，对顺序存储的线性表要查找任何一个元素都很方便，是随机存取的。

顺序存储的优点：

(1) 可以随机存取；

(2) 空间利用率高；

(3) 结构简单。

顺序存储的缺点：

(1) 需要一片地址连续的存储空间；

(2) 插入和删除元素时不方便，大量的时间用在元素的搬家上；

(3) 在预分配存储空间时，可能造成空间的浪费；

(4) 线性表的容量难以扩充。

4. 线性表的基本运算在顺序存储结构上的实现

(1) 插入

```
void Insertsql (Linear_list &L, int i, ElemType x, int &n)
/*在长度为n的线性表的第i个元素之前插入一个元素x,L为存储线性表的向量,
  且假定其上界大于n*/
```

```
{
    if ((i<1) || (i>n+1))
        error ("插入的位置非法");
    else
    {
        for (j=n; j>=i; j--)
            L[j+1] = L[j];          //一些元素后移
        L[j] = x;                   //新元素插入
        n = n+1;                    //修改长度
    }
}
```

在线性表各个位置插入元素概率相等的情况下,插入一个元素平均需要移动 $n/2$ 个元素。

(2) 删除

```
void Deletesql (Linear_list &L, int i, int &n)
//删除长度为 n 的线性表 L 的第 i 个元素
{
    if((i<1)||(i>n))
        error("No this node");
    else
    {
        for(j=i+1; j<=n; j++)
            L[j-1] = L[j];
        n = n-1;
    }
}
```

在删除线性表各个位置元素的概率相等的情况下,删除一个元素平均需要移动 $(n-1)/2$ 个元素。

(3) 定位

```
int Locatesql(Linear_list &L, ElemType x)
//求给定元素 x 在线性表 L 中的最小序号
{
    i = 1;
    while ((i<=n)&&(L[i]!=x))
        i = i+1;
    if (i<=n)
        return i;
```

```
    else
        return 0;
}
```

在查找成功的情况下，当线性表中各个元素的查找概率相等时，平均需要比较$(n+1)/2$次，查找失败时的比较次数为n次。

2.1.2 栈

1. 栈的定义

栈是限定仅在表尾进行插入或删除操作的线性表。通常称表尾端为栈顶(top)，称表头端为栈底(bottom)。不含元素的空表称为空栈。由于栈中元素的插入和删除只在其顶端进行，故总是最后放入的元素最先出来，最先放入的元素最后出来，因此栈也被称为后进先出的线性表。

栈的定义如下：

```
#define Maxsize          //栈中元素个数的最大值
typedef ElemType Stack[Maxsize + 1];
int top;
```

这里的ElemType可以是任何相应的数据类型，如int，float或char等。

2. 栈的基本运算在顺序存储结构上的实现

(1) 进栈

```
void PushStack (Stack &S, ElemType x, int &top)
//若栈不满，修改栈顶 top 的值，然后将入栈元素放入新的栈顶所指的位置上
{
    if (top == Maxsize)
        error ("上溢");
    else
    {
        top = top + 1;
        S[top] = x;
    }
}
```

(2) 出栈

```
void PopStack(Stack &S, int &top)
//若栈不空，修改栈顶指针为 top = top - 1
{
    if (top == 0)
        error ("下溢");
```

```
    else
        top = top - 1;
}
```

2.1.3 队列

1. 队列的定义

队列也是一种运算受限的线性表,在这种线性表上,插入限定在表的某一端进行,删除限定在表的另一端进行。允许插入的一端称为队尾,允许删除的一端称为队头。设 $Q=(a_1,a_2,\cdots,a_n)$,那么,a_1 为队头元素,a_n 则是队尾元素。队列中的元素是按照 $a_1,a_2,\cdots,a_n$ 的顺序进入的,退出队列只能按照进队的次序依次退出,因此通常称队列为先进先出的线性表。

队列的定义如下:

```
#define Maxsize        //队列中元素个数的最大值
typedef ElemType Queue[Maxsize + 1];
int front, rear;
```

这里的 ElemType 可以是任何相应的数据类型,如 int,float 或 char 等。

在实际应用中,一般把队列设想为一个循环的表,即数组的首尾相连:Q[0]接在Q[Maxsize]后,这种存储结构称之为循环队列。

2. 循环队列的基本运算在顺序存储结构上的实现

(1) 入队

```
void InQueue (Queue &Q, ElemType x)
{
    if((rear + 1) % Maxsize == front)
        error ("队满");
    else
    {
        rear = (rear + 1) % Maxsize;
        Q[rear] = x;
    }
}
```

(2) 出队

```
void OutQueue (Queue &Q)
{
    if(rear == front)
        error ("队空");
    else
```

```
        front = (front + 1) % Maxsize;
    }
```

2.2 典型例题分析

例 1 在顺序表中插入和删除一个结点需平均移动多少个结点？具体的移动次数取决于哪些因素？

解答 (1) 在等概率情况下,顺序表中插入一个结点需平均移动 $n/2$ 个结点。删除一个结点需平均移动 $(n-1)/2$ 个结点。

(2) 具体的移动次数取决于顺序表的长度 n 以及需插入或删除的位置 i。i 越接近 n 则所需移动的结点数越少。

例 2 线性表中元素存放在向量 **A** 中,元素是整型数。试用递归算法求出向量 **A** 中的最大和最小元素。

解答 递归终止条件只有一个元素时,最大最小元素就为该元素;没有元素时,没有最大和最小元素。

递归式为 GetMaxMin(A(1,…, n))=max/min(GetMaxMin(A(n)),GetMaxMin(A(1,…, n−1))。

算法描述如下:

```
void GetMaxMin (int A[], int n, int *max, int *min)
{
    if (n == 1)
    {
        *max = A[1];
        *min = A[1];
    }
    else
    {
        GetMaxMin (A, n - 1, max, min);
        if (A[n] > *max)
            *max = A[n];
        if (A[n] < *min)
            *min = A[n];
    }
}
```

例 3 写一算法,删除线性表 A 中从第 i 个元素起的连续 k 个元素。

解答 本题考查的是关于线性表中元素的删除运算,与基本删除运算类似,只不过是

找到第 i 个元素后删除 k 个元素。

算法描述如下：

```
void DeleteK (Linear_list &A, int i, int k, int &n)
{
    if (i<1||k<0||i+k-1>n)
        error ("没有 k 个元素可供删除!");
    for (count=1; i+count-1<=n-k; count++)      //注意循环结束的条件
        A[i+count-1] = A[i+count+k-1];
    n-= k;
}
```

例 4 写一算法，把元素 x 插入递增有序的线性表 A 中。

解答 本题考查的是关于线性表中元素的插入运算，与基本插入运算类似，不过需按照次序找到元素 x 应该在的位置。

算法描述如下：

```
void Insert (Linear_list &A, ElemType x, int &n)
{
    if (n+1>Maxsize)
        error ("表空间不足!");
    n++;
    for (i=n-1; A[i]>x && i>=0; i--)
        A[i+1] = A[i];
    A[i+1] = x;
}
```

例 5 已知在一维数组 A[1..m+n]中依次存放着两个向量$(a_1,a_2,\cdots,a_m)$和$(b_1,b_2,\cdots,b_n)$，编写一个函数将两个向量的位置互换，即把$(b_1,b_2,\cdots,b_n)$放到$(a_1,a_2,\cdots,a_m)$的前面。

解答 本题的主要思想是向量的插入与删除，但是如果只依照基本的插入和删除运算则需要移动大量的元素，所用时间较多。故本题采用的方法是：

(1) 先将 $A:(a_1,a_2,\cdots,a_m,b_1,b_2,\cdots,b_n)$的所有元素逆置，使之变成 $A:(b_n,\cdots,b_2,b_1,a_m,\cdots,a_2,a_1)$；

(2) 再将$(b_n,\cdots,b_2,b_1)$逆置为$(b_1,b_2,\cdots,b_n)$；

(3) 将$(a_m,\cdots,a_2,a_1)$逆置为$(a_1,a_2,\cdots,a_m)$。

经上面方法可得到最终结果 $A:(b_1,b_2\cdots,b_n,a_1,a_2,\cdots,a_m)$。

先编写一个逆置的函数如下，其功能是逆置 A 中 A[l]到 A[h]的部分。

```
void invert (Linear_list &A, int l, int h)
{
```

```
    for (i = l; i <= (l + h)/2; i ++ )
    {
        x = A[i];
        A[i] = A[l + h - i];
        A[l + h - i] = x;            //将 A[i]与 A[l + h - i]元素互换
    }
}
```

那么,实现本题功能的函数如下:

```
void exchange (Linear_list &A, int m, int n)
{
    invert (A, l, m + n);
    invert (A, l, n);
    Invert (A, n + l, m + n);
}
```

例 6 假设以 I 和 O 分别表示入栈和出栈操作,栈的初态和终态均为空,入栈和出栈的操作序列可表示为仅由 I 和 O 组成的序列。

(1) 下面所示的序列中哪些是合法的?

A. IOIIOIOO　　B. IOOIOIIO　　C. IIIOIOIO　　D. IIIOOIOO

(2) 通过对(1)的分析,写出一个算法判定所给的操作序列是否合法。若合法返回 1,否则返回 0(假设被判定的操作序列已存入一维数组中)。

解答 (1) A,D 均合法;而 B,C 不合法。因为,在 B 中,先入栈 1 次,立即出栈 2 次,这会造成栈下溢;在 C 中共入栈 5 次,出栈 3 次,栈的终态不为空。

(2) 本例用一个栈来判断操作序列是否合法,其中 A 为存放操作序列的字符数组,n 为该数组的元素个数(这里的 ElemType 类型设定为 char)。

算法描述如下:

```
int judge (char A[ ], int n)
{
    int i;
    ElemType x;
    Stack S;
    InitStack(S);
    for (i = 1; i <= n; i ++ )
    {
        if (A[i] == 'I'              //入栈
            Push (S, x);
        else if (A[i] == 'O')        //出栈
            Pop (S);
```

```
        else return 0;                    //其他值无效退出
    }
    if (Empty(S) == true)
        return 1;
    else
        return 0;                         //栈空时返回1,否则返回0
}
```

例 7 编写一个函数求逆波兰表达式的值,其中波兰表达式是在该函数中输入的。

解答 对逆波兰表达式求值的函数要用到一个数栈 Stack,其实现过程如下:以字符形式由键盘输入一个逆波兰表达式(为简单起见,设逆波兰表达式中参加运算的数都只有一位数字),该逆波兰表达式存放在字符型数组 exp 中,从逆波兰表达式的开始依次扫描这个表达式。当遇到运算对象时,就把它压入数栈 Stack;当遇到运算符时,就执行两次弹出数栈 Stack 中的数的操作,对弹出的数进行该运算符所指定的运算,再把结果压入数栈 Stack。重复上述过程,直至扫描到表达式的终止符“#”,在数栈顶得到表达式的值。

算法描述如下:

```
#define Maxisze 100                  //Maxsize 为算术表达式中最多的字符个数
void compvalue ( )
{
    char exp[Maxsize];               //输入的逆波兰表达式
    float Stack[Maxsize], d;         //作为栈使用
    char c;
    int i = 0, t = 0, top = 0;       //t 作为 exp 的下标,top 作为 Stack 的下标
    while (exp[i]!= '#' && i < Maxsize)    //获取用户输入的逆波兰表达式
    {
        scanf ("%c", &exp[i]);
        i++;
    }
    exp[i+1] = '\0';
    c = exp[t];
    t++;
    while(c!= '#')
    {
        d=c-'0';                     //将数字字符转换成对应的数值
        if (c>='0'&& c<='9')
        {
            top++;
            Stack[top] = d;
        }
```

```
        else                              //判定是运算符
        {
            switch(c)
            {
                case '+': Stack[top-1] = Stack[top-1] + Stack[top];
                break;
                case '-': Stack[top-1] = Stack[top-1] - Stack[top];
                break;
                case '*': Stack[top-1] = Stack[top-1] * Stack[top];
                break;
                case '/': if (Stack[top]! =0)
                              Stack[top-1] = Stack[top-1]/Stack[top];
                          else
                              printf ("除零错误! \n");
                break;
            }
            top--;
        }
        c = exp[t];
        t++;
    }
    printf ("计算结果是:%f", Stack[top]);
}
```

例 8 证明:有可能从初始输入序列 1,2,…,n,利用一个栈得到输出序列 $p_1,p_2,\cdots,p_n$($p_1,p_2,\cdots,p_n$ 是 1,2,…,n 的一种排列)的充分必要条件是不存在这样的 i,j,k 满足 $i<j<k$,同时 $p_j<p_k<p_i$。

证明 (1) 充分条件

如果不存在这样的 i,j,k,同时满足 $i<j<k$ 和 $p_j<p_k<p_i$,即对于输入序列…,p_j,…,p_k,…,p_i,… ($p_j<p_k<p_i$),不存在这样的输出序列…,p_i,…,p_j,…,p_k,…(或简单地对于输入序列 1,2,3 不存在输出序列 3,1,2)。

从中看到,p_i 后进先出,满足栈的特点,因为 p_i 最大也就是在 p_j 和 p_k 之后进入,却在输出序列中排在 p_j 和 p_k 之前,同时说明,在 p_k 之前先进入的 p_j 不可能在 p_k 之前出来,反过来说明满足先进后出的特点,所以构成一个栈。

(2) 必要条件

如果初始输入序列是 1,2,…,n,假设是进栈,又同时存在这样的 i,j,k 满足 $i<j<k$ 和 $p_j<p_k<p_i$,即对于输入序列…,p_j,…,p_k,…,p_i,…($p_j<p_k<p_i$),存在这样的输出序列…,p_i,…,p_j,…,p_k,…。

从中看到,p_i 后进先出,满足栈的特点,因为 p_i 最大也就是在 p_j 和 p_k 之后进入,同时看到在 p_k 之前先进入的 p_j 却在 p_k 之前出来,反过来说明不满足先进后出的特点,与前面的假设不一致。

例 9 假设 Q 是一顺序存储的队列，队列的容量为 10，初始状态为 front=rear=0，画出做完下列操作后队列头尾指针的状态变化情况，若不能入队，请指出其元素，并说明理由。注：分别就顺序队列和循环队列进行讨论。

d，e，b，g，h 入队

d，e 出队

i，j，k，l，m 入队

b 出队

n，o，p，q，r 入队

解答 (1) 顺序队列

本题入队和出队的变化情况如图 2.2 所示。当元素 d，e，b，g，h 入队后，rear = 5，front = 0；元素 d，e 出队，rear = 5，front = 2；元素 i，j，k，l，m 入队，rear = 10，front = 2；元素 b 出队，rear = 10，front = 3；此时若再让 n，o，p，q，r 入队，由于 rear = 10 = Maxsize，故队列出现上溢。

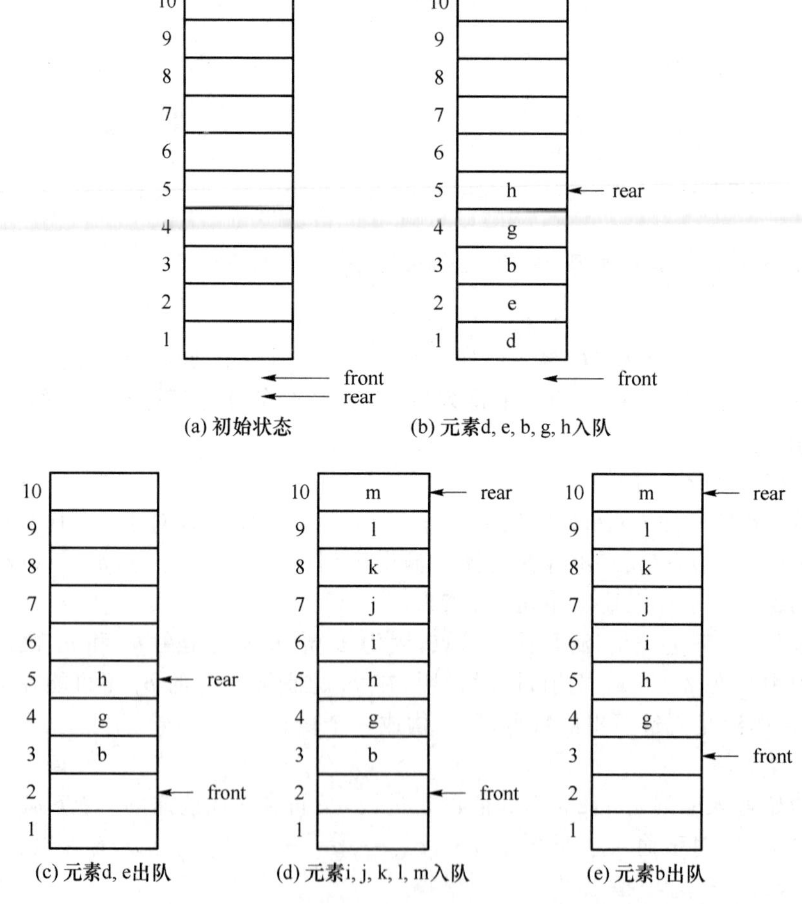

图 2.2 顺序队列入队和出队的变化情况

(2) 循环队列

由于队列的容量是 10,故循环队列的编号为从 0 到 9。本题入队和出队的变化如图 2.3 所示。元素 d, e, b, g, h 入队,rear = 5,front = 0;元素 d, e 出队,rear = 5,front = 2;元素 i, j, k, l, m 入队,rear = 0,front = 2;元素 b 出队,rear = 0,front = 3。此时若再让 n, o,入队,当 p 入队时,由于 rear = 2,front = 3,有 rear+1=front,故循环队列已满,若再入队新元素将出现上溢。

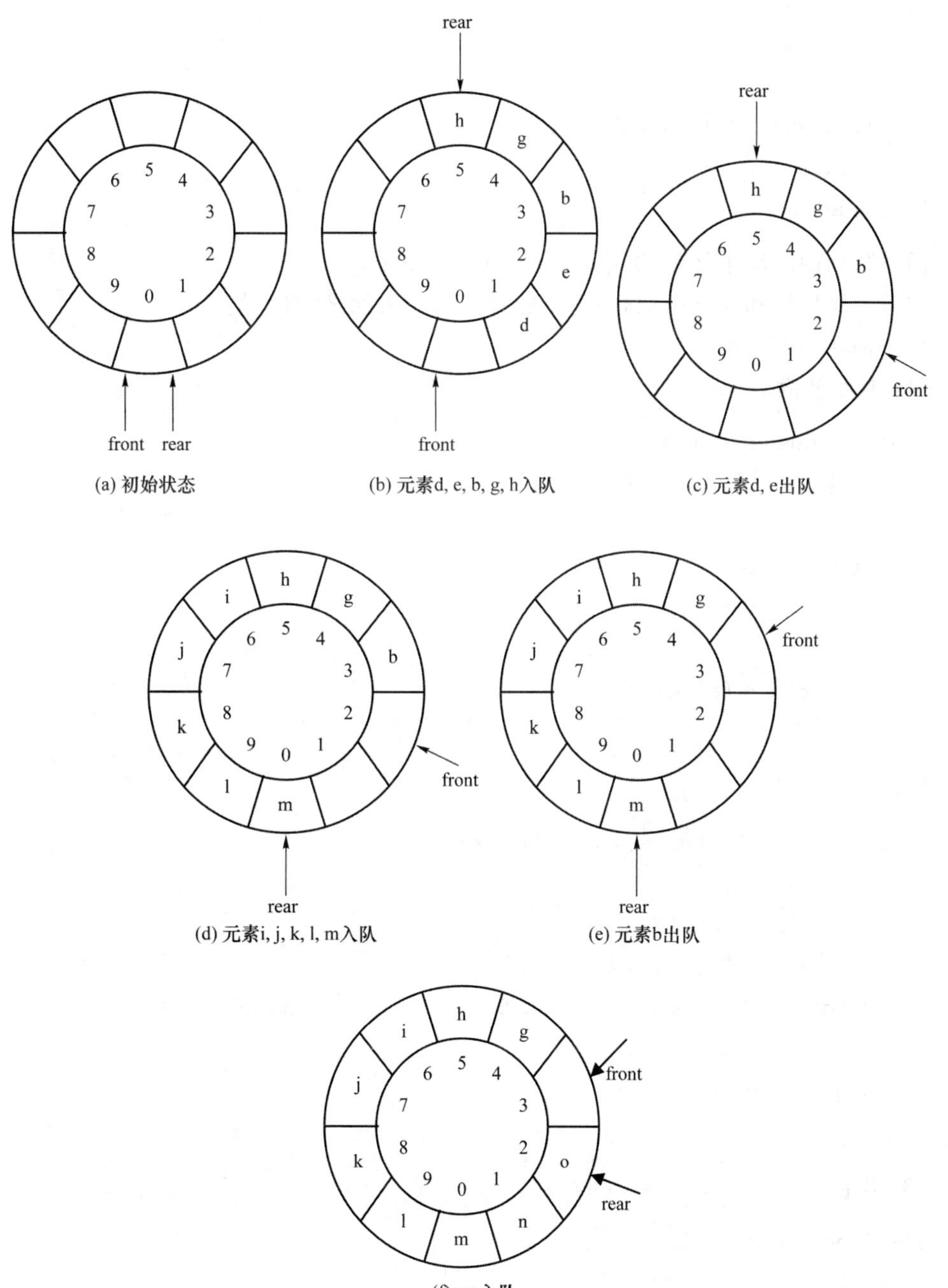

图 2.3 循环队列入队和出队的变化情况

例 10 假设循环队列中只设 rear 和 quelen 来分别指示队尾元素的位置和队中元素的个数,试给出判别此循环队列队满的条件,并写出相应的入队和出队算法,要求出队时需返回队头元素。

解答 根据题意,可定义该循环队列的存储结构:

```
#define QueueSize 100
typedef struct {
    int quelen;
    int rear;
    ElemType Data[QueueSize];
}CirQueue;
CirQueue Q;
```

循环队列的队满条件是 Q. quelen==QueueSize。

知道了尾指针和元素个数,当然就能计算出队头元素的位置。

算法描述如下:

(1) 判断队满

```
bool FullQueue (CirQueue Q)
//判队满,队中元素个数等于空间大小
{
    if (Q.quelen == QueueSize)
        return true;
    else
        return false;
}
```

(2) 入队

```
void InQueue (CirQueue Q, ElemType x)
{
    if (FullQueue(Q))
        error ("队已满,无法入队");
    Q.rear = (Q.rear + 1) % QueueSize;        //在循环意义上的加 1
    Q.Data[Q.rear] = x;
    Q.quelen ++ ;
}
```

(3) 出队

```
ElemType OutQueue(CirQueue Q)
{
    int tmpfront; //设一个临时队头指针
```

```
    if (Q.quelen == 0)
        error ("队已空,无元素可出队");
    tmpfront = (QueueSize + Q.rear - Q.quelen + 1) % QueueSize;   //计算头指针位置
    Q.quelen -- ;
    return Q.Data[tmpfront];
}
```

教材习题 2

一、简答题

1. 简述栈和队列的相同点和不同点。

2. 铁路进行列车调度时,常把站台设计成栈式结构的站台,如图 2.4 所示。

(1) 设有编号为 1, 2, 3, 4, 5, 6 的六辆列车,顺序开入栈式结构的站台,则可能的出栈序列有多少种?

(2) 若进站的六辆列车顺序如上所述,那么是否能够得到 435612,325641,154623 和 135426 的出站序列。如果不能,说明为什么不能;如果能,说明如何得到(即写出"进栈"或"出栈"的序列)。

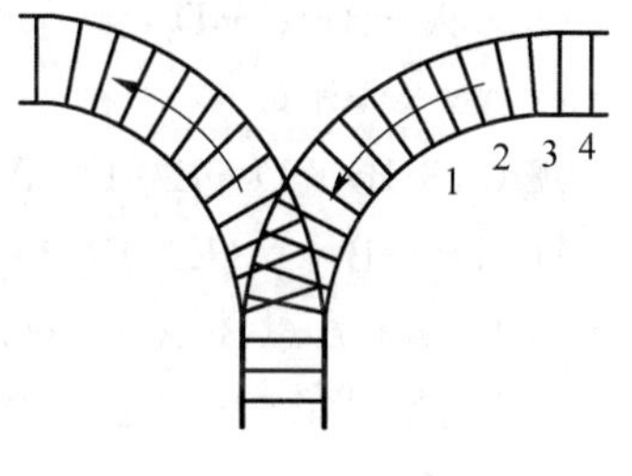

图 2.4

3. 对下面的递归算法,要求:

(1) 写出调用 $P(4)$的执行结果。

(2) 将其转换为等价的非递归算法。

```
void P(int w)
{
    if ( w > 0 )
    {
        P (w - 1);
        printf ("d % ",w);
        P (w - 1);
    }
}
```

4. 试将下列递归过程改写为非递归过程。

```
void test (int &sum)
{
    int x;
```

```
    scanf("d%",&x);
    if (x==0)
        sum = 0;
    else
    {
        test (sum);
        sum += x;
    }
    printf("d%",sum);
}
```

5. 写出下列中缀表达式的后缀形式。

(1) A * B * C

(2) -A+B-C+D

(3) A * -B+C

(4) (A+B) * D+E/(F+A * D)+C

(5) A&&B||! (E>F)　//注:按C++的优先级

(6) ! (A&&((B<C)||(C>D)))||(C<E)

6. 根据教材第2章中给出的优先级,回答以下问题:

(1) 在函数postfix中,如果表达式 e 含有 n 个运算符和分界符,问栈中最多可存入多少个元素?

(2) 如果表达式 e 含有 n 个运算符,且括号嵌套的最大深度为6层,问栈中最多可存入多少个元素?

7. 指出以下算法中的错误和低效(即费时)之处,并将它改写为一个既正确又高效的算法。

```
int DeleteK (Linear_list &L, int i, int k)
//本过程从顺序存储结构的线性表L中删除自第i个元素起的k个元素,n为表长
{
    if ( i<1||k<0||i+k>n )
        return 0;                                //参数不合法
    else
    {
        for ( count = -1; count<k; count++ )     //删除一个元素
        {
            for ( j=n; j>=i+1; j-- )
                L[j-1] = L[j];
            n = n-1;
        }
```

```
    }
    return 1;
}
```

8. 阅读下列算法,并回答问题:

(1) 设顺序表 $L=(3, 7, 11, 14, 20, 51)$,写出执行 example(L, 15)之后的 L。

(2) 设顺序表 $L=(4, 7, 10, 14, 20, 51)$,写出执行 example(L, 10)之后的 L。

(3) 简述算法的功能。

```
void example (Linear_List &L, ElemType x, int &n)
{
    int i = 0, j;
    while ((i<n) && (x>L[i]))
        i++;
    if ((i<n) && (x==L[i]))
    {
        for ( j=i+1; j<n; j++ )
            L[j-1] = L[j];
        n--;
    }
    else
    {
        for ( j=n; j>i; j-- )
            L[j] = L[j-1];
        L[i] = x;
        n++;
    }
}
```

二、算法设计与分析题

1. 已知一个向量 **A**,其中的元素按值非递减有序排列,编写一个函数,实现在 **A** 中插入一个元素 x 后保持该向量仍按非递减有序排列。

2. 编写一个函数,用不多于 $3n/2$ 的平均比较次数,在一个向量 **A** 中找出最大和最小的元素。

3. 改写顺序栈的进栈成员函数 Push(x),要求当栈满时执行一个 StackFull( )操作进行栈满处理。其功能是:动态创建一个比原来的栈数组大 2 倍的新数组,代替原来的栈数组,原来栈数组中的元素占据新数组的前 MaxSize 位置。

4. 已知整数 a 和 b,假设函数 $succ(x)=x+1$,$pred(x)=x-1$,不允许直接用"+""-"运算符号,也不允许用循环语句,只能利用函数 succ(x)和 pred(x),试编写计算 $a+b$ 和 $a-b$ 的递归函数 add(a, b)和 sub(a, b)。

5. 假设栈中每个数据元素占 k 个空间位置,试改写入栈和出栈的算法。

6. 试利用循环队列编写求 k 阶斐波那契序列中前 $n+1$ 项($f_0,f_1,\cdots,f_n$)的算法,要求满足:$f_n \leqslant \max$ 而 $f_{n+1} > \max$,其中 max 为某个约定的常数。(注意:本题所用循环队列的容量仅为 k,则在算法执行结束时,留在循环队列中的元素应该是所求 k 阶斐波那契序列中的最后 k 项)。

7. 请利用两个栈 S_1 和 S_2 来模拟一个队列。用栈的运算来实现该队列的三个运算:inqueue,插入一个元素入队列;outqueue,删除一个元素出队列;queue_empty,判断队列为空。

8. 某汽车渡口,过江渡船每次能载 10 辆车过江。过江车辆分为客车类和货车类,上渡船有如下规定:同类车先到先上船;客车先于货车上船,且每上 4 辆客车,才允许上一辆货车;若等待客车不足 4 辆,则以货车代替;若无货车等待允许客车都上船。试写一算法模拟渡口管理。

习题 2 答案及解析

一、简答题

1. (1) 栈和队列的相同点:栈和队列是两种重要的数据结构,也是两种特殊的线性表;从数据的逻辑结构角度来看,栈和队列是线性表;从操作的角度来看,栈和队列的基本操作是线性表的子集,是操作受限的线性表。

(2) 栈和队列的不同点:栈是限定仅在表尾进行插入或删除操作的线性表,它的存取特征是后进先出;队列是限定只能在表的一端进行插入,而在表的另一端进行删除操作的线性表,队列的存取特征是先进先出。

2. (1) 设 a_n是由 n 个元素按照进栈和出栈策略可以得到的排列总个数。不同的出栈序列实际上对应着不同的入栈出栈操作,以 1 记为入栈,0 记为出栈,则问题实际上是求 n 个 1 和 n 个 0 构成的全排列,其中任意一个位置,它及它此前的序列里,1 的个数要大于等于 0 的个数。

n 个 1 和 n 个 0 构成的全排列数为:

$$\frac{(2n)!}{n!\ n!}=\frac{2n(2n-1)\cdots(2n-n+1)n(n-1)\cdots 1}{n(n-1)\cdots 1 * n(n-1)\cdots 1}=\frac{2n(n-1)\cdots(2n-n+1)}{n(n-1)\cdots 1}=\binom{2n}{n}$$

剩下的是计算非法序列的个数,排除不符合要求的序列,即那些在某时刻出栈数大于入栈数的序列。不符合的序列数为:

$$\frac{(2n)!}{(n+1)!\ (n-1)!}=\binom{2n}{n-1}$$

这里,求不符合要求的序列总数,用到了一个小技巧。在 n 个 0 和 n 个 1 构成的 $2n$ 个数的序列中,假设第一次出现 0 的个数大于 1 的个数(即 0 的个数比 1 的个数大 1)的位置为 k,则 k 为奇数,k 之前有相等数目的 0 和 1,各为$(k-1)/2$。若把这 k 个数,0 换成 1,1 换成 0,则原序列唯一对应上一个 $n+1$ 个 1 和 $n-1$ 个 0 的序列。反之,任意一个由 $n+1$ 个 1 和 $n-1$ 个 0 构成的序列也唯一对应一个这样不合要求的序列。由于一一对应,故这样不合要求的序列数实际上等于由 $n+1$ 个 1 和 $n-1$ 个 0 构成的排列数。

故符合要求的可能出栈序列个数是：

$$a_n=\binom{2n}{n}-\binom{2n}{n-1}=\frac{(2n)!}{(n+1)!\ n!}$$

出栈序列的可能个数恰好是 Catalan 数。

依题意可知，题目要求有编号为 1，2，3，4，5，6 的六辆列车入栈，则出栈序列的总个数为：

$$\frac{12!}{7!\ 6!}=\frac{12\times11\times10\times9\times8}{6\times5\times4\times3\times2\times1}=132$$

(2) 出栈序列 435612 是不能得到的，因为若想得到出栈序号 4，则之前必须有 1，2，3 进栈，那么这三辆车的相对出栈序列应为 3，2，1，而不可能形成 3，1，2 这样的序列。

出栈序列 325641 是可以得到的，操作顺序为 1 进栈，2 进栈，3 进栈，3 出栈，2 出栈，4 进栈，5 进栈，5 出栈，6 进栈，6 出栈，4 出栈，1 出栈。

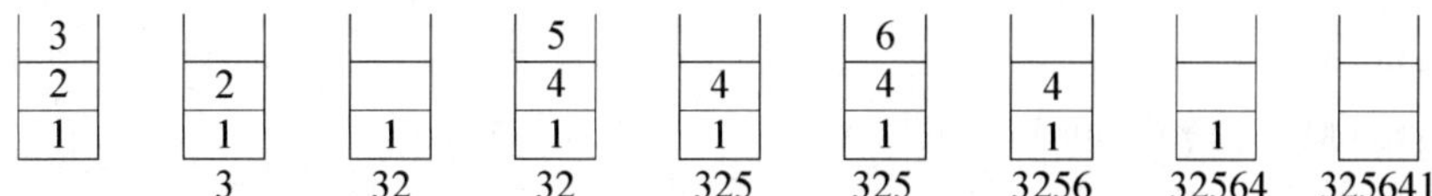

出栈序列 154623 是不能得到的，因为若想得到出栈序号 5，则之前必须有 2，3，4 进栈，那么这三辆车的相对出栈序列应为 4，3，2，而不可能形成 2，3 这样的序列。

出栈序列 135426 是可以得到的，操作顺序为 1 进栈，1 出栈，2 进栈，3 进栈，3 出栈，4 进栈，5 进栈，5 出栈，4 出栈，2 出栈，6 进栈，6 出栈。

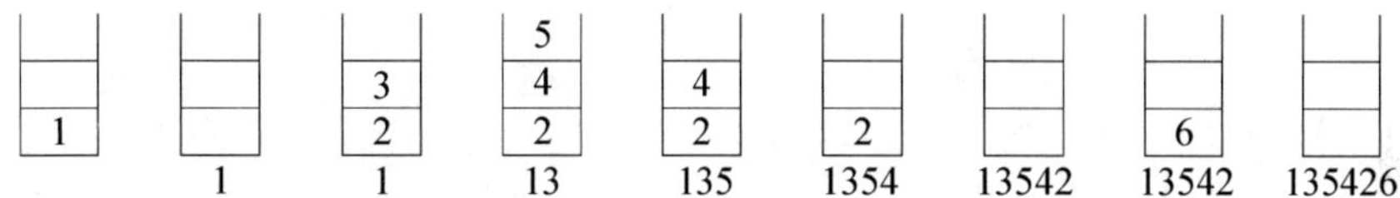

3. (1) P(4)的执行结果为：121312141213121。

(2) 非递归算法如下：

```
void P (int w)
//分析输出结果，将每次结果按数值进行处理
{
    float P[w];
    P[1] = 1;
    for (i = 2; i <= w; i ++ )
        P[i] = P[i - 1] × 10^(2^(i-1)) + i × 10^(2^(i-1) - 1) + P[i - 1];  //通过 P[i - 1]计算 P[i]
    printf (" %f", P[w]);
}
```

4. 算法的主要思想是：该递归过程不能改写成一个简单的递推形式过程。从它的执行过程可见，其输出的顺序恰好和输入相逆，必须用一个辅助结构保存其输入值，然后逆

向取之，显然用栈最为恰当。

该递归过程可改写为下列非递归过程：

```
void test (int &sum)
{
    Stack S;
    int x;
    scanf ("d%",&x);
    InitStack (&S);
    while (x)
    {
        Push (S, x);
        scanf ("d%",&x);
    }
    sum = 0;
    printf ("d%",sum);
    while (Pop(S, x))
    {
        sum += x;
        printf ("d%",sum);
    }
}
```

5. (1) AB＊C＊

(2) A－B＋C－D＋

(3) AB－＊C＋

(4) AB＋D＊EFAD＊＋/＋C＋

(5) AB&&EF>! ‖

(6) ABC<CD>‖！&&！CE<‖

6. (1) 在函数 postfix 中，如果表达式 e 含有 n 个运算符和分界符，则可能的运算对象有 $n+1$ 个。因此在利用后缀表达式求值时所用到的运算对象栈中最多可存入 $n+1$ 个元素。

(2) 如果表达式 e 含有 n 个运算符，且括号嵌套的最大深度为 6 层，栈中最多可存入 $n+1$ 个元素。

7. (1) 错误有两处：参数不合法的判别条件不完整，合法的入口参数条件为(0<i<=n)&& (0<=k<=n－i)；第二个 for 语句中，元素前移的次序错误。

(2) 低效之处是每次删除一个元素的策略。

(3) 修改后的算法如下：

```
int DeleteK (Linear_list &L, int i, int k)
```

```
//本过程从顺序存储结构的线性表L中删除自第i个元素起的k个元素,n为表长
{
    if (i<1||i>n||k<0||i+k>n)
        return 0;                       //参数不合法
    else
    {
        for (count = 1; i + count - 1 <= n - k; count ++ )
            L[i + count - 1] = L[i + count + k - 1];
        n = n - k;
    }
}
```

8. 这类问题的关键是仔细阅读程序,按照程序代码的执行过程记录并观察数据变化规律,以确定该程序代码实现的具体功能。

(1) L=(3, 7, 11, 14, 15, 20, 51)。

(2) L=(4, 7, 14, 20, 51)。

(3) 在有序表L中查找数x,若找到,则删除它;若没找到,则在适当的位置插入x,插入后,L依然有序。

二、算法设计题与分析题

1. 算法的主要思想是:先找到适当的位置,然后后移元素空出一个位置,再将x插入,并返回向量的新长度。

算法描述如下:

```
void insert (Linear_list &A, int n, ElemType x)
//向量A的长度为n
{
    int i, j;
    if (x >= A[n - 1])
    {
        A[n] = x;
        n ++ ;
    }                          //若x大于最后的元素,则将其插入最后
    else
    {
        i = 0;
        while (x >= A[i])
            i ++ ;
        for (j = n - 1;j >= i;j -- )
            A[j + 1] = A[j];
```

```
            A[i] = x;
            n++;
        }
    }
```

2. 算法的主要思想是:如果在查找出最大和最小的元素时各扫描一遍所有元素,则至少要比较 $2n$ 次,为此,使用一趟扫描算法找出最大和最小的元素。

算法描述如下:

```
void MaxMin (Linear_list &A, int n, ElemType &max, ElemType &min)
{
    if (n%2==1)
    {
        max = min = A[0];
        for (i=1; i<n; i+=2)
        {
            if (A[i]>A[i+1])
            {
                max = (A[i]>max)? A[i]: max;
                min = (A[i+1]<min)? A[i+1]: min;
            }
            else
            {
                max = (A[i+1]>max)? A[i+1]: max;
                min = (A[i]<min)? A[i]: min;
            }
        }
    }
    else
    {
        max = (A[0]>A[1])? A[0]: A[1];
        min = (A[0]<A[1])? A[0]: A[1];
        for (i=2; i<n; i+=2)
        {
            if (A[i]>A[i+1])
            {
                max = (A[i]>max)? A[i]: max;
                min = (A[i+1]<min)? A[i+1]: min;
            }
```

```
            else
            {
                max = (A[i+1]> max)? A[i+1]: max;
                min = (A[i]< min)? A[i]: min;
            }
        }
    }
}
```

算法分析：

当 $n=2k+1$ 时，令 max 和 min 都等于第一个元素，让剩余的两两相较。将两个数中的较大值与 max 比较，如果该值大于 max，则让 max 等于该较大值；将两个数中的较小值与 min 比较，如果该值小于 min，则让 min 等于该较小值。

当 $n=2k$ 时，令 max=A[0]，min=A[1]，让剩余的两两相较。将两个数中的较大值与 max 比较，如果该值大于 max，则让 max 等于该较大值；将两个数中的较小值与 min 比较，如果该值小于 min，则让 min 等于该较小值。

在上面的分组过程中，最多是分成 $n/2$ 个组。这 $n/2$ 组各自比较取得较大值和较小值，将 max 和 min 与各组中最小值及最大值进行比较，确定 max 和 min。每组比较三次，一共比较 $n/2$ 次，故复杂度为 $O(3n/2)$。

3. 本题动态创建顺序栈的过程中，在添加数据元素时，自动调用程序判断是否栈满，并扩充新数组。

算法描述如下：

```
void push (ElemType * &Stack, int &top, ElemType item)
{
    if (top == Maxsize - 1)
        StackFull ( );                          //栈满,做溢出处理
    Stack[ ++top] = item;                       //进栈
}
void StackFull (ElemType * &Stack, int &top)
{
    ElemType * temp = new ElemType[2 * Maxsize];//创建体积大二倍的数组
    for (i = 0; i <= top; i++ )                 //传送原数组的数据
        temp[i] = Stack[i];
    delete []Stack;                             //删去原数组
    Maxsize * = 2;                              //数组最大体积增长二倍
    Stack = temp;                               //新数组成为栈的数组空间
}
```

4. 算法描述如下：

```
int add (int a, int b)
{
    if (b>0)
        return (add(succ(a), pred(b)));
    else if (b<0)
        return (add(pred(a), succ(b)));
    else
        return (a);
}
int sub (int a, int b)
{
    if (b>0)
        return(sub(pred(a), pred(b)));
    else if (b<0)
        return (sub(succ(a), succ(b)));
    else
        return (a);
}
```

5. 算法描述如下：

入栈算法：

```
void pushstack(Stack &S, ElemType X[], int &top)
//在栈 S 中插入一个元素,该元素占 k 个空间,top 为栈顶指针
{
    if (top>=m-k+1)
        printf ("栈满,不能入栈!");
    else
    {
        for (i=1; i<=k; i++)
        {
            top = top+1;
            S[top] = X[i];
        }
    }
}
```

出栈算法：

```
void popstack (Stack &S, ElemType Y[], int &top)
//在栈 S 中删除一个元素,该元素占 k 个空间,top 为栈顶指针
{
    if (top<k)
        printf ("栈空,不能出栈!");
    else
    {
    for (i=1; i<=k; i++)
        {
            Y[k-i+1] = S[top-i+1];
            top = top-1;
        }
    }
}
```

6. 算法的主要思想是:对队列中 k 个元素求和,将值作为当前项,替换队尾元素。
算法描述如下:

```
void GetFib_CirQueue (int n)
{
    int i;
    int *Q;
    Q = new int[k];
    for (i=0; i<k-1; i++)
        Q[i] = 0;
    Q[k-1] = 1;
    i = k-1;
    while (Q[i]<=max)
    {
        s = 0;
        for (j=0; j<k; j++)
            s = s+Q[j];
        i = (i+1) %k;
    }
}
```

7. 算法的主要思想是:由于队列是先进先出的,而栈是后进先出的,所以只有经过两个栈,即在第一个栈先进后出,再经过第二个栈后进先出来实现队列的先进先出。因此,用两个栈来模拟一个队列运算就是将一个栈作为输入栈,而将另一个作为输出栈。在入队列时,总是让数据进入输入栈中。在输出时,如果输出栈已空,则将输入栈的所有数据

压入输出栈中，然后由输出栈输出数据；如果输出栈不空，就从输出栈输出数据。显然，只有在输入输出栈均空时队列才为空。

一个栈 S_1 作为输入栈，用来插入数据；另一个栈 S_2 作为输出栈，用来删除数据；删除数据时将前一个栈 S_1 中的所有数据读出，然后进入到第二个栈 S_2 中。S_1 和 S_2 大小相同。

算法描述如下：

```
void inqueue (Stack &S1, Stack &S2, ElemType x)
{
    if (StackFull(S1))              //top1 表示栈 S1 的栈顶指针,n 为栈的容量
    {
        while (! Empty_Stack(S1))
        {
            PopStack (S1, x);
            PushStack (S2, x);
        }
        else
            printf ("队列满");
    }
    else
        PushStack (S1, x);
}
void outqueue (Stack &S1, Stack &S2, ElemType x)
{
    if (EmptyStack(S1) && EmptyStack(S2))
        printf ("队列空");
    else
    {
        if (EmptyStack(S2))
        {
            while (! EmptyStack(S1))
            {
                PopStack (S1, x);
                PushStack (S2, x);
            }
        }
        PopStack (S2, x);
    }
}
```

```
bool queue_empty (Stack &S1, Stack &S2)
{
    if (EmptyStack(S1) && EmptyStack(S2))
        return true;
    else
        return false;
}
```

8. 算法的主要思想是:假设 q 数组最大的下标为 10,恰好是每次载渡的最大量。假设客车的队列是 q1,货车的队列是 q2。

算法描述如下:

```
void manager (Queue q1, Queue &q2, Queue q, int &front1, int &rear1, int
&front2, int &rear2, int &front, int &rear)
//front 和 rear 表示渡船上车排成一队列的头指针和尾指针,初值均为零
{
    int i = 0, j = 0;
    while (j <= 10)
    {
        if (! Empty(q1) && (i < 4))
        {
            x = q1[front1];
            front1 = front1 + 1;
            rear = rear + 1;
            q[rear] == x;
            i++;
            j++;
        }
        if ((i == 4) && ! Empty(q2))
        {
            x = q2[front2];
            front2 = front2 + 1;
            rear = rear + 1;
            q[rear] = x;
            j++;
            i = 0;
        }
        else
        {
```

```
            while ((i<4) && ! Empty(q2))
            {
                x = q2[front2];
                front2 = front2+1;
                rear = rear+1;
                q[rear] = x;
                j++;
                i++;
            }
            i= 0;
        }
        if (Empty(q2) && ! Empty(q1))
            i = 0;
    }
}
```

第3章 链 表

链表设计是程序设计中一个极其重要的思想,它是表示复杂结构关系的有效手段,是数据结构课程中的一个重要概念。

本章讨论了存储线性结构的单链表、链栈、链队、循环链表、多重链表表示及其基本运算的实现方法。其中:单链表的定义、单链表基本运算的实现、链栈和链队的基本概念以及基本运算、循环链表和多重链表的概念、双重链表的基本运算是本章的重点内容;而循环链表及多重链表的实现则是本章的难点。

知识结构图

本章的知识结构如图 3.1 所示。

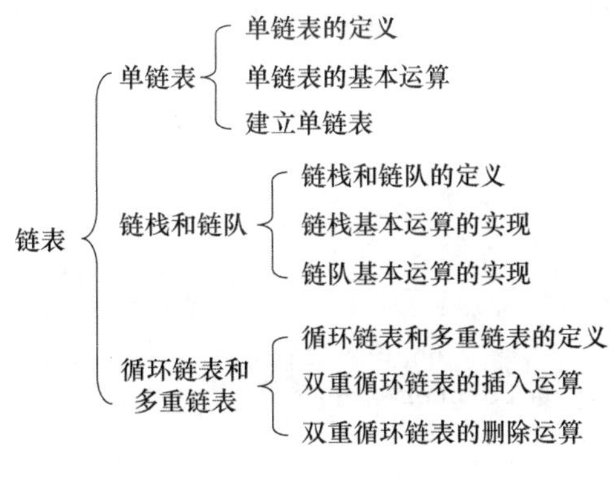

图 3.1 链表的知识结构

3.1 知识要点

3.1.1 单链表

1. 单链表的定义

链表中由指针建立起来的结点间的逻辑顺序与线性表中结点的逻辑顺序是一致的。但链表中的结点在存储器中的物理地址却可以是任意的,并不要求它们处在一块连续的空间中,把这种存储方式称为线性表的链式存储结构。链表中每个结点有两个域:data是数据域;next是指针域或称作链域。

单链表的类型定义如下：

```
typedef struct Node{
    ElemType data;
    struct Node *next;
} *Pointer;
Pointer LinkList;
```

头指针:指向第一个结点的特殊指针,称为头指针。
头结点:在单链表的第一个结点之前增设一个类型相同的结点,称之为头结点。
表结点:单链表中除头结点之外的所有结点统称为表结点。
首元结点:表结点中的第一个结点称为首元结点。
尾结点:表结点中的最后一个结点称为尾结点。

2. 单链表的基本运算

(1) 初始化运算

```
void Initial (Pointer &head)
//创建一个带头结点的空链表,head为指向头结点的指针
{
    head = new Node;
    if (! head)
        exit(1);              // 存储空间分配失败
    head -> next = NULL;
}
```

(2) 求表长运算

```
int Length (Pointer head)
//求表 head 的长度,p 是 Pointer 类型变量
{
    p = head;
    j = 0;                    //计数器置初值
    while (p->next!= NULL)    //继续点数
    {
        p = p->next;
        j++;
    }
    return j;                 //回传表长
}
```

(3) 按序号查找运算

```
Pointer Find(Pointer head, int i)
//在单链表 head 中查找第 i 个结点,若找到则回传指向该结点的指针;否则回传 NULL
```

```
{
    p = head;                  // 变量初始化,p 指向第一个结点
    j = 0;
    while ((p->next)&& (j<i) )
    {
        p = p->next;
        j++ ;
    }
    if (i==j)
        return p;
    else
        return NULL;
}
```

(4) 定位运算

```
Pointer Locate(Pointer head, ElemType x)
/* 依次比较单链表中各表结点数据域的值与给定值 x,第一个值与 x 相等的表结点
   的地址就是运算结果。若没有这样的结点,运算结果为 NULL */
{
    p = head->next;
    while ((p!= NULL) && (p->data!= x))
    {
        p = p->next;
    }
    return p;
}
```

(5) 插入运算

插入运算的过程见图 3.2。

```
void Insert (Pointer head, int i, ElemType x )
//在表 head 的第 i 个结点之前插入一个以 x 为值的新结点
{
    p = Find (head, i-1);
    if(! p)
        error("without");          // 参数不合法,i 小于 1 或者大于表长 +1
    else
    {
        s = new Node;
        if (! s)
            exit(1);               // 存储空间分配失败
```

```
        s->data = x;            // 创建新元素的结点
        s->next = p->next;
        p->next = s;            // 修改指针
    }
}
```

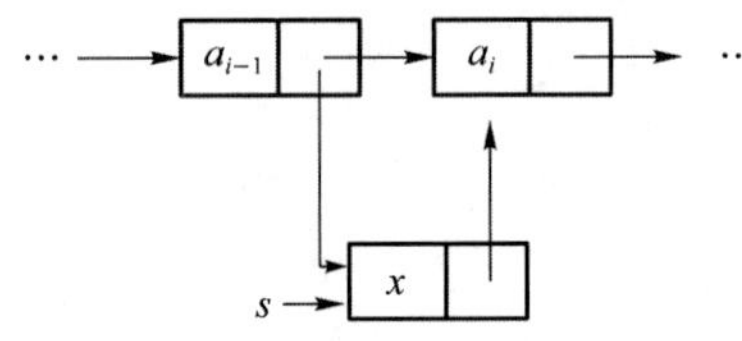

图 3.2　插入运算的示意图

(6) 删除运算

删除运算的过程见图 3.3。

```
void Delete (Pointer head, int i, ElemType &x)
//在单链表上删除第 i 个结点
{
    p = Find (head, i-1);          //p 指向第 i-1 个结点
    if ((p!=NULL) && (p->next!=NULL))
    {
        q = p->next;
        p->next = q->next;     // 修改指针
        x = q->data;
        delete (q);              // 释放结点空间
    }
    else
        error ("without");
}
```

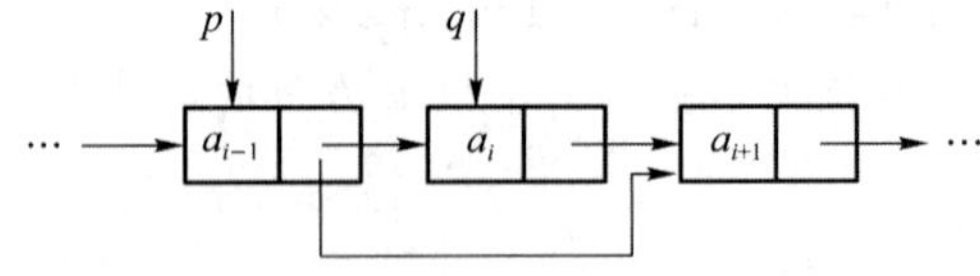

图 3.3　删除运算的示意图

3. 建立单链表

```
void CreateList ( )
//将一个线性表中的数据元素依次输入并建立该线性表的单链表
{
    head = new Node;                //生成头结点
```

```
    p = head;                    //尾指针指向头结点
    getchar(x);                  //读入第一个元素
    while (x!='*')
    {
        q = new Node;
        if (! q)
            exit(1);             // 存储空间分配失败
        q->data = x;
        p->next = q;
        p = q;
        getchar(x);
    }
    p->next = NULL;
}
```

3.1.2 链栈和链队

1. 链栈和链队的定义

链栈:采用链式存储结构存储的栈称为链栈。Ls 称为栈顶指针,它相当于单链表的头指针。栈中的其他结点通过它们的 next 域链接起来。

链队:采用链式存储结构存储的队列称为链队。f 称为链队的队头指针,指向单链表的头结点。r 称为链队的队尾指针,指向单链表的最后一个结点。链队中的其他结点通过它们的 next 域链接起来。

链栈的类型定义如下:

```
typedef struct LNode{
    ElemType data;
    struct LNode *next;
} *Stack;
stack Ls;
```

链队的类型定义如下:

```
typedef struct LNode{
    ElemType data;
    struct LNode *next;
} *Squeue;
Squeue f, r;
```

2. 链栈基本运算的实现

(1) 进栈

```
void PushStack (Stack &Ls, ElemType x)
```

```
//将元素 x 压入栈 Ls 中
{
    p = new LNode;                    //生成新结点
    p->data = x;
    p->next = Ls;                     //链入栈中
    Ls = p;                           //修改栈顶指针
}
```

(2) 出栈

```
void PopStack (Stack &Ls)
//若栈空则给出错误信息;否则删除栈顶元素
{
    if (Ls == NULL)
        error ("栈空");
    else
    {
        p = Ls;
        Ls = Ls->next;
        delete (p);
    }
}
```

3. 链队基本运算的实现

(1) 入队

```
void InQueue (Squeue &f, Squeue &r, ElemType x)
//将 x 入链队
{
    p = new LNode;
    p->data = x;
    p->next = NULL;
    r->next = p;
    r = p;
}
```

(2) 出队

```
void OutQueue(Squeue &f, Squeue &r)
//若链队为空则给出出错信息;否则删除队头元素
{
    if (r == f)
```

```
        error ("队空");
    else
    {
        q = f->next;
        f->next = q->next;
        if (q->next == NULL)
            r = f;
        delete (q);
    }
}
```

3.1.3 循环链表和多重链表

1. 循环链表和多重链表的定义

循环链表:将单链表最后一个结点的指针由原来的"∧"标志修改为指向链表的表头结点,得到循环链表。

多重链表:对每一个结点设置两个或两个以上的指针域,这样就可以构成双向链表或多重链表。

2. 双重循环链表的插入运算

```
void Inserdoublink (DbLink &hd, ElemType x, ElemType y)
//在以 hd 为头指针的双向链表中数域等于 x 的结点右边插入含 y 值的结点
{
    p = hd->Rlink;                  //p 指向链表的第一个结点
    while ((p!= hd) && (p->data!= x))
        p = p->Rlink;               //查找结点 x
    if ( p== hd )
        printf ("No node x");
    else
    {
        q = new DbNode;
        q->data = y;
        q->Rlink = p->Rlink;
        q->Llink = p;
        (p->Rlink)->Llink = q;
        p->Rlink = q;
    }
}
```

3. 双重循环链表的删除运算

```
void Dedoublink (DbLink &hd, ElemTypex)
//删除双向循环链表中值等于 x 的结点
{
    p = hd->Rlink;                          //令 p 指向表的第一个结点
    while ((p->data!=x)&&(p!=hd))
        p = p->Rlink;                       //查找结点 x
    if (p==hd)
        printf("No this node");
    else
    {
        (p->Llink)->Rlink = p->Rlink;      //修改前驱结点的右链域
        (p->Rlink)->Llink = p->Llink ;     //修改后继结点的左链域
    }
}
```

3.2 典型例题分析

例 1 有一个带头结点的单链表(不同结点的数据域值可能相同),其头指针为 head,编写一个函数计算数据域为 x 的结点个数。

解答 算法的主要思想是:本题是遍历该链表的每个结点,每遇到一个结点 x,结点个数加 1,结点个数存储在变量 n 中。

算法描述如下:

```
int count (Pointer head, ElemType x)
{
    int n = 0;
    p = head->next;
    while (p!=NULL)
    {
        if (p->data==x)
            n++ ;
        p = p->next;
    }
    return n;
}
```

例 2 有一个单链表 L(至少有一个结点)的头指针为 head,编写一个函数将 L 逆置,即最后一个结点变成第一个结点,原来倒数第二个结点变成第二个结点,如此等等。

解答 算法的主要思想是：从头到尾扫描单链表 L，将第一个结点的 next 域置为 NULL，将第二个结点的 next 域指向第一个结点，将第三个结点的 next 域指向第二个结点，如此等等，直到最后一个结点，用 head 指向它，这样达到了本题的要求。

算法描述如下：

```
void invert (Pointer &head)
{
    p = head;
    q = p->next;
    while(q!= NULL)          //当 q 没有后续结点时终止
    {
        r= q->next;
        q->next = p;
        p = q;
        q= r;
    }
    head->next = NULL;
    head = p;                //p 指向 L 的最后一个结点，现改为头结点
}
```

例 3 已知一个带头结点的单链表中的元素按元素值非递减有序排列，编写一个函数删除链表中多余的值相同的元素。

解答 算法的主要思想是：由于线性表中的元素是按元素非递减有序排列的，值相同的元素为相邻的元素，因此依次比较相邻两个元素，若值相等，则删除后面一个，否则继续向后查找，直到链表结束。

算法描述如下：

```
void delete (Pointer &head)
{
    p = head->next;
    if (p== NULL)
        return;
    q = p->next;
    while (q!= NULL)
    {
        if (p->data!= q->data)
            p = p->next;
        else
        {
            p->next = q->next;
```

```
            delete (q);
        }
        q = p->next;
    }
}
```

例 4 设计一个算法判断链表 L 中的元素是否是递增有序的。

解答 算法的主要思想是:要判断链表 L,从第二个元素开始的每个元素的值是否比其前驱的值大,若不成立,则整个链表不是按序递增的,否则是递增的。下述算法中 p 是临时工作指针,pre 指向 p 的前驱结点。

算法描述如下:

```
bool IsIncrease (Pointer L)
{
    pre = L->next;
    if (pre!= NULL)
    {
        while (pre->next!= NULL)
        {
            p = pre->next;
            if (p->data>= pre->data)
                pre = p;
            else
                return false;
        }
        return true;
    }
}
```

例 5 已知有两个不带头结点的单链表 A 和 B,其头指针分别为 heada 和 headb,编写一个函数从单链表 A 中删除自第 i 个元素起的共 len 个元素,然后将它们插入到单链表 B 的第 j 个元素之前。

解答 首先编写一个从单链表 A 中删除自第 i 个元素起的共 len 个元素的函数如下:

```
void del(Pointer &heada, int i, int len)
{
    if (i==1)
    {
        for (k=1; k<=len; k++)
        {
```

```
            q= heada;
            heada = heada->next;
            delete(q);
        }
    }
    else
    {
        p= heada;
        for (k=1; k<i-1; k++)
            p = p->next;            //p指向要删除的一组结点的前一个结点
        for (k=1; k<=len; k++) //删除len个结点
        {
            q= p->next;
            p->next = q->next;
            delete(q);
        }
    }
}
```

把一个头指针为 heada 的单链表插入到单链表 B 的第 j 个元素之前的函数如下：

```
void insert (Pointer &heada, Pointer &headb, int j)
{
    p = heada;
    while (p->next!=NULL)
        p = p->next;            //p指向最后一个结点
    if (j==1)                   //若j为1,则把heada的链表插到headb链表之前
    {
        p->next = headb;
        headb = heada;
    }
    else
    {
        q= headb;
        for (k=1; k<=j-2; k++)
            q = q->next;            //q指向其后插入heada链表的结点
        p->next = q->next;      //把heada链表插入到q结点之后
        q->next = heada;
    }                           //最后生成的链表的头指针为headb
```

```
}
```

最后完成本题功能的函数如下：

```
void fun (Pointer &heada, Pointer &headb, int i, int j, int len)
{
    del (heada, i, len);
    insert (heada, headb, j);
}
```

例 6 已知递增有序的两个单链表 A、B 分别储存了一个集合。设计算法，实现求两个集合的交集的运算 $A=A\cap B$。

解答 算法的主要思想是：设集合 A 和 B 分别用两个递增有序的单链表表示，其中它们的头指针是 pa 和 pb。求 $A\cap B$ 的操作就是对 A 进行扫描，如果当前扫描到的元素在 B 中出现则保留，否则删除。

算法描述如下：

```
Pointer AandB (Pointer &A, Pointer &B)
{
    pa = A->next;
    pb = B->next;
    pre = A;
    while (pa && pb)
    {
        if (pa->data<pb->data)
        {
            q = pa;
            pa = pa->next;
            pre->next = pa;
            delete (q);
        }
        else if (pa->data>pb->data)
            pb = pb->next;
        else
        {
            pre = pa;
            pa = pa->next;
            pb = pb->next
        }
    }
    while (pa)
```

```
    {
        q = pa;
        pa = pa->next;
        delete (q);
    }
    pre->next = NULL;
    return A;
}
```

例 7 有两个单循环链表,链表头指针分别为 head1 和 head2,编写一个函数将链表 head1 链接到链表 head2 之后,链接后的链表仍保持是循环链表形式。

解答 算法的主要思想是:先找到两个链表的尾指针,将第一个链表的尾指针与第二个链表的头结点链接起来,再使之成为循环的。

算法描述如下:

```
void link (Pointer &head1, Pointer &head2)
{
    p = head1;                          //找到 head1 的表尾,用 p 指向它
    while (p->next!= head1)
        p = p->next;
    q = head2;                          //找到 head2 的表尾,用 p 指向它
    while (q->next!= head2)
        q = q->next;
    p->next = head2;                    //将 head2 链表链接到 head1 链表之后
    q->next = head1;                    //仍保持循环链表
}
```

例 8 试编写算法,将一个用循环链表表示的稀疏多项式分解成两个多项式,使这两个多项式中各自仅含奇次项或偶次项,并要求利用原链表中的结点空间构成这两个链表。

解答 由于本题是对多项式的运算,故多项式链表类型定义如下:

```
typedef struct Node
{
    double coef;                //系数域
    int exp;                    //指数域
    struct Node * next;         //指针域
} * Polynom;
```

算法描述如下:

```
void SplitPoly (Polynom &L, Polynom &L1, Polynom &L2)
{
```

```
    Polynom *p = L->next;
    Polynom *q = L1;
    Polynom *r = L2;
    while (p)
    {
        if (p->exp%2==0)
        {
            q->next = p;
            q = p;
        }
        else
        {
            r->next = p;
            r = p;
        }
        p = p->next;
    }
    q->next = NULL;
    r->next = NULL;
}
```

教材习题 3

一、简答题

1. 线性表可用顺序表或链表存储。

(1) 两种存储表示各有哪些主要优缺点?

(2) 如果有 n 个表同时并存,并且在处理过程中各表的长度会动态发生变化,表的总数也可能自动改变。在此情况下,应选用哪种存储表示?为什么?

(3) 若表的总数基本稳定,且很少进行插入和删除,但要求以最快的速度存取表中的元素,这时,应采用哪种存储表示?为什么?

2. 试述以下 3 个概念的区别:头指针、头结点、首结点(第一个元素结点)。

3. 下述算法的功能是什么?

(1)

```
Pointer LinkListDemo (Pointer &L)        //L是无头结点的单链表
{
    Pointer *q, *p;
    if ((L!=NULL) && (L->next!=NULL))
```

```
    {
        q= L;
        L = L->next;
        p= L;
        while (p->next!=NULL)
            p = p->next;
        p->next = q;
        q->next = NULL;
    }
    return L;
}
```

(2)

```
void BB (Pointer &s, Pointer &q)
{
    p = s;
    while (p->next !=q)
        p = p->next;
    p->next = s;
}
void AA (Pointer &pa, Pointer &pb)
//pa 和 pb 分别指向单循环链表中的两个结点
{
    BB (pa, pb);
    BB (pb, pa);
}
```

4. 与单链表相比,双向循环链表有哪些优点?

5. 在线性表的如下链表存储结构中,若未知链表头指针,仅已知结点 k 的地址,能否将它从该结构中删除?为什么?

(1) 单链表;

(2) 双重链表;

(3) 循环链表。

二、算法设计与分析题

1. 试编写在无头结点的单链表上实现线性表基本运算 LOCATE (L, X)、INSERT (L, X, i)和 DELETE (L, i)的算法。

2. 试写出在不带头结点的单链表上实现线性表基本运算 LENGTH(L)的算法。

3. 针对带表头结点的单链表,试编写下列函数。

(1) 求最大值函数 max:通过一趟遍历在单链表中确定值最大的结点。

(2) 建立函数 create:根据一维数组 $A[n]$ 建立一个单链表,使单链表中各元素的次序与 $A[n]$ 中各元素的次序相同,要求该程序的时间复杂性为 $O(n)$。

4. 设有两个线性表 $x=(x_1, x_2, \cdots, x_m)$ 和 $y=(y_1, y_2, \cdots, y_n)$,均以单链表为存储结构,写出一个将 x 和 y 合并为线性表 z(也是用链表方式存储)的算法,使得:

$$z=\begin{cases}(x_1, y_1, x_2, y_2, \cdots, x_m, y_m, y_{m+1}, \cdots, y_n) & \text{当 } m\leqslant n;\\(x_1, y_1, x_2, y_2, \cdots, x_n, y_n, x_{n+1}, \cdots, x_m) & \text{当 } m>n。\end{cases}$$

要求:z 表利用单链表 x 和 y 的结点空间。

5. 设有一个表头指针为 h 的单链表。试设计一个算法,通过遍历一趟链表,将链表中所有结点的链接方向逆转。要求逆转结果链表的表头指针 h 指向原链表的最后一个结点。

6. 设 ha 和 hb 分别是两个带表头结点的非递减有序单链表的表头指针。试设计一个算法,将这两个有序链表合并成一个非递增有序的单链表。要求结果链表仍使用原来两个链表的存储空间,不另外占用其他的存储空间,表中允许有重复的数据。

7. 已知 A、B 和 C 为三个元素值递增有序的线性表,现要求对表 A 删除那些既在表 B 中出现又在表 C 中出现的元素。试以链式存储结构,编写实现上述运算的算法。

8. 已知线性表的元素是无序的,且以带头结点的单链表作为存储结构,试编写一个删除表中所有值大于 min 且小于 max 的元素(若表中存在这样的元素)的算法。

9. 假设在长度大于 1 的循环链表中,既无头结点,也无头指针。S 为指向链表中某个结点的指针,试编写算法删除指针 S 指向结点的前驱结点。

10. 设 L 为单链表的头结点指针,其数据结点的数据都是正整数且无相同的,试设计算法把该链表整理成数据递增的有序单链表。

11. 已知一个由整数组成的线性表,存储在带头结点的单链表 head 中,试将链表中各结点的数据域值除以 3,得到的余数或为 0,或为 1,或为 2,按此三种不同的情况,把原链表分解成三个不同的线性链表。要求这三个线性链表均带有头结点且在其数据域中给出该链表的结点个数。

12. 某百货公司仓库中有一批电视机,按其价格从低到高的次序构成一个单链表存于计算机中,链表的每个结点指出同样价格的电视台数。现在又有 m 台价格为 h 元的电视机入库,试写出该链表的算法。

13. 已知由一个链表表示的线性表中含有三类字符的数据元素(如字母字符、数字字符和其他字符),试编写算法,将该线性表分割为三个循环链表,其中每个循环链表表示的线性表中均只含一类字符。

14. 有一个循环双链表,每个结点由两个指针(right 和 left)以及关键字(key)构成,p 指向其中某一结点,编写一个函数从该循环双链表中删除 p 所指向的结点。

15. 设有带头结点的双向循环链表表示的线性表 $L=(a_1, a_2, \cdots, a_n)$,试写一时间复杂度 $O(n)$ 的算法,将 L 改造为 $L=(a_1, a_3, \cdots, a_n, \cdots, a_4, a_2)$。要求尽量利用原链表的结点空间。

16. 假设以带头结点的循环链表表示队列,并且只设一个指针指向队尾元素结点(不设头指针),试编写相应的置空队列、入队列和出队列的算法。

习题3答案及解析

一、简答题

1.（1）顺序存储结构的优点：可以随机存取；空间利用率高；结构简单。

顺序存储结构的缺点：需要一片地址连续的存储空间；插入和删除元素时不方便，大量的时间用在元素的移动上；在预分配存储空间时，可能造成空间的浪费；表的容量难以扩充。

链式存储结构的优点：存储空间动态分配，可以按需要使用；插入和删除元素操作时，只需要修改指针，不必移动数据元素。

链式存储结构的缺点：每个结点需加一指针域，存储密度降低；非随机存储结构，查找定位操作需要从头指针出发顺着链表扫描。

（2）如果有 n 个表同时并存，并且在处理过程中各表的长度会动态变化，表的总数也可能自动改变，则这种情况下应选用链式存储结构。因为链表容易实现表容量的扩充，适合表的长度动态变化的情况。

（3）若表的总数基本稳定，且很少进行插入和删除，但要求以最快的速度存取表中的元素，这时应选用顺序存储结构。因为顺序表是随机存取结构，单链表是顺序存取结构。本题很少进行插入和删除操作，所以空间变化不大，且需要快速存取，所以应选用顺序存储结构。

2. 在链表存储结构中，分为带头结点和不带头结点两种存储方式。采用带头结点的存储方式可以大大简化结点的插入和删除过程。建议在编写算法时，除非题目特别指定不带头结点，一般尽量使用带头结点的存储方式实现算法。

头指针：指向链表中第一个结点（首结点）的指针。

头结点：在第一个结点之前附设的一个结点。

首结点：链表中存储线性表中第一个数据元素的结点。

若链表中附设头结点，则不管链表是否为空，头指针均不为空，否则表示空表的链表的头指针为空。

3. 题中两个算法的功能描述如下：

（1）当单向链表包含两个或两个以上的结点时，将原来的第一个结点变为末尾结点，原来的第二个结点变成了首元结点。

（2）将原来的单循环链表拆分成两个，pa、pb 分别指向这两个单向循环链表中的结点。

4. 双向循环链表设置了指向前驱和后继的指针，所用的地址空间增加，以牺牲空间复杂度为代价换取时间复杂度的提高。

（1）双向循环链表可以从任一结点开始遍历整个链表。

（2）在动态内存管理中，应用双向循环链表可以从上次查找过的结点开始继续查找可用结点，而单链表却每次都需要从表头开始查找，相比之下，双向循环链表的时间效率更高。

5.（1）在单链表存储结构中，若未知链表头指针，仅已知结点 k 的地址，则不能将它从该结构中删除。因为如果要删去 k 结点，就需要知道该结点的前一个结点，但是单链表是顺序访问，仅凭 k 结点的地址不能找到前一个结点的地址。

（2）在双重链表存储结构中，若未知链表头指针，仅已知结点 k 的地址，则可以将它从该结构中删除。因为如果要删去 k 结点，就需要知道该结点的前一个结点，可以通过 k-> Llink 找到 k 结点前一个结点的地址，从而完成删除。

（3）在循环链表存储结构中，若未知链表头指针，仅已知结点 k 的地址，可以将它从该结构中删除。因为如果要删去 k 结点，就需要知道该结点的前一个结点，可以通过 k 结点的地址经过循环访问找到 k 结点前一个结点的地址，从而完成删除。

二、算法设计题

1. 算法的主要思想是：在无头单链表上头指针直接指向首元结点，即第一个数据元素的结点。因此，在无头单链表上实现的运算都是基于直接访问结点的运算。

算法描述如下：

查找运算：

```
Pointer LOCATE(Pointer &head, ElemType x)
{
    p= head;
    if (p== NULL)
        return NULL;
    while(p->next != NULL)
    {
        if(p->data == x)
            return p;
        else
            p = p->next;
    }
}
```

插入算法：

```
void INSERT(Pointer &head, ElemType x, int i)
{
    if (i<0)
        error ("无此位置");
    p = head;
    q = malloc(sizeof(Node));
    q->data = x;
    j = 0;
    if (i==1)
```

```
    {
        q->next = head;
        head = q;
        return;
    }
    while ((j<i-1) && (p->next != NULL))
    {
        j++;
        p = p->next;
    }
    if (j==i-1)
    {
        q->next = p->next;
        p->next = q;
    }
    else
        error ("i 位置超出范围");
}
```

删除算法:

```
void DELETE(Pointer &head, int i)
{
    if (head==NULL)
        return;
    p = head;
    if (i<0)
        error ("无此位置");
    j = 0;
    if (i==1)
    {
        q = head;
        head = head->next;
        delete (q);
    }
    while ((j<i-1) && (p->next != NULL))
    {
        j++;
        p = p->next;
```

```
    }
    if (j == i - 1)
    {
        q = p -> next;
        p -> next = q -> next;
        delete (q);
    }
    else
        error ("i 位置超出范围");
}
```

2. 算法描述如下：

```
int LENGTH(Pointer &head)
{
    int i = 0;
    while (p! = NULL)
    {
        i++ ;
        p = p -> next;
    }
    return i;
}
```

3. (1) 实现求最大值的函数如下：

```
Pointer Max (Pointer &head)
//在单链表中进行一趟检测,找出最大值的结点地址,如果表空,返回指针 NULL
{
    pmax = head -> next;          //假定第一个结点中数据具有最大值
    if(head -> next == NULL)
        return NULL;              //空表,返回指针 NULL
    p = head -> next -> next;
    while(p!= NULL)
    {                             //循环,下一个结点存在
        if(p -> data > pmax -> data)
            pmax = p;             //指针 pmax 记忆当前找到的具有最大值的结点
        p = p -> next;            //检测下一个结点
    }
    return pmax;
}
```

(2) 实现从一维数组 $A[n]$建立单链表的函数如下：

```
Pointer Create (ElemType A[ ], int n)
/* 根据一维数组 A[n]建立一个单链表,使单链表中各元素的次序与 A[n]中各元素
   的次序相同 */
{
    head = (Node *)malloc(sizeof(Node));
    head->next = NULL;
    p = head;
    for (i = 0; i < n; i++)
    {
        q = (Pointer *)malloc(sizeof(Node));
        q->data = A[i];         //链入一个新结点,值为 A[i]
        q->next = p->next;
        p->next = q;            //指针 p 总指向链中最后一个结点
        p = q;
    }
}
```

4. 算法描述如下：

```
Pointer Union (Pointer &x, Pointer &y)
{
    Pointer z = x;
    p = x;
    q = y;
    while ((p!= NULL) && (q!= NULL))
    {
        r = p;
        p = p->next;
        s = q->next;
        q->next = r->next;
        r->next = q;
        q = s;
    }
    if (q!= NULL)
        r->next = q;
    return z;
}
```

5. 算法描述如下：

```
void Inverse (Pointer &h)
{
    if (h == NULL)
        return;
    p = h->next;
    pr = NULL;
    while (p!= NULL)
    {
        h->next = pr;           //逆转 h 指针
        pr = h;
        h = p;
        p = p->next;            //指针前移
    }
    h->next = pr;
}
```

6. 算法描述如下：

```
Pointer Merge (Pointer &ha, Pointer &hb)
//将链表 ha 与链表 hb 按逆序合并,结果放在链表 pc 中
{
    pa = ha->next;
    pb = hb->next;                  //检测指针跳过表头结点
    hc = ha;                        //结果链表初始化
    pc = NULL;
    while((pa!= NULL) && (pb!= NULL))
    {                               //当两链表都未结束时
        if (pa->data <= pb->data)
        {
            q = pa;
            pa = pa->next;
        }                           //从 pa 链中摘下
        else
        {
            q = pb;
            pb = pb->next;
        }                           //从 pb 链中摘下
        q->next = pc;
        hc->next = q;               //链入结果链的链头
```

```
        pc = q;
    }
    p = (pa!= NULL) ? pa : pb;     //处理未完链的剩余部分
    while (p!=NULL)
    {
        q = p;
        p = p->next;
        q->next = pc;
        hc->next = q;
        pc = q;
    }
    return hc ;
}
```

7. 算法描述如下：

```
void LinkList_Intersect_Delete(Pointer &A, Pointer &B, Pointer &C)
{
    p = B->next;
    q = C->next;
    s = A;
    r = A->next;
    while ((p!=NULL) && (q!=NULL) && (r!=NULL))
    {
        if (p->data<q->data)
            p = p->next;
        else if (p->data>q->data)
            q = q->next;
        else
        {
            while (r->data<p->data)
            {
                s = r;
                r = r->next;     //确定最后一个小于待删元素的指针r
            }
            if(r->data==p->data)
            {
                s->next = r->next;
                delete (r);
```

```
                r = s->next;
            }
            p = p->next;
            q = q->next;
        }
    }
}
```

8. 算法的主要思想是:(1)初始化,如果单链表 L 非空,则令指针 q 指向 L 的头结点,指针 p 指向 L 的第一个结点;

(2)如果表 L 非空,则在表 L 中,寻找 data 域值大于 min 且小于 max 的结点,删除该结点,释放该结点空间。

算法描述如下:

```
void Delete_L (Pointer &L, ElemType max, ElemType min)
//此算法删除无序线性表 L 中的所有 data 域值大于 min 且小于 max 的元素
{
    if (L! = NULL)                  //如果 L 不是空表,则初始化
    {
        q = L;                      //令 q 指向头结点
        p = L->next;                //令 q 指向单链表的第一个结点
    }
    while (p! = NULL)
    {
        if ((p->data <= min) || (p->data >= max))
        { //如果 data 域值小于等于 min 或大于等于 max,则指针 q 和 p 顺链后移
            q = p;
            p = p->next;
        }
        else
        {
            q->next = p->next;
            delete (p);
            p = q->next;
        }
    }
}
```

9. 算法的主要思想是:本题利用循环单链表的特点,通过 S 指针可循环找到其前驱结点 p 及 p 的前驱 r,然后将其删除。

算法描述如下：

```
void deletnode (Pointer &S)
{
    r = S;
    p = S->next;
    while (p->next!=S)
    {
        r= p;
        p = p->next;
    }
    r->next = S;
    delete (p);
}
```

10. 算法的主要思想是：依次遍历访问单链表的结点，用冒泡排序的思想将该链表整理成有序表。冒泡排序算法的基本思想比较简单：相邻元素两两相较，值域小的元素置前，直到不再发生交换为止。

算法描述如下：

```
void Sort_LinkList (Pointer &L)
{
    int x, noswap;
    pa = L->next;
    noswap = 1;
    if (pa!=NULL)
        while (noswap)
        {
            noswap = 0;
            pb = pa;
            while ((pb) && (pb->next! =NULL))
            {
                if (pb->data>pb->next->data)
                {
                    x = pb->data;
                    pb->data = pb->next->data;
                    pb->next->data = x;
                    noswap = 1;
                }
                pb = pb->next;
```

```
            }
        }
    }
```

分析:本算法的时间效率是 $O(n^2)$,效率相对较低,另一种解法是交换指针,这样做比较复杂,读者可尝试去编程解决。

11. 算法描述如下:

```
void Divide (Pointer &head, Pointer &a, Pointer &b, Pointer &c)
{
    int x;
    a = (Pointer * )malloc(sizeof(Node));    //建立第一个链表的头结点
    b = (Pointer * )malloc(sizeof(Node));    //建立第二个链表的头结点
    c = (Pointer * )malloc(sizeof(Node));    //建立第三个链表的头结点
    a->data = 0;
    b->data = 0;
    c->data = 0;
    pa = a;
    pb = b;
    pc = c;
    r = head;
    p = head->next;
    while (p!=NULL)
    {
        x = p->data;
        if (x%3==0)
        {
            r->next = p->next;
            pa->next = p;
            pa = p;
            a->data = a->data+1;
        }
        if (x%3==1)
        {
            r->next = p->next;
            pb->next = p;
            pb = p;
            b->data = b->data+1;
        }
```

```
        if (x % 3 == 2)
        {
            r->next = p->next;
            pc->next = p;
            pc = p;
            c->data = c->data + 1;
        }
        p = r->next;
    }
    pa->next = NULL;
    pb->next = NULL;
    pc->next = NULL;
}
```

12. 建立链表结构:

```
struct ListNode{
    float cost;                     //价格域
    int num;                        //台数域
    struct ListNode *link;          //链指针域
}
```

其算法是先建立一个待插入的结点,然后在该单链表(假设其头指针为 head)中找到插入的位置,再把该结点插入。

算法描述如下:

```
void insert(ListNode &head, int m, float h)
{
    s = (ListNode *)malloc(sizeof(ListNode));
    s->cost = h;
    s->num = m;
    if (head == NULL)
    {
        head = s;
        head->link = NULL;
    }
    else
    {//第一个结点的 cost 域大于 h,则把 s 所指结点作为第一个结点插入
        if (head->cost > h)
        {
            s->link = head;
```

```
            head = s;
        }
        else    //查找相应的结点,用 q 指向,在之后插入 s 所指结点
        {
            q = head->link;
            while ((q->cost<h) &&(q! = NULL))
            {
                r = q;
                q = q->link;
            }
            s->link = q;
            r->link = s;
        }
    }
}
```

13. 算法的主要思想是:先设置三个空的循环链表,然后将单链表中的结点分别插入这三个链表。注意三个结果表的头指针在参数表中应设置为变参。

算法描述如下:

```
void LinkList_Divide(CirList &L, CirList &A, CirList &B, CirList &C)
//把单链表 L 的元素按类型分为 3 个循环链表,CirList 为带头结点的单循环链表
  类型
{
    s= L->next;                              //建立头结点
    A = (CirList*)malloc(sizeof(CirList));
    p= A;
    B = (CirList*)malloc(sizeof(CirList));
    q= B;
    C = (CirList*)malloc(sizeof(CirList));
    r= C;
    while (s)
    {
        if (isalphabet(s->data))
        {
            p->next = s;
            p = s;
        }
        else if (isdigit(s->data))
```

```
        {
            q->next = s;
            q = s;
        }
        else
        {
            r->next = s;
            r = s;
        }
    }
    p->next = A;
    q->next = B;
    r->next = C;            //完成循环链表
}
```

14. 算法的主要思想是：找出 p 所指向的结点的前后结点，这可以用循环指针找到。算法描述如下：

```
struct dlist{
    int key;
    struct dlist *left, *right;
}
void delnode (struct dlist * &p)
{
    q = p;                  //查找p的左边结点，由q所指向
    while (q->right!=p)
        q = q->right;
    r = p;                  //查找p的右边结点，由r所指向
    while (r->left!=p)
        r = r->left;
    q->right = r;           //删除q与r之间的结点p
    r->left = q;
    delete(p);
}
```

15. 算法的主要思想是：设置计数器 count，遍历双向循环链表 L，每当访问链表 L 中的结点 p 时，计数器 count+1，当 count 为偶数时，将结点 p 移到线性表元素 a_n 之后；不断重复上述过程，直到访问到 a_n 为止。

算法描述如下：

```
structDLinkLlist{
```

```
    ElemType data;
    struct DLinkLlist *prior;
    struct DLinkLlist *next;
}
void Exchange_DlinkList (DlinkList &head)
{
    int count = 0;
    p = head ;
    tail = head->prior;
    while (p!=tail)
    {
        p= p->next;
        count++ ;
        if (count%2==0)
        {
            q= p;
            p->prior->next = p->next;
            p->next->prior = p->prior;
            p= p->prior;
            q->next = tail->next;
            q->prior = tail;
            tail->next->prior = q;
            tail->next = q;
        }
    }
}
```

16. 算法描述如下：

```
typedef struct queuenode{
    ElemType data;
    struct queuenode *next;
}QueueNode;                          //以上是结点类型的定义
typedef struct{
    QueueNode *rear;
}LinkQueue;                          //只设一个指向队尾元素的指针
```

置空队列算法：

```
void InitQueue (LinkQueue &Q)
//置空队列:就是使头结点成为队尾元素
```

```
{
    Q.rear = (QueueNode * )malloc(sizeof(QueueNode));
    QueueNode * s;
    Q.rear = Q.rear -> next;                //将队尾指针指向头结点
    while (Q.rear! = Q.rear -> next)        //当队列非空,将队中元素逐个出队
    {
        s = Q.rear -> next;
        Q.rear -> next = s -> next;
        delete(s);                          //回收结点空间
    }
}
```

判队列空算法:

```
bool EmptyQueue (LinkQueue &Q)
//判队空,当头结点的 next 指针指向自己时为空队
{
    if (Q.rear -> next -> next = = Q.rear -> next)
        return true;
    else
        return false;
}
```

入队列算法:

```
void EnQueue (LinkQueue &Q, ElemType x)
//入队,即在尾结点处插入元素
{
    QueueNode * p = (QueueNode * ) malloc (sizeof(QueueNode));  //申请新结点
    p -> data = x;
    p -> next = Q.rear -> next;             //初始化新结点并链入
    Q.rear -> next = p;
    Q.rear = p;                             //将尾指针移至新结点
}
```

出队列算法:

```
ElemType DeQueue (LinkQueue &Q, ElemType x)
//出队,即把头结点之后的元素摘下
{
    ElemType t;
    if (EmptyQueue( Q ))
```

```
        error ("Queue underflow");
    p = Q.rear->next->next;           //p指向将要摘下的结点
    x = p->data;
    if (p==Q.rear)
    {//当队列中只有一个结点时,p结点出队后,要将队尾指针指向头结点
        Q.rear = Q.rear->next;
        Q.rear->next = p->next;
    }
    else
        Q.rear->next->next = p->next;     //摘下结点p
    delete(p);
    return x;
}
```

第 4 章　数组和广义表

数组和广义表是线性表的推广,即在数组结构中元素本身又可以是一个线性表。

本章讨论了数组的有关概念、存储方法和基本运算及其实现。其中:数组的存储表示、特殊矩阵的压缩存储、稀疏矩阵的三元组表示及基本运算的实现、广义表的特点及其存储结构是本章的重点内容;而稀疏矩阵的压缩存储表示方法及其运算的实现则是本章的难点。

知识结构图

本章的知识结构如图 4.1 所示。

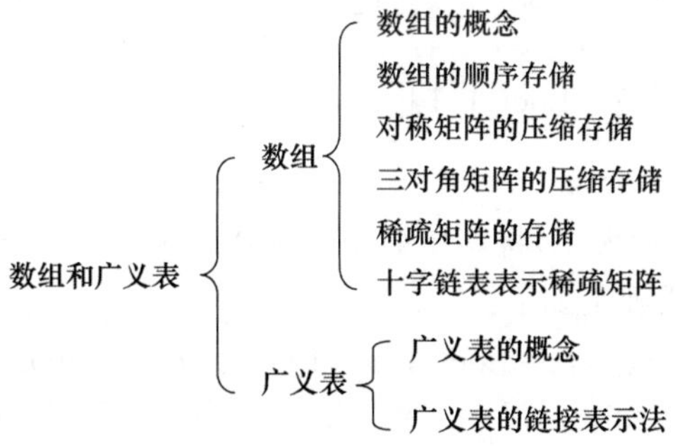

图 4.1　顺序表的知识结构

4.1　知 识 要 点

4.1.1　数组

1. 数组的概念

设一个二维数组 **A**,类型定义如下:

ElemType $A[c_1..m][c_2..n]$;

其中,c_1,c_2 设为 1,数组可表示为:

$$\mathbf{A}=\begin{bmatrix} a_{11} & a_{12} & \cdots & a_{1n} \\ a_{21} & a_{22} & \cdots & a_{2n} \\ \vdots & \vdots & & \vdots \\ a_{m1} & a_{m2} & \cdots & a_{mn} \end{bmatrix}$$

它可看成是由 m 个行向量或者 n 个列向量组成的线性表。也就是说,二维数组可以看成是一种推广的线性表,这种线性表的每一个数据元素本身也是一个线性表。一个二维数组可以看成是数据元素为一维数组的线性表。一般地,一个 n 维数组可视为其数据元素为 $n-1$ 维数组的线性表。

2. 数组的顺序存储

采用一组连续的存储单元顺序地存储各数组元素。

以行为主顺序存储分配的方式:按照行的次序依次存放各个元素。若设数组 ElemType $A[c_1..d_1][c_2..d_2]$,每个元素占 k 个存储单元,则元素 $A[i][j]$的存储位置为 $\mathrm{Loc}(A[i][j])=\mathrm{Loc}(A[c_1][c_2])+[(d_2-c_2+1)(i-c_1)+(j-c_2)]*k$。

以列为主顺序存储分配的方式:按照列的次序依次存放各个元素。若设数组 ElemType $A[c_1..d_1][c_2..d_2]$,每个元素占 k 个存储单元,则元素 $A[i][j]$的存储位置为 $\mathrm{Loc}(A[i][j])=\mathrm{Loc}(A[c_1][c_2])+[(d_1-c_1+1)(j-c_2)+(i-c_1)]*k$。

3. 对称矩阵的压缩存储

可用一维数组 $V[1..n(n+1)/2]$作为 n 阶对称矩阵的存储结构,这时对一个 $A[i][j]$元素可按下式寻址公式确定:

$$\begin{cases}\mathrm{Loc}(A[i][j])=\mathrm{Loc}(A[1][1])+(\dfrac{i(i-1)}{2}+j-1)*k & (i\geqslant j)\\ \mathrm{Loc}(A[i][j])=\mathrm{Loc}(A[1][1])+(\dfrac{j(j-1)}{2}+i-1)*k & (i<j)\end{cases}$$

4. 三对角矩阵的压缩存储

按某种原则(假设以行为主)将其压缩到一维数组 $V[1..3(n-2)+4]$中,对任意一个元素 $A[i][j]$的寻址公式确定如下:

$$\mathrm{Loc}(A[i][j])=\mathrm{Loc}(A[1][1])+[2(i-1)+j-1]*k$$

k 与 i, j 的对应关系如下:

$$\begin{cases}i=\lfloor k/3\rfloor+1\\ j=k-2(i-1)\end{cases}$$

5. 稀疏矩阵的存储

对于一个 m 行 n 列且有 t 个非零元素的稀疏矩阵,可用一个 $t+1$ 行 3 列的二维数组表示。其中,第零行的三个元素分别等于 m、n 和 t。

稀疏矩阵的转置运算:算法复杂度为 $O(n+t)$,此算法只适用于稀疏矩阵。

```
void fasttranspo(Matrix A, Matrix B)
//将三元组 A 表示的稀疏矩阵进行转置,得到的依然是稀疏矩阵(三元组表示)
{
    (m, n, t) = (A[0][1], A[0][2], A[0][3]);
    (B[0][1], B[0][2], B[0][3]) = (n, m, t);
    if (t!= 0)
    {
        for (j = 1; j <= n; j ++ )
```

```
                num[j] = 0;
            for (i = 1; i <= t; i ++ )
                num[A[i][2]] = num[A[i][2]] + 1;
            pot[1] = 1;
            for (j = 2; j <= n; j ++ )
                pot[j] = pot[j - 1] + num[j - 1];
            for (i = 1; i <= t; i ++ )
            {
                k = A[i][2];
                B[pot[k]][1] = A[i][2];
                B[pot[k]][2] = A[i][1];
                B[pot[k]][3] = A[i][3];
                pot[k] = pot[k] + 1;
            }
        }
    }
```

稀疏矩阵的乘法运算:此算法所占用的存储量为$O(3*(t_1+t_2)+2*n+m*p)$,若乘数矩阵 **R** 每行均有 p 个非零元素,则其时间开销为$O(t_1*p)$。

```
void matrix - multiplication (Matrix A, Matrix B, Matrix C)
/* A,B 分别是表示稀疏矩阵 S(m * n)和 R(n * p)的三列的二维数组,其非零元素个
 数分别为 t1,t2,C = S * R,C 是表示存放乘积的矩形结构的二维数组 */
{
    (m, n, t1) = (A[0][1], A[0][2], A[0][3]);
    if (n == B[0][1])
        (p, t2) = (B[0][2], B[0][3]);
    else
    {
        printf ("incompatible matrices");
        exit (1);                          //矩阵不相容,不必做,退出
    }
    if (t1 * t2 == 0)
        exit(1);                           //矩阵为零矩阵,不必做,退出
    for (i = 1; i <= m; i ++ )
        for (j = 1; j <= p; j ++ )
            C[i][j] = 0;                   //结果矩阵初始化
    for (i = 1; i <= n; i ++ )
        num[i] = 0;
```

```
    for (i = 1; i <= t2; i ++ )
        num[B[i][1]] = num[B[i][1]] + 1; //计算 R 中各行非零元素的个数
    pot[1] = 1;
    for (i = 2; i <= n + 1; i ++ )
        pot[i] = pot[i - 1] + num[i - 1];
    for (i = 1; i <= t1; i ++ )
    {
        k = A[i][2];
        for (j = pot[k]; j <= pot[k + 1] - 1; j ++ )
            C[A[i][1]][B[j][2]] = C[A[i][1]][B[j][2]] + A[i][3] * B[j][3];
    }
}
```

6. 十字链表表示稀疏矩阵

稀疏矩阵的每个非零元素对应一个含有五个域的结点，这五个域分别为该非零元素在矩阵中的行号、列号、元素的值及两个指针域，它们分别用 row、col、val、right 和 down 表示。其中 right 代表指向同一行的右边一个非零元素结点的向右指针，down 代表指向同一列的下面的一个非零结点的向下指针。

4.1.2 广义表

1. 广义表的概念

广义表 A 是 $n\geqslant 0$ 个元素 $a_1,a_2,\cdots,a_n$ 的有限序列，其中，a_i 是原子结点或是广义表。不是结点的元素 $a_i(1\leqslant i\leqslant n)$称为 A 的子表。广义表可以写成 $A=(a_1,a_2,\cdots,a_n)$。A 是列表的名称，n 是它的长度。广义表又称列表。

2. 广义表的链接表示法

由于广义表中的数据元素可以具有不同的结构，因此难以用顺序存储结构表示，通常采用链式存储结构。每个结点由三个字段组成：

tag	data	link

其中，tag 是一个标志位，取值如下：

$$tag=\begin{cases}0 & 本结点为原子\\1 & 本结点为子表\end{cases}$$

当 tag = 0 时，data 域存放相应的原子信息；当 tag = 1 时，data 域存放子表中第一个元素所对应的链结点地址。link 域存放与本元素同层的下一个元素所在链结点的地址，当本元素是所在层的最后一个元素时，link 域为空。

4.2 典型例题分析

例 1 假设一个准对角矩阵：

$$\begin{bmatrix} a_{11} & a_{12} & & & & & & \\ a_{21} & a_{22} & & & & & & \\ & & a_{33} & a_{34} & & & & \\ & & a_{43} & a_{44} & & & & \\ & & & & \ddots & & & \\ & & & & & a_{ij} & & \\ & & & & & & \ddots & \\ & & & & & & a_{2m-1,2m-1} & a_{2m-1,2m} \\ & & & & & & a_{2m,2m-1} & a_{2m,2m} \end{bmatrix}$$

按以下方式存储于一维数组 $B[4m]$ 中：

0	1	2	3	4	5	6	…	k	…	$4m-1$
a_{11}	a_{12}	a_{21}	a_{22}	a_{33}	a_{34}	a_{43}	…	a_{ij}	…	$a_{2m,2m}$

求由下标(i, j)计算 k 的转换公式。

解答　将准对角矩阵看成是对角线元素为矩阵的对角矩阵：

$$\begin{bmatrix} \boldsymbol{A}_{11} & \cdots & 0 \\ \vdots & & \vdots \\ 0 & \cdots & \boldsymbol{A}_{mm} \end{bmatrix}$$

首先计算出 a_{ij} 在对角矩阵 $\boldsymbol{A}_{mm}$ 中的位置，计算公式为 int((i－1)/2)，int()为取整操作，则 int((i－1)/2) * 4 为对角矩阵在一维数组 B 中的位置。

其次计算 a_{ij} 在对角矩阵 $\boldsymbol{A}_{mm}$ 中的相对位置。具体转换公式如下：

k=int((i－1)/2) * 4＋((i－1)%2) * 2＋1，　当 $i<j$ 或当 $i=j$ 且 i 为偶数时

k=int((i－1)/2) * 4＋((i－1)%2) * 2，　　当 $i>j$ 或当 $i=j$ 且 i 为奇数时

例 2　若将稀疏矩阵 $\boldsymbol{A}$ 的非零元素以行序为主序的顺序存于一维数组 V 中，并用二维数组 $\boldsymbol{B}$ 表示 $\boldsymbol{A}$ 中相应元素是否为零元素(以 0 和 1 分别表示零元素和非零元素)。

例如：

$$\boldsymbol{A}=\begin{bmatrix} 15 & 0 & 0 & 22 \\ 0 & -6 & 0 & 0 \\ 91 & 0 & 0 & 0 \end{bmatrix}$$

可用 $V=(15, 22, -6, 9)$ 和 $\boldsymbol{B}=\begin{bmatrix} 1 & 0 & 0 & 1 \\ 0 & 1 & 0 & 0 \\ 1 & 0 & 0 & 0 \end{bmatrix}$表示。

试写一算法，在上述表示法中实现矩阵相加的运算，并分析所设计算法的复杂度。

解答

```
#define MAXSIZE 100
typedef struct{
    int row, col;
    int data[MAXSIZE];
```

```
    int map[10][10];
} BMMatrix;                                     //用位图表示的矩阵类型
void BMMatrix_Add(BMMatrix *A, BMMatrix *B, BMMatrix *C)
//矩阵的加法
{
    C->row = A->row;
    C->col = A->col;                            //给C赋初值
    for (i=0; i<C->row; i++)
        for (j=0; j<C->col; j++)
            C->map[i][j] = 0;
    pa = 0;
    pb = 0;
    pc = 0;
    for (i=0; i<A->row; i++)                    //每一行相加
        for (j=0; j<A->col; j++)                //每一个元素相加
        {
            if(A->map[i][j]==1&&B->map[i][j]==1&&(A->data[pa]+B
            ->data[pb])!=0)
            {
                C->data[pc] = A->data[pa]+B->data[pb];
                C->map[i][j] = 1;
                pa++;
                pb++;
                pc++;
            }
            else if ((A->map[i][j]==1) && (B->map[i][j]==0))
            {
                C->data[pc] = A->data[pa];
                C->map[i][j] = 1;
                pa++;
                pc++;
            }
            else if ((A->map[i][j]==0) && (B->map[i][j]==1))
            {
                C->data[pc] = B->data[pb];
                C->map[i][j] = 1;
                pb++;
                pc++;
```

```
            }
        }
    }
```

算法需要扫描位图的每一个元素，当 row=m，col=n 时，算法复杂度是 $O(m*n)$。

例 3 编写一个程序求解迷宫问题，迷宫是一个如图 4.2 所示的 m 行 n 列的 0-1 矩阵，其中 0 表示无障碍，1 表示有障碍。设入口为(1, 1)，出口为(m, n)，每次移动只能从一个无障碍的单元移动到其周围 8 个方向上任一无障碍的单元，编制程序给出一条通过迷宫的路径或者报告一个“无法通过”的信息。

```
入口 ──► 0 0 0 1 0 0 0 1 0 0 0 1 0 0 1
         0 1 0 0 0 1 0 1 0 0 0 1 1 1 1
         0 1 1 1 1 1 0 1 0 0 1 1 1 0 1
         1 1 0 0 0 1 1 0 1 1 0 0 1 0 1
         1 0 0 1 0 1 1 1 1 0 1 0 1 0 1
         1 0 1 0 0 1 0 1 0 1 0 1 0 1 0
         1 0 1 1 1 1 1 0 0 1 1 1 1 0 0
         1 1 1 0 1 1 1 1 0 1 0 1 0 1 0
         1 0 1 0 1 0 1 1 1 0 1 0 0 0 1
         0 1 0 1 0 1 0 0 0 1 1 0 0 1 0 ──► 出口
```

图 4.2 迷宫图

解答 要寻找一条通过迷宫的路径，就必须进行试探性搜索，只要有路可走就前进一步，无路可走时，退回一步，重新选择未走过的可走的路，如此搜索，直至到达出口或返回入口(无法通过迷宫)。可使用如下的数据结构：mg[1..m][1..n]表示迷宫，为了算法方便，在四周加上一圈“哨兵”，即变为数组 mg[0..m+1][0..n+1]，用以表示迷宫，用数组 zx, zy 分别表示 X, Y 方向的移动增量，其值如表 4.1 所示。

表 4.1 zx, zy 数组的方向取值

方向	北	东北	东	东南	南	西南	西	西北
下标	1	2	3	4	5	6	7	8
zx	−1	−1	0	1	1	1	0	−1
zy	0	1	1	1	0	−1	−1	−1

在探索前进路径时，需要将搜索的踪迹记录下来，记录的踪迹应包含当前位置以及前驱位置。在搜索函数中，将所有需要搜索的位置形成一个队列，将队列中的每一个元素可能到达的位置加入队列之中，当队列中某元素所有可能到达的位置全部加入队列之后，即从队列中将该元素去掉。用变量 front 及 rear 分别表示队列的首与尾，当 rear 指示的元素已经到达出口(m, n)时，根据 rear 所指示的前驱序号可回溯得到走迷宫的最短路径。

根据上述搜索函数得到的程序如下：

```
#define m 10                //行数
#define n 15                //列数
```

```
struct stype{
    int x, y, pre;
} sq[400];
int mg[m+1][n+1];
int zx[8], zy[8];
void printlj (int rear)
{
    int i;
    i = rear;
    do
    {
        printf ("(%d, %d) ", sq[i].x, sq[i].y);
        i = sq[i].pre;
    }while (i!=0)
}
void mglj ( )
{
    int i, j, x, y, v, front, rear, find;
    sq[1].x = 1;
    sq[1].y = 1;
    sq[1].pre = 0;                          //从(1, 1)开始搜索
    find = 0;
    front = 1;
    rear = 1;
    mg[1][1] = -1;
    while ((front<=rear) && (! find))
    {
        x = sq[front].x;
        y = sq[front].y;
        for (v=1; v<=8; v++)                //循环扫描每个方向
        {
            i = x+zx[v];
            j = y+zy[v];                    //选择一个前进方向(i,j)
            if (mg[i][j]==0)                //如果该方向可走
            {
                rear++;                     //进入队列
                sq[rear].x = i;
                sq[rear].y = j;
```

```
                sq[rear].pre = front;
                mg[i][j] = -1;          //将其赋值-1,以避免重复搜索
            }
            if ((i==m) && (j==n))       //找到了出口
            {
                printlj (rear);
                find = 1;
            }
        }
        front++;
    }
    if (! find)
        printf("不存在路径! \n");
}
main( )
{
    int i, j;
    for (i=1; i<=m; i++)
        for (j=1; j<=n; j++)
            scanf ("%d", &mg[i][j]);
    for (i=0; i<=m+1; i++)
    {
        mg[i][0] = 1;
        mg[i][n+1] = 1;
    }
    for (j=0; j<=n+1; j++)
    {
        mg[0][j] = 1;
        mg[m+1][j] = 1;
    }
    zx[1] = -1; zx[2] = -1; zx[3] = 0; zx[4] = 1;
    zx[5] = 1; zx[6] = 1; zx[7] = 0; zx[8] = -1;
    zy[1] = 0; zy[2] = 1; zy[3] = 1; zy[4] = 1;
    zy[5] = 0; zy[6] = -1; zy[7] = -1; zy[8] = -1;
    mglj();
}
```

本程序求解图 4.2 的迷宫所得结果如下：

(10, 15) (9, 14) (8, 15) (7, 14) (6, 13) (5, 12) (4, 11) (3, 10) (3, 9) (4, 8)

(3, 7) (2, 7) (1, 6) (1, 5) (2, 4) (1, 3) (1, 2) (1, 1)。

例 4 已知 ***A*** 和 ***B*** 为两个 $n\times n$ 阶的对称矩阵,输入时,对称矩阵只输入下三角元素,存入一维数组,如图 4.3 所示(图中 x 可以是任何整数),编写一个计算对称矩阵 ***A*** 和 ***B*** 的乘积的函数。

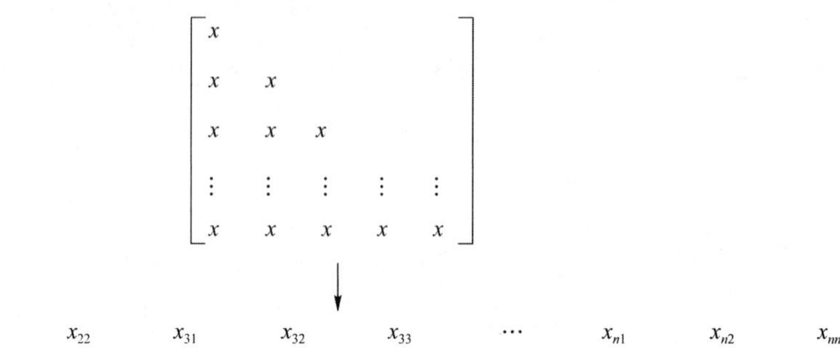

图 4.3 矩阵的存储转换形式

解答 依题意,对称矩阵第 i 行和第 j 列的数据元素在一维数组中的位置是:

$$\frac{i*(i-1)}{2}+j \quad (\text{当 } i\geqslant j)$$

$$\frac{j*(j-1)}{2}+i \quad (\text{当 } i<j)$$

因此,实现本题功能的函数如下:

```
void mult (int A[], int B[], Matrix C, int n)
{
    int i, j, k, t1, t2, s;
    for (i = 0; i < n; i ++ )
        for (j = 0; j < n; j ++ )
        {
            s  =  0;
            for (k = 0; k < n; k ++ )
            {
                if (i > = k)
                    t1  =  i * (i + 1)/2 + k;
                else
                    t1  =  k * (k + 1)/2 + i;
                if (k > = j)
                    t2  =  k * (k + 1)/2 + j;
                else
                    t2  =  j * (j + 1)/2 + k;
                s  =  s + A[t1] * B[t2];
            }
```

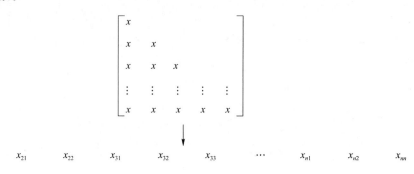

```
            C[i][j] = s;
        }
}
```

例 5　编写一个算法。在给定的广义表中查找数据为 x 的结点。

解答　算法的主要思想是：

(1) 如果遇到 tag=0 的原子结点 p，并且正是要寻找的结点(p-> val. data=x)，则查找成功；

(2) 如果遇到 tag=1 的结点 p，则递归调用本函数在该子表中查找；

(3) 如果没有找到 data 域的值为 x 的结点且还有后继元素，则递归调用本函数查找后继每个元素，直至遇到 link 域为 NULL 的元素。

设 $F(p, x)$为查找函数，当查找成功时，返回 true，否则返回 false，递归过程如下：

如果 p-> tag=0 且 p-> val. data=x，$F(p, x)=1$；

如果 p-> tag=0 且 p-> val. data≠x，$F(p, x) = F(p$-> link, $x)$；

如果 p-> tag=1，$F(p, x) = F(p$-> val. subhp, $x)$或 $F(p$-> link, $x)$。

算法描述如下：

```
bool FindGList (GLnode GL, ElemType x)
{
    bool find = false;
    p = GL;
    if (GL!= NULL)
    {
        if ((! p->tag) && (p->val.data == x))
            return true;
        else if (p->tag)
            find = FindGList (p->val.subhp, x);
        if (find)
            return true;
        else
            return (FindGList(p->link, x));
    }
    else
        return false;
}
```

教材习题 4

一、简答题

1. 特殊矩阵和稀疏矩阵哪一种压缩存储后会失去随机存取的功能？为什么？

2. 在稀疏矩阵的十字链表存储结构中，记录的域 row，col，value，down 和 right 分别存放什么内容？

3. 简述广义表和线性表的区别和联系。

4. 假设有二维数组 $A[6][8]$，每个元素用相邻的 6 个字节存储，存储器按字节编址。已知 $A[0][0]$ 的起始存储位置(基地址)为 1000，计算：

(1) 数组 **A** 的体积(即存储量)；

(2) 数组 **A** 的最后一个元素 $A[5][7]$ 的第一个字节的地址；

(3) 按行存储时，元素 $A[1][4]$ 的第一个字节的地址；

(4) 按列存储时，元素 $A[4][7]$ 的第一个字节的地址。

5. 设有三对角矩阵 $A[n][n]$(从 $A[1][1]$ 开始)，将其三对角线上的元素逐行存于数组 $B[m]$(下标从 1 开始)中，使 $B[k]=A[i][j]$，求：

(1) 用 i，j 表示 k 的下标变换公式；

(2) 用 k 表示 i，j 的下标变换公式。

6. 设有稀疏矩阵 **A**，求：

(1) 将稀疏矩阵 **A** 表示成三元组表；

(2) 将稀疏矩阵 **A** 表示成十字链表。

$$\mathbf{A}=\begin{bmatrix} 5 & 0 & 0 & 4 & 0 & 8 \\ 0 & 0 & 3 & 0 & 0 & 0 \\ 0 & 0 & 0 & 7 & 0 & 0 \\ 0 & 0 & 0 & 0 & 0 & 0 \\ 6 & 0 & 0 & 0 & 0 & 0 \end{bmatrix}$$

7. 求下列广义表运算的结果：

(1) Head(p, h, w)；

(2) tail(b, k, p, h)；

(3) Head((a, b), (c, d))；

(4) tail((a, b), (c, d))；

(5) Head(tail((a, b), (c, d)))；

(6) tail(Head((a, b), (c, d)))；

(7) Head(tail(Head((a, b), (c, d))))；

(8) tail(Head(tail((a, b), (c, d))))。

二、算法设计与分析题

1. 对于二维数组 $A[m][n]$，其中 $m\leqslant 80$，$n\leqslant 80$，先读入 m 和 n，然后读该数组的全部元素，对如下三种情况分别编写相应函数。

(1) 求数组 **A** 靠边(外围 4 条边)元素之和；

(2) 求从 $A[0][0]$开始的互不相邻的各元素之和；

(3) 当 $m=n$ 时，分别求两条对角线上的元素之和，否则打印出 $m\neq n$ 的信息。

2. 已知一个矩阵 $B[n][n]$按行优先存于一个一维数组 $A[0..n\times n-1]$中，试给出一个算法将原矩阵转置后仍存于数组 **A** 中。

3. 设计一个算法，将数组 $A[n]$中的元素循环右移 K 位，并要求只用一个元素大小的附加存储空间，元素移动或交换次数为 $O(n)$。

4. 若用三元组形式表示稀疏矩阵 **A** 和 **B**，试写一个 **A**+**B** 的算法，并分析所写算法的时间复杂度。

5. 如果矩阵 **A** 中存在这样的一个元素 $A[i][j]$满足条件：$A[i][j]$是第 i 行中值最小的元素，且又是第 j 列中值最大的元素，则称之为该矩阵的一个马鞍点。编写一个函数计算出 $m\times n$ 的矩阵 **A** 的所有马鞍点。

6. 编写一个函数，对一个 $n\times n$ 矩阵，通过行变换，使其每行元素的平均值按递增顺序排列。

7. 编写一个算法，计算一个三元组表表示的稀疏矩阵的对角线元素之和。

8. 已知具有 m 行 n 列的稀疏矩阵已经存储在二维数组 $A[m][n]$中，请写一个算法，将稀疏矩阵转换为三元组表示。

9. 设有两个用十字链表表示的 $m\times n$ 的稀疏矩阵 **A**、**B**，试设计一个算法实现运算 **A**=**A**+**B**。

10. 试编写判别两个广义表是否相等的递归算法。

11. 试编写递归算法，输出广义表中所有原子项及其所在层次。

12. 试编写递归算法，删除广义表中所有值等于 x 的原子项。

习题 4 答案及解析

一、简答题

1. 特殊矩阵是指具有相同值的矩阵元素或零元素的分布具有一定规律，可以将其压缩存储在一维数组中，矩阵元素 $A[i][j]$的下标 i 和 j 与其在一维数组中存放的下标 k 之间存在一一对应关系，故不会失去随机存取功能。

稀疏矩阵中零元素的分布没有一定规律，可以将非零元素存于三元组表中，非零元素 $A[i][j]$在三元组表中的存放位置与 i，j 没有对应关系，故会失去随机存取功能。

2. 稀疏矩阵的十字链表存储结构中记录的域 row，col，value，down 和 right 分别表示矩阵的行数、列数、非零元素的值、指向同一列下面的一个非零结点的向下指针及指向同一行的右边一个非零元素结点的向右指针。

3. 线性表是具有相同类型的数据元素 $a_1,a_2,\cdots,a_n$ 的有限序列，记为$(a_1,a_2,\cdots,a_n)$；广义表是 n 个元素 A_n 的有限序列，其中 A_i 可以是数据元素或表结构，记为 $A=(A_1,A_2,\cdots,A_n)$。线性表中的元素必须有相同类型，而 A_i 则可以是数据元素也可以是表。当广义表每个 A_i 均是数据元素且有相同类型时，它就是一个线性表，因此，可以说广义表是线性表的一种推广。

4. (1) 数组 A 的体积:$6\times8\times6 = 288$。

(2) 数组 A 的最后一个 $A[5][7]$元素的第一个字节的体积地址:

按行计算:$LOC(A[5][7]) = 1\,000+(8\times5+7)\times6 = 1\,282$。

按列计算:$LOC(A[5][7]) = 1\,000+(6\times7+5)\times6 = 1\,282$。

(3) 按行存储数时元素 $A[1][4]$的第一个字节的地址为:$LOC(A[1][4]) = 1\,000+(8\times1+4)\times6 = 1\,072$。

(4) 按列存储数时元素 $A[4][7]$的第一个字节的地址为:$LOC(A[4][7]) = 1\,000+(6\times7+4)\times6 = 1\,276$。

5. (1)三对角矩阵中,除了第一行和最后一行各有两个元素外,其余各行均有三个非零元素,所以共有 $3n-2$ 个非零元素。

① 主对角线左下角的对角线上元素的下标满足关系式:$i=j+1$,此时 $k=3(i-1)$。

② 主对角线上元素的下标满足关系式:$i = j$,此时 $k = 3(i-1)+1$。

③ 主对角线右上角的对角线上元素的下标满足关系式:$i=j-1$,此时的 k 为 $k=3(i-1)+2$。

综合起来得到:

当 $i = j+1$ 时,$k = 3(i-1)$;

当 $i = j$ 时,$k = 3(i-1)+1$;

当 $i = j-1$ 时,$k = 3(i-1)+2$,

即 $k = 2(i-1)+j$。

(2) k 与 i, j 的变换公式为(这里[ ]为向下取整,%表示求模运算):

$$i = [k/3]+1;j = [k/3]+(k\%3)$$

6. 由稀疏矩阵 **A** 可知:

$$\mathbf{A}=\begin{bmatrix}5&0&0&4&0&8\\0&0&3&0&0&0\\0&0&0&7&0&0\\0&0&0&0&0&0\\6&0&0&0&0&0\end{bmatrix}$$

(1) 稀疏矩阵 **A** 的三元组表如图 4.4 所示:

	[0]	[1]	[2]
$B[0]$	5	6	6
$B[1]$	1	1	5
$B[2]$	1	4	4
$B[3]$	1	6	8
$B[4]$	2	3	3
$B[5]$	3	4	7
$B[6]$	5	1	6

图 4.4　**A** 的三元组表表示

(2) 稀疏矩阵 **A** 的十字链表如图 4.5 所示:

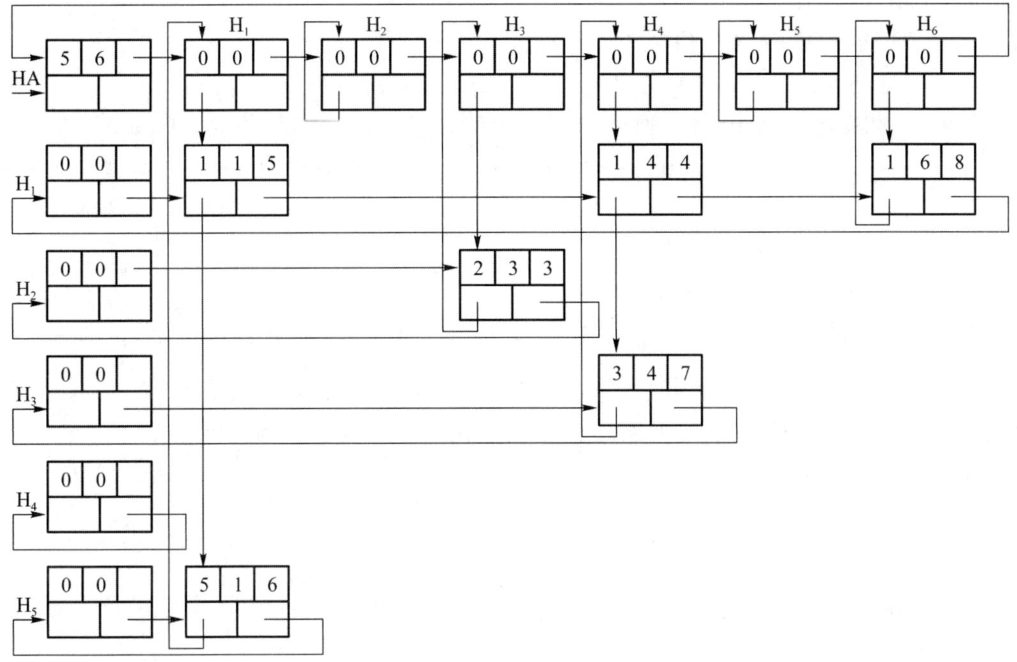

图 4.5　**A** 的十字链表表示

7. 广义表的运算结果如下：

(1) Head(p, h, w)的结果是 p；

(2) tail(b, k, p, h)的结果是(k, p, h)；

(3) Head((a, b), (c, d))的结果是(a, b)；

(4) tail((a, b), (c, d))的结果是((c, d))；

(5) Head(tail((a, b), (c, d)))的结果是(c, d)；

(6) tail(Head((a, b), (c, d)))的结果是(b)；

(7) Head(tail(Head((a, b), (c, d))))的结果是 b；

(8) tail(Head(tail((a, b), (c, d))))的结果是(d)。

二、算法设计题

1. (1) 本小题是计算数组 **A** 的最外围 4 条边的所有元素之和，先分别求出各边的元素之和，累加后减去 4 个角重复相加的元素即为所求。

算法描述如下：

```
void proc1 (Matrix A)
{
    int s = 0, i, j;
    for (i = 0; i < m; i++)                 //第一列
        s = s + A[i][0];
    for (i = 0; i < m; i++)                 //最后一列
        s = s + A[i][n-1];
```

```
    for (j = 0; j < n; j ++)                    //第一行
        s = s + A[0][j];
    for (j = 0; j < n; j ++)                    //最后一行
        s = s + A[m - 1][j];
    s = s - A[0][0] - A[0][n - 1] - A[m - 1][0] - A[m - 1][n - 1]; //减去4个角的重复元素值
    printf ("s = %d\n", s);
}
```

(2) 本小题的互不相邻是指上、下、左、右、对角线均不相邻,即求第 0, 2, 4, …行的各行中第 0, 2, 4, …列的所有元素之和,函数中用 i 和 j 变量控制即可。

算法描述如下:

```
void proc2 (Matrix A)
{
    int s = 0, i, j;
    i = 0;
    while (i < m)
    {
        j = 0;
        while (j < n)
        {
            s = s + A[i][j];
            j = j + 2;                      //跳过一列
        }
        i = i + 2;                          //跳过一行
    }
    printf ("s = %d\n", s);
}
```

(3) 本小题中一条对角线是 $A[i][i]$,其中($0 \leqslant i \leqslant m-1$),另一条对角线是 $A[m-i-1][i]$,其中($0 \leqslant i \leqslant m-1$),因此用循环实现即可。

算法描述如下:

```
void proc3 (Matrix A)
{
    int s, i;
    if (m!= n)
        printf ("m≠n");
    else
```

```
    {
        s = 0;
        for (i = 0; i < m; i++)
            s = s + A[i][i];              //求第一条对角线之和
        for (i = 0; i < n; i++)
            s = s + A[n - i - 1][i];      //累加第二条对角线之和
        printf ("s = %d\n", s);
    }
}
```

完成上述 3 个功能后，可将其放到一个主程序中综合实现，如下：

```
main ( )
{
    int m, n, i, j;
    matrix A;
    printf ("m, n: ");
    scanf (" %d, %d", &m, &n);
    printf ("元素值:\n");
    for (i = 0; i < m; i+ +)
        for (j = 0; j < n; j++)
            scanf (" %d", & A[i][j]);
    proc1(A);
    proc2(A);
    proc3(A);
}
```

2. 算法的主要思想是：矩阵转置是将矩阵中第 i 行第 j 列的元素与第 j 行第 i 列的元素位置互换。因此，先确定矩阵与一维数组的映射关系：$B[i][j]$在一维数组 A 中的下标为 $i*n+j$，$B[j][i]$在一维数组 A 中的下标为 $j*n+i$。

算法描述如下：

```
void change (ElemType A[], int n)
{
    int i, j;
    ElemType temp;
    for (i = 0; i < n; i++)
        for(j = 0; j < i; j++)
        {
            temp = A[i * n + j];
            A[i * n + j] = A[j * n + i];
```

```
            A[j * n + i] = temp;
        }
}

3. void RSh (ElemType A[], int n, int k)
//把数组 A 的元素循环右移 k 位,只用一个辅助存储空间
{
    for (i = 1; i <= k; i ++ )
    {
        if ((n % i == 0) && (k % i == 0))
            p = i;
    }                                           //求 n 和 k 的最大公约数 p
    for (i = 0; i < p; i ++ )
    {
        j = i;
        l = (i + k) % n;
        temp = A[i];
        while (l != i)
        {
            A[j] = temp;
            temp = A[l];
            A[l] = A[j];
            j = l;
            l = (j + k) % n;
        }                                       // 循环右移一步
        A[i] = temp;
    }//for
}//RSh
```

算法分析:要把 A 的元素循环右移 k 位,则 $A[0]$移至 $A[k]$,$A[k]$移至 $A[2k]$……直到最终回到 $A[0]$。然而这并没有全部解决问题,因为有可能有的元素在此过程中始终没有被访问过,而是被跳了过去。分析可知,当 n 和 k 的最大公约数为 p 时,只要分别以 $A[0]$, $A[1]$, …, $A[p-1]$为起点执行上述算法,就可以保证每一个元素都被且仅被右移一次,从而满足题目要求。也就是说,A 的所有元素分别处在 p 个"循环链"上面。

举例如下:

$n=15$,$k=6$,则 $p=3$。

第一条链:$A[0]$->$A[6]$, $A[6]$->$A[12]$, $A[12]$->$A[3]$, $A[3]$->$A[9]$, $A[9]$->$A[0]$。

第二条链:$A[1]$->$A[7]$, $A[7]$->$A[13]$, $A[13]$->$A[4]$, $A[4]$->$A[10]$, $A[10]$->

A[1]。

第三条链:A[2]->A[8], A[8]->A[14], A[14]->A[5], A[5]->A[11], A[11]->A[2]。

恰好使所有元素都右移一次。

4. 算法的主要思想是:依次扫描 **A** 和 **B** 的行号和列号,若 **A** 的当前项的行号等于 **B** 的当前项的行号,则比较其列号,将较小列的项存入 **C** 中;若列号也相等,则将对应的元素值相加后存入 **C** 中;若 **A** 的当前项的行号小于 **B** 的当前项的行号,则将 **A** 的项存入 **C** 中;若 **A** 的当前项的行号大于 **B** 的当前项的行号,则将 **B** 的项存入 **C** 中。

算法描述如下:

```
void matadd (Matrix A, Matrix B, Matrix C)
{
    int i = 1, j = 1, k = 1;
    while ((i <= A[0][2]) && (j <= B[0][2]))
    /* 若 A 的当前项的行号等于 B 的当前项的行号,则比较其列号,将较小列的项
     存入 C 中,如果列号也相等,则将对应的元素值相加后存入 C 中 */
    {
        if (A[i][0] == B[j][0])
        {
            if (A[j][1]< B[j][1])
            {
                C[k][0] = A[i][0];
                C[k][1] = A[i][1];
                C[k][2] = A[i][2];
                k++;
                i++;
            }
            else if (A[i][1]> B[j][1])
            {
                C[k][0] = B[j][0];
                C[k][1] = B[j][1];
                C[k][2] = B[j][2];
                k++;
                j++;
            }
            else
            {   if (A[i][2] + B[j][2] == 0)
                {
                    i++;
```

```
                j++;
            }
            else
            {
                C[k][0] = B[j][0];
                C[k][1] = B[j][1];
                C[k][2] = A[i][2]+B[j][2];
                i++;
                j++;
                k++;
            }
        }
    }
    else if (A[i][0]<B[j][0])
    //若A的当前项的行号小于B的当前项的行号,则将A的项存入C中
    {
        C[k][0] = A[i][0];
        C[k][1] = A[i][1];
        C[k][2] = A[i][2];
        k++;
        i++;
    }
    else
    //若A的当前项的行号大于B的当前项的行号,则将B的项存入C中
    {
        C[k][0] = B[j][0];
        C[k][1] = B[j][1];
        C[k][2] = B[j][2];
        k++;
        j++;
    }
}
while (i<=A[0][2])                          //A中有剩余元素
{
    C[k][0] = A[i][0];
    C[k][1] = A[i][1];
    C[k][2] = A[i][2];
    i++;
```

```
            k++;
        }
        while (j<=B[0][2])
        {
            C[k][0] = B[j][0];
            C[k][1] = B[j][1];
            C[k][2] = B[j][2];
            j++;
            k++;
        }
        C[0][0] = A[0][0];
        C[0][1] = A[0][1];
        C[0][2] = k-1;
    }
```

算法的时间复杂度为 $O(n^2)$。

5. 算法的主要思想是:先求出每行的最小值元素,放入 min[m]之中,再求出每列的最大值元素,放入 max[n]之中,若某元素既在 min[i]中,又在 max[j]中,则该元素 $A[i][j]$ 便是马鞍点,找出所有这样的元素,即找到了所有马鞍点。

算法描述如下:

```
void minmax (Matrix A, int m, int n)
{
    have = 0;
    ElemType min[m], max[n];
    for (i=0; i<m; i++)                         //计算出每行的最小值元素
    {
        min[i] = A[i][0];
        for (j=1; j<n; j++)
            if (A[i][j]< min[i])
                min[i] = A[i][j];
    }
    for (j=0; j<n; j++)                         //计算出每列的最大值元素
    {
        max[j] = A[0][j];
        for (i=1; i<m; i++)
            if (A[i][j]> max[j])
                max[j] = A[i][j];
    }
```

```
    for (i = 0; i < m; i ++ )                    //判断是否为马鞍点
        for (j = 0; j < n; j ++ )
            if (min[i] == max[j])
            {
                printf("( %d, %d): %d\n", i, j, A[i][j]); //显示马鞍点
                have = 1;
            }
    if (! have)
        printf("没有鞍点\n");
}
```

6. 算法的主要思想是:题中要求矩阵每行元素的平均值按递增顺序排序,由于每行元素个数相等,按平均值排列与按每行元素之和排列是等价的,所以先求出各行元素之和放入一维数组中,然后选择一种排序方法对该数组排序,注意在排序时,若有元素移动则与之相应的行中各元素也必须做相应变动。

算法描述如下:

```
void Trans (Matrix A, Matrix &result, int m, int n)
//m 为矩阵行数,n 为列数,result 为结果矩阵
{
    for (i = 0; i < m; i ++ )
        sum[i] = 0;
    for (i = 0; i < m; i ++ )
        for(j = 0; j < n; j ++ )
            sum[i] = sum[i] + A[i][j];    //计算各行元素之和
    /* 选择排序 sum 数组,sum 数组中最小值对应的编号就是 A 数组平均值最小的
     行号,转换的结果存入 result[n][n] */
    for (i = 0; i < m; i ++ )
    {
        t = sum[i];
        q = i;
        for (j = i + 1; j < m; j ++ )
            if (sum[j] < t)
            {
                t = sum[j];
                q = j;
            }
        if (q != i)
        {
```

```
                t = sum[i];
                sum[i] = sum[q];
                sum[q] = t;
            }
            for (u = 0; u < n; u++)
                result[i][u] = A[q][u];
        }
    }
```

7. 算法的主要思想：对于稀疏矩阵三元组表 A，从第一个元素开始查看，若其行号等于列号，表示是一个对角线上的元素，则进行积累，最后返回累加值。

算法描述如下：

```
ElemType diagonal (Matrix A)
{
    int i;
    ElemType sum = 0;
    if (A[0][0]!= A[0][1])
    {
        printf ("不是对角矩阵\n");
        return;
    }
    for (i = 1; i <= A[0][2]; i++)
        if (A[i][0] == A[i][1])
            sum += A[i][2];
    return sum;
}
```

8. 算法的主要思想是：遍历二维数组 $A[m][n]$，当 $A[i][j]\neq 0$ 时，在三元组表中添加记录(i, j, $A[i][j]$)，直到数组遍历完成。最后将数组的维数 m,n 以及非零元素个数添加到三元组表中。

算法描述如下：

```
#define m 20
#define n 20
void convert (Matrix A)
{
    int i, j;
    int B[][];
    int total = 1;
    for (i = 0; i < m; i++)
```

```
            for (j = 0; j < n; j ++ )
                if (A[i][j]!= 0)
                {
                    B[total][0] = i;
                    B[total][1] = j;
                    B[total][2] = A[i][j];
                    total ++ ;
                }
        B[0][0] = m;
        B[0][1] = n;
        B[0][2] = total;
    }
```

9. 算法的主要思想是:由题意可知,$\boldsymbol{C}=\boldsymbol{A}+\boldsymbol{B}$,则 $\boldsymbol{C}$ 中的非零元素 c_{ij} 只可能有三种情况,或者是 $a_{ij}+b_{ij}$,或者是 $a_{ij}(b_{ij}=0)$,或者是 $b_{ij}(a_{ij}=0)$,因此,当 $\boldsymbol{B}$ 加到 $\boldsymbol{A}$ 上时,对 $\boldsymbol{A}$ 矩阵的十字链表来说,或者是改变结点的 val 域值($a_{ij}+b_{ij}\neq 0$),或者不变($b_{ij}=0$),或者插入一个新结点($a_{ij}=0$),还可能是删除一个结点($a_{ij}+b_{ij}=0$)。整个运算可从矩阵的第一行起逐行进行。对于每一行,都从行表头出发分别找到 $\boldsymbol{A}$ 和 $\boldsymbol{B}$ 在该行中的第一个非零元素结点后开始比较,然后按四种不同情况分别处理(假设 pa 和 pb 分别指向 $\boldsymbol{A}$ 和 $\boldsymbol{B}$ 的十字链表中行值相同的两个结点)。

(1) 若 pa-> col=pb-> col 且 pa-> val+pb-> val≠0,则只要将 $a_{ij}+b_{ij}$ 的值送到 pa 所指结点的值域中即可;

(2) 若 pa-> col=pb-> col 且 pa-> val+pb-> val=0,则需要在 $\boldsymbol{A}$ 矩阵的十字链表中删除 pa 所指结点,此时需改变同一行中前一结点的 right 域值,以及同一列中前一结点的 down 域值;

(3) 若 pa-> col<pb-> col 且 pa-> col≠0(即不是表头结点),则需要将 pa 指针往右推进一步,并重新加以比较;

(4) 若 pa-> col>pb-> col 或 pa-> col=0,则需要在 $\boldsymbol{A}$ 矩阵的十字链表中插入一个值为 b_{ij} 的结点。

算法描述如下:

```
#define MAX 100
struct matnode{
    int row, col;
    ElemType val;
    struct matnode * right, * down;
}
struct matnode * createmat (struct matnode * h)
//h是建立的十字链表各行首指针的数组
```

```
{
    int m, n, t, s, i, r, c, v;
    struct matnode *p, *q;
    printf ("行数 m,列数 n,非零元素个数 t:");
    scanf ("%d, %d, %d", &m, &n, &t);
    p = (struct matnode *)malloc(sizeof (struct matnode));
    h[0] = p;
    p->row = m;
    p->col = n;
    s = m>n? m: n                          //s 为 m、n 中的较大者
    for (i=1; i<=s; i++)
    {
        p = (struct matnode *)malloc(sizeof (struct matnode));
        h[i] = p;
        h[i-1]->right = p;
        p->row = p->col = 0;
        p->down = p->right = p;
    }
    h[s]->right = h[0];
    for (i=1; i<=t; i++)
    {
        printf ("\t 第%d个元素(行号 r,列号 c,值 v):", i);
        scanf ("%d, %d, %d", &r, &c, &v);
        p = (struct matnode *)malloc(sizeof (struct matnode));
        p->row = r;
        p->col = c;
        p->val = v;
        q = h[r];
        while ((q->right! =h[r]) && (q->right->col<c))   //插入到行
                                                          链表
            q = q->right;
        p->right = q->right;
        q->right = p;
        q = h[c];
        while ((q->down! =h[c]) && (q->down->row<r))     //插入到列
                                                          链表
            q = q->down;
        p->down = q->down;
```

```
        q->down = p;
    }
    return h[0];
}
void prmat (struct matnode * hm)
{
    struct matnode *p, *q;
    printf ("\n按行表输出矩阵元素:\n");
    printf ("row = %d  col = %d\n", hm->row, hm->col);
    p = hm->down;
    while (p!=hm)
    {
        q = p->right;
        while (p!=q)
        {
            printf ("\t%d, %d, %d\n", q->row, q->col, q->val);
            q = q->right;
        }
        p = p->down;
    }
}
struct matnode * colpred (matnode * h, int i, intj)
/* 根据i(行号)和j(列号)找出矩阵第i行和第j列的非零元素在十字链表中的前
   驱结点 */
{
    struct matnode * d;
    d = h[j];
    while ((d->down->col! =0) && (d->down->row<i))
        d = d->down;
    return d;
}
struct matnode * addmat (matnode * ha, matnode * hb, matnode * h)
{
    if ((ha->row!=hb->row) || (ha->col!=hb->col))
    {
        printf ("两个矩阵不是同类型的,不能相加\n");
        exit(0);
    }
```

```
else
{
    ca = ha->down;
    cb = hb->down;
    do
    {
        pa = ca->right;
        pb = cb->right;
        qa = ca;
        while (pb->col!=0)
            if ((pa->col<pb->col) && (pa->col! =0))
            {
                qa = pa;
                pa = pa->right;
            }
            else if ((pa->col>pb->col) || (pa->col=0))
            {
                p = (struct matnode*)malloc(sizeof (struct matnode));
                *p = *pb;    //把 pb 的内容拷贝到 p 所指结点中
                p->right = pa;
                qa->right = p;
                qa = p;
                q = colpred(h,p->row, p->col);
                p->down = q->down;
                q->down = p;
                pb = pb->right;
            }
            else
            {
                pa->val+=pb->val;
                if (pa->val==0)
                {
                    qa->right = pa->right;
                    q = colpred(pa->row, pa->col, h);
                    q->down = pa->down;
                    delete (pa);
                }
                else
```

```
                        qa = pa;
                    pa = pa->right;
                    pb = pb->right;
                }
            ca = ca->down;
            cb = cb->down;
        }while (ca->row! =0)
    }
    return h[0];
}
main ( )
{
    struct matnode *hm, *hm1, *hm2;
    struct matnode *h[MAX], *h1[MAX];
    printf ("第一个矩阵:\n");
    hm1 = createmat(h);
    printf ("第二个矩阵:\n");
    hm2 = createmat(h1);
    hm = addmat(hm1, hm2, h);
    prmat(hm);
}
```

10. 算法描述如下:

```
bool GList_Equal (GList A, GList B)
//判断广义表A和B是否相等,是则返回1,否则返回0
{
    //广义表相等可分三种情况:
    if ((! A) && (! B))
        return true;                    //空表是相等的
    if ((! A->tag) && (! B->tag) && (A->atom == B->atom))
        return true;                    //原子的值相等
    if ((A->tag) && (B->tag))
        if (GList_Equal(A->ptr.subhp, B->ptr.subhp) && GList_Equal(A->
ptr.subtp, B->ptr.subtp))
            return true;                //表头表尾都相等
    return false;
}
```

11. 算法描述如下:

```
void GList_PrintElem (GList A, int layer)
```

```
{
    if (! A)
        return;
    if (! A->tag)
        printf("%d, %d\n", A->data, layer);
    else
    {
        GList_PrintElem(A->ptr.subhp, layer+1);
        GList_PrintElem(A->ptr.next, layer);
    }
}
```

12. 算法描述如下：

```
void GList_PrintElem(GList &A, ElemType x)
//注意删除原子项并不仅仅是删除该原子结点
{
    if (A->ptr.subhp->tag)
        GList_PrintElem(A->ptr.subhp, x);
    else if ((! A->ptr.subhp->tag) && (A->ptr.subhp->data == x))
    {
        q = A;
        A = A->ptr.next;
        delete (q);
        GList_PrintElem(A, x);
    }
    if (A->ptr.next)
        GList_PrintElem(A->ptr.next, x);
}
```

第5章　字　符　串

串是一种特殊的线性表，目前大多数程序设计语言都支持串这种数据类型。要有效实现串的运算，就要了解串的内部表示和处理方法。

本章讨论了字符串的基本概念、存储结构以及几种基本的处理算法。其中：各个基本操作的定义及实现方法是本章的重点内容；而字符串的存储表示、模式匹配算法的实现则是本章的难点所在。

知识结构图

本章的知识结构如图 5.1 所示。

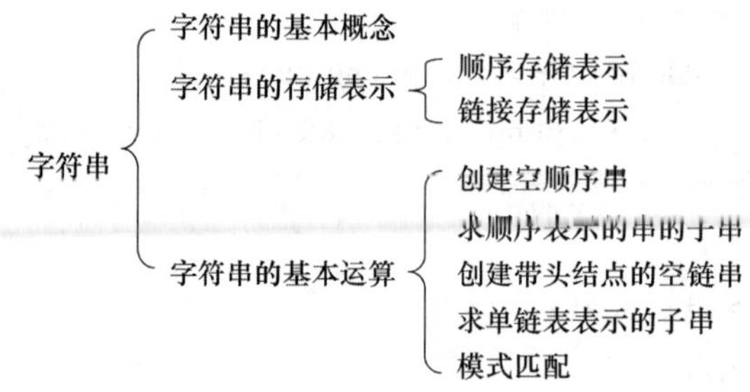

图 5.1　字符串的知识结构

5.1　知 识 要 点

5.1.1　字符串的基本概念

字符串简称串，是特殊的线性表，其特殊性主要在于表中的每个元素是一个字符，以及由此而要求的一些特殊操作。串可以记作 $S=$“$s_0 s_1 \cdots s_{n-1}$”$(n \geqslant 0)$，其中，S 是串的名字，双引号括起来的字符序列 $s_0 s_1 \cdots s_{n-1}$ 是串的值。每个字符 $s_i(0 \leqslant i < n)$ 可以是字母、数字或其他字符。

一个串包括的字符个数称作这个串的长度，长度为零的串称为空串。

5.1.2　字符串的存储表示

1. 顺序存储表示

字符串的顺序表示就是把串中的字符顺序地存储在一组地址连续的存储单元中。

顺序串类型的定义：

```
#define MAXNUM 100          //串允许的最大字符个数
struct SeqString{           //顺序串的类型
    char vec[MAXNUM];
    int len;
};
```

实际应用中为了方便说明，可以定义一个指向结构 SeqString 的指针类型：

```
typedef struct SeqString *PseqString;
```

2. 链接存储表示

在串的链接表示中，每个结点包含两个域：字符域和指针域。其中，字符域用来存放字符，指针域用来存放指向下一个结点的指针。这样，一个串就可以用一个单链表来表示。

用单链表表示串，结点的结构可说明为：

```
struct StrNode {            //链串的结点
    char ch;
    StrNode *link;
};
typedef struct StrNode *LinkString;   //结点指针类型
```

5.1.3 字符串的基本运算

1. 创建空顺序串

```
PseqString createNULLStr_seq( )
{
    PseqString pstr;
    pstr = (PseqString)malloc(sizeof(struct SeqString));  // 申请串空间
    if (pstr == NULL)
        printf("Out of space!! \n");
    else
        pstr->len = 0;
    return pstr;
}
```

2. 求顺序表示的串的子串

```
PseqString subStr_seq (PseqString s, int i, int j)
//求从 s 所指的顺序串中第 i(i>0)个字符开始连续取 j 个字符所构成的子串
{
```

```
    PseqString s1;
    int k;
    s1 = createNULLStr_seq();
    if (s1 == NULL)
        return NULL;
    if ((i > 0) && (i <= s -> len) && (j > 0))
    {
        if (s -> len < i + j - 1)
            j = s -> len - i + 1;  //若从 i 开始取不够 j 个字符,则能取几个就
                                     取几个
        for (k = 0; k < j; k ++ )
            s1 -> vec[k] = s -> vec[i + k - 1];
        s1 -> len = j;
    }
    return s1;
}
```

3. 创建带头结点的空链串

```
LinkString createNULLStr_link ( )
{
    LinkString pst;
    pst = (LinkString * )malloc(sizeof(struct StrNode));
    if (pst != NULL)
        pst -> link = NULL;
    return pst;
}
```

4. 求单链表表示的子串

```
LinkString subStr_link (LinkString s, int i, int j)
//求从 s 所指的带头结点的链串中第 i(i > 0)个字符开始连续取 j 个字符所构成的
  子串
{
    LinkString s1;
    LinkString p, q, t;
    int k;
    s1 = createNULLStr_link();           //创建空链串
    if (s1 == NULL)
    {
        printf ("Out of space! \n");
```

```
        return NULL;
    }
    if ((i<1) || (j<1))
        return s1;                        // i,j 值不合适,返回空串
    p = s;
    for (k=1; k<=i; k++)                  //找第 i 个结点
        if (p!=NULL)
            p = p->link;
        else
            return s1;
    t = s1;
    for (k=1; k<=j; k++)                  //连续取 j 个字符
        if (p!=NULL)
        {
            q = (LinkString *)malloc(sizeof(struct StrNode));
            if (q==NULL)
            {
                printf ("Out of space! \n");
                return(s1);
            }
            q->ch = p->ch;
            q->link = NULL;               //结点放入子链串中
            t->link = q;
            t = q;
            p = p->link;
        }
    return s1;
}
```

5. 模式匹配

设有两个串 t 和 p：

$$t=t_0t_1\cdots t_{n-1}；\ p=p_0p_1\cdots p_{m-1}$$

上式中，$1<m\leqslant n$（通常有 $m<<n$）。现在的任务是要在 t 中找出一个与 p 相同的子串。

通常把 t 称为目标，把 p 称为模式。从目标 t 中查找与模式 p 完全相同的子串的过程叫作模式匹配。匹配结果有两种：如果 t 中存在等于 p 的子串，就指出该子串在 t 中的位置，称为匹配成功；否则称为匹配失败。

(1) 朴素的模式匹配算法

```
int index (PseqString t, PseqString p)
/*求p所指串在t所指串中第一次出现时,p所指串的第一个元素在t所指的串中
 的序号(即:下标+1)*/
{
    int i, j;
    i = 0;
    j = 0;                                    //初始化
    while ((i<p->len) && (j<t->len))          //反复比较
        if (p->vec[i]==t->vec[j])
        {
            i++;
            j++;
        }                                     //继续比较下一个字符
        else
        {
            j = j-i+1;
            i = 0;                            //主串,子串的i,j值回溯,重新开
                                                始下一次匹配
        }
    if (i>=p->len)
        return (j-p->len+1);                  //匹配成功,返回p中的一个字符
                                                在t中的序号
    else
        return 0;                             //匹配失败
}
```

(2) 无回溯的模式匹配算法

先计算 next 数组:

```
void makeNext (PseqString p, int *next)
//变量next是数组next的第一个元素next[0]的地址
{
    int i, k;
    k = -1;                                   //初始化
    i = 0;
    next[0] = -1;
    while (i<p->len-1)                        //计算next[i+1]
    {
```

```
        while ((k>=0) && (p->vec[i]! =p->vec[k]))
            k = next[k];                   //找出 p0…pi 中最大的相同的前
                                             后缀长度 k
        i++;
        k++;
        if (p->vec[i]==p->vec[k])          //填写 next[i],同时考虑改善
            next[i] = next[k];
        else
            next[i] = k;
    }
}
int pMatch(PseqString p, PseqString t, int *next)
/*求 p 所指的串在第一次出现时,p 所指串的第一个元素在 t 所指的串中的序号,
  变量 next 是数组 next 的第一个元素 next[0]的地址*/
{
    int i, j;
    i = 0;
    j = 0;                                 //初始化
    while ((i<p->len) && (j<t->len))       //反复比较
        if ((i= =-1) || (p->vec[i]==t->vec[j]))
        {
            i++;
            j++
        }                                  //继续匹配下一个字符
        else
            i = next[i];                   //j 不变,i 后退
    if (i>=p->len)
        return (j-p->len+1);               //匹配成功,返回 p 中第一个字符
                                             在 t 中的序号
    else
        return 0;                          //匹配失败
}
```

5.2 典型例题分析

例 1 简述静态分配的顺序串与动态分配的顺序串的区别。

解答 程序运行前被分配以一个给定大小的数组空间的顺序串,称为静态顺序串。在程序运行过程中,以链表形式存在的顺序串称为动态顺序串。静态顺序串存于内存中

连续的数据区中,动态顺序串存于内存堆中。

例 2 试编写算法,应用串的基本运算求串 s 的逆串。

解答 算法描述如下:

```
void String_Reverse(PseqString &s, PseqString &r)
{
    StrAssign(r, "");                      //初始化 r 为空串
    for (i = Strlen(s); i > 0; i -- )
    {
        StrAssign(c, SubString(s, i, 1));
        StrAssign(r, Concat(r, c));        //把 s 的字符从后往前添加到 r 中
    }
}
```

例 3 试编写算法,应用基本运算求串 r,使得 r 包含所有串 s 中有而 t 中没有的字符,r 中无重复字符。

解答 算法描述如下:

```
void String_Subtract (PseqString &s, PseqString &t, PseqString &r)
{
    StrAssign(r, "");                      //初始化串如 r 为空串
    for (i = 1; i <= Strlen(s); i ++ )
    {
        StrAssign(c, SubString(s, i, 1));
        for (j = 1; j <= i&&StrCompare(c, SubString(s, j, 1)); j ++ )
            if (i == j)                    //判断 s 的当前字符 c 是否第一次
                                             出现
            {
                for (k = 1; k≤Strlen(t)&&StrCompare(c, SubString(t, k,
                1)); k ++ )
                    if (k > Strlen(t))
                        StrAssign(r, Concat(r, c));
            }
    }
}
```

例 4 假定字符串采用定长顺序存储方式,试编写下列算法:

(1) 将字符串 s 中所有值为 ch1 的字符换成 ch2 的字符;

(2) 将字符串 s 中所有字符按照相反的次序仍然存放在 s 中;

(3) 从字符串 s 中删除值等于 ch 的所有字符;

(4) 从字符串 s 中第 pos 个字符起求出首次与字符串 t 相等的子串的起始位置;

(5) 从字符串 s 中删除所有与字符串 t 相同的子串[允许调用(3)项和(4)项的函数]。

解答 (1) 算法的主要思想是:从头到尾扫描 s 串,对于值 ch1 的元素直接替换成 ch2 即可。

算法描述如下:

```
void Translation_Str (PseqString &s, char ch1, char ch2)
//将字符串 s 中所有值为 ch1 的字符换成 ch2 的字符
{
    for (i = 1; i <= s -> len; i ++ )
        if (s -> vec[i] == ch1)
            s -> vec[i] = ch2;
}
```

(2) 算法的主要思想是:将字符串 s 中的第一个元素与最后一个元素交换,第二个元素与倒数第二个元素交换,……,如此下去,便将字符串 s 的所有字符反序了。

算法描述如下:

```
void Invert_Str (PseqString &s)
//将字符串 s 中所有字符按照相反的次序仍然存放在 s 中
{
    char temp;
    n = s -> len;
    for (i = 1; i <= n/2; i ++ )
    {
        temp = s -> vec[i];
        s -> vec[i] = s -> vec[n - i + 1];
        s -> vec[n - i + 1] = temp;
    }
}
```

(3) 算法的主要思想是:从头到尾扫描字符串 s,对于等于值 ch 的元素,采用向前移动其后面的元素的方式完成删除。

算法描述如下:

```
void Delchar_Str (PseqString &s, char ch)
//从字符串 s 中删除值等于 ch 的所有字符
{
    for (i = 1; i <= s -> len; i ++ )
        if (s -> vec[i] == ch)
        {
            for (j = i; j <= s -> len; j ++ )
```

```
            s->vec[j] = s->vec[j+1];
        s->len = s->len-1;
    }
}
```

(4) 算法的主要思想是:从第 pos 个元素开始扫描 *s*,当其元素值与 *t* 的第一个元素的值相同时,判定它们之后的元素值是否依次相同,直到 *t* 结束为止,如果都相同则返回,否则继续上述过程直到 *s* 扫描完为止。

算法描述如下:

```
int Index_Str (PseqString &s, PseqString &t, int pos)
//从字符串 s 中第 pos 个字符起求出首次与字符串 t 相等的子串的起始位置
{
    int len, i, j, k;
    len = s->len-t->len+1;
    for (i=pos; i<=len; i++)
        for (j=i, k=1; s->vec[j]==t->vec[k]; j++, k++)
            if (k==t->len)
                return i;
    return -1;
}
```

(5) 算法的主要思想是:从位置 1 开始调用第(4)小题的函数 Index_Str,如果找到了一个相同的子串,则将其删除,然后查找后面位置的相同子串,与前文所述方法相同。

算法描述如下:

```
void Delstring_Str (PseqString &s, PseqString &t)
//从字符串 s 中删除所有字符串 t 相同的子串
{
    int i, j, position;
    i = 1;
    len = s->len-t->len+1;
    while (i<=len)
    {
        position = Index_Str(s, t, i);
        if (position!= -1)
        {
            for (j=position; j<=s->len-t->len; j++)
                s->vec[j] = s->vec[j+t->len];
                s->len = s->len-t->len;
                i = position;
```

```
        }
        len = s -> len - t -> len + 1;          //在做删除操作时,len也是减
                                                  小的
        i++;
    }
}
```

例 5 输入一个字符串,内有数字和非数字字符,如 ak123x45617960?302gef4563,将其中连续的数字作为一个整体,依次存放到一数组 A 中,例如 123 放入 A[0],45617960 放入 A[1],……。编程统计其共有多少个整数,并输出这些数。

解答 算法的主要思想是:在一个字符串内,统计含多少整数,其核心是如何将数从字符串中分离出来。从左到右扫描字符串,初次碰到数字字符时,作为一个整数的开始,然后进行拼数,即将连续出现的数字字符拼成一个整数,直到碰到非数字字符为止,一个整数拼完,存入数组,再准备下一整数,如此下去,直至整个字符串扫描结束。假定字符串中的数均不超过 32767,否则,需用长整型数组及变量。

算法描述如下:

```
int CountInt( )
//从键盘输入字符串,连续的数字字符算作一个整数,统计其中整数的个数
{
    int i = 0, A[ ];                        //整数存储到数组a,i记整数个数
    scanf ("%c", &ch);                      //从左到右读入字符串
    while (ch!= '#')                        //'#'是字符串结束标记
        if (isdigit(ch))                    //是数字字符
        {
            num = 0 ; //数初始化
            while ((isdigit(ch) && (ch! ='#')) //拼数
            {
                num = num * 10 + (ch - '0');
                scanf ("%c", &ch);
            }
            A[i] = num;
            i++ ;
            if (ch! ='#')
                scanf("%c", &ch);     //若拼数中输入了'#',则不再输入
        }
    } //结束 while (ch ! ='#')
    printf ("共有%d个整数,它们是:", i);
    for (j = 0; j < i; j++)
```

```
    {
        printf ("%6d", a[j]);
    } //每 10 个数输出在一行上
    return i;
} //CountInt
```

例 6 假设以定长顺序存储结构表示串，试设计一个算法，求串 S 和串 T 的第一个最长公共子串，并分析算法的时间复杂度。若要求第一个出现的最长公共子串(即它在串 S 和串 T 的最左边的位置上出现)和所有的最长公共子串，讨论所设计的算法能否实现。

解答 算法的主要思想是：由于 A 和 B(为简化设计，令 S 和 T 中较长的那个为 A，较短的那个为 B)互不相同，因此 B 不仅要向右错位，而且还要向左错位，以保证不漏掉一些情况。当 B 相对于 A 的位置不同时，需要匹配的区间的计算公式也各不相同。本算法的时间复杂度是 $O(\text{Strlen}(S) * \text{Strlen}(T))$。

算法描述如下：

```
void Get_L_PubSub (PseqString &S, PseqString &T)
//求串 S 和串 T 的最长公共子串位置和长度
{
    int i, j, k, maxlen, jmin, jmax, 1psS, lpsl, 1psT, lps2;
    String A, B;
    if (S[0]>=T[0])
    {
        StrAssign(A, S);
        StrAssign(B, T);
    }
    else
    {
        StrAssign(A, T);
        StrAssign(B, S);
    } //为简化设计,令 S 和 T 中较长的那个为 A,较短的那个为 B
    for (maxlen=0, i=1-B[0]; i<A[0]; i++)
    {
        if (i<0)     //i 为 B 相对于 A 的错位值,向左为负,左端对齐为 0,向右为
                     正
        {
            jmin = 1;
            jmax = i+B[0];
        } //B 有一部分在 A 左端的左边
        else if (i>A[0]-B[0])
```

```
        {
            jmin = i;
            jmax = A[0];
        } //B有一部分在A右端的右边
        else
        {
            jmin = i;
            jmax = i + B[0];
        } //B在A左右两端之间.
        /* 以上是根据A和B不同的相对位置确定A上需要匹配的区间(与B重合
           的区间)的端点:jmin,jmax */
        for (k = 0, j = jmin; j <= jmax; j ++ )
        {
            if (A[j] = = B[j - i])
                k ++ ;
            else
                k = 0;
            if (k > maxlen)
            {
                lpsl = j - k + 1;
                lps2 = j - i - k + 1;
                maxlen = k;
            }
        } //for
    } //for
    if (maxlen)
    {
        if (S[0]> = T[0])
        {
            lpsS = lpsl;
            1psT = lps2;
        }
        else
        {
            lpsS = lps2;
            lpsT = lps1;
        } //将A,B上的位置映射回S,T上的位置
        printf ("Longest Public Substring length: % d\ n", maxlen);
```

```
        printf ("Position in S: %d  Position in T: %d\n", lpsS, lpsT);
    } //if
    else printf ("No Repeating Substring found ! \n");
} //Get  LPubSub
```

例 7 试编写算法，判断以块链结构存储的串 L 是否为回文，是则返回 1，否则返回 0。

解答 算法描述如下：

```
int LString_Palindrome (PseqString &L)
{
    InitStack(S);
    p = L;
    i = 0;                              //i 指示元素在块中的下标
    k = 1;                              //k 指示元素在整个序列中的序号(从 1
                                          开始)
    for (k = 1; k <= L->curlen; k++)    //curlen 为串块链中块的个数
    {
        if (k <= L->curlen/2)
        {
            while (i < chunksize)       //chunksize 为块中元素个数
            {
                Push(S, p->ch[i]);      //将前半段的字符入串
                i++;
            }
        }
        else if (k >(L->curlen + 1)/2)
        {
            while (i < chunksize)
            {


                Pop(S, c);              //将后半段的字符与栈中的元素相
                                          匹配
                if (p->ch[k]!= c)
                    return 0;           //失败
                i++;
            }
        }
        if (i == chunksize)
```

```
        //当为块中最后一个元素时,转到下一块
        {
            p = p->link;
            i = 0;
        }
    }
    return 1;
}
```

例 8 若 x 是采用单链表存储的串,编写一个函数将其中的所有 c 字符替换成 s 字符。

解答 算法的主要思想是:本题采用的算法是逐一扫描 x 的每一个结点,对于每个数据域为 c 的结点修改其元素值为 s。

算法描述如下:

```
void Change (LinkString &x, char c, char s)
{
    LinkString p;
    p = x;
    while (p!= NULL)
    {
        if (p->ch=='c')
            p->ch = 's';
        p = p->link;
    }
}
```

教材习题 5

一、简答题

1. 空串和空格串有何区别?字符串中的空格符有何意义?空串在串的处理中有何作用?

2. 在串运算中的“模式匹配”是常见的,KMP 匹配算法是非常重要的算法。请简要回答下面问题:

(1) 其基本思想是什么?

(2) 对模式串 $p(p=p_1,p_2, \cdots, p_n)$求 next 数组时,next[$i$]是满足什么性质的 k 的最大值或 0。

3. 试问执行以下函数会产生怎样的输出结果?

```
void demonstrate( )
```

```
{
    strassign (s,"THIS IS A BOOK");
    replace (s, substring(s, 3, 7),"ESE ARE");
    strassign (t, concat(s, "S"));
    strassign (u,"XYXYXYXYXYXY");
    strassign (v, substring(u, 6, 3));
    strassign (w,"W");
    printf ("t = ", t, "v = ", v, "u = ", replace( u, v, w));
}//demonstrate
```

4. 已知主串 s=“ADBADABBAABADABBADADA”,模式串 pat=“ADABBADADA”,写出模式串的 next 函数值,并由此画出 KMP 算法匹配的全过程。

二、算法设计与分析题

1. 采用顺序结构存储串,编写一个函数,求串 S 和串 T 的一个最长公共子串。

2. 采用顺序结构存储串,编写一个实现串比较运算的函数 strcmp(s, t),串比较采用字典序方式进行,当 s 大于 t 时返回 1,s 与 t 相等时返回 0,s 小于 t 时返回 −1。

3. 给定一个长度为 n 的字符串 s,写出一个函数,将 s 复制给串变量 file,当遇到空格序列时只复制一个空格,已知 s 的最后一个字符不是空格。

4. 采用顺序结构存储串,试编写一个算法,求字符串 s 中出现的第一个最长重复子串的下标和长度。

5. 已知 3 个字符串分别为 s=“ab…abcaabcbca”, s_1=“caab”, s_2=“bcb”,利用所学字符串基本运算的函数得到字符串为 s_3=“caabcbca…aca…a”。要求写出得到上述结果串 s3 所用的函数及执行算法。

6. 编写算法,求串 s 所含不同字符的总数和每种字符的个数。

7. 编写算法,从串 s 中删除所有和串 t 相同的子串。

8. 对于采用顺序结构存储的串 x,编写一个函数删除值等于 ch 的所有字符,要求具有较高的效率。

9. 采用顺序结构存储串,编写一个函数计算一个子串在一个字符串中出现的次数,如果该子串不出现则为 0。

10. 已知一个串 s,采用链式存储结构存储,设计一个算法判断其所有元素是否为递增排列的。

11. 若 x 和 y 是两个单链表存储的串,编写一个函数找出 x 中第一个不在 y 中出现的字符(假定每个结点只存放一个字符)。

12. 若 s 和 t 是用单链表存储的两个串,设计一个函数将 s 串中首次与串 t 匹配的子串逆置。

习题 5 答案及解析

一、简答题

1. 不含任何字符的串称为空串,其串长度为零;仅含有空格字符的串称作空格串,它的长度为串中空格符的个数。

空格符在字符串中可用来分隔一般的字符，便于阅读和识别，空格符会占用有效串长。

空串在处理过程中可用于作为任意字符串的子串。

2. (1) KMP 匹配算法的基本思想：每当一趟匹配过程中出现字符比较不相等时，不需回溯 i 指针，而是利用已经得到的“部分匹配”的结果将模式向右“滑动”尽可能远的一段距离后，继续进行比较。

(2) next[i]是满足“$p_1 \cdots p_{k-1}$”=“$p_{j-k+1} \cdots p_{j-1}$”性质的最大值或 0。

3. 输出结果为：t = THESE ARE BOOKS　v = YXY　u = XWXWXW。

4. 模式串：ADABBADADA。

nextval[]={0,1,1,2,1,1,2,3,4,3}。

i	1	2	3	4	5	6	7	8	9	10
	A	D	A	B	B	A	D	A	D	A
Netx[i]	0	1	1	2	1	1	2	3	4	3

第一趟：

i	1	2	3	4	5	6	7	8	9	10	11	12	13	14	15	16	17	18	19	20	21
	A	D	B	A	D	A	B	B	A	A	B	A	D	A	B	B	A	D	A	D	A
	A	D	A																		
j	1	2	3																		

i=3,j=3 时，不匹配，nextval[3]=1。

第二趟：

i	1	2	3	4	5	6	7	8	9	10	11	12	13	14	15	16	17	18	19	20	21
	A	D	B	A	D	A	B	B	A	A	B	A	D	A	B	B	A	D	A	D	A
				A	D	A	B	B	A	D											
j				1	2	3	4	5	6	7											

i=10,j=7 时匹配 nextval[7]=2。

第三趟：

i	1	2	3	4	5	6	7	8	9	10	11	12	13	14	15	16	17	18	19	20	21
	A	D	B	A	D	A	B	B	A	A	B	A	D	A	B	B	A	D	A	D	A
									A	D											
j									1	2											

i=10,j=2 时不匹配，nextval[2]=1。

第四趟：

i	1	2	3	4	5	6	7	8	9	10	11	12	13	14	15	16	17	18	19	20	21
	A	D	B	A	D	A	B	B	A	A	B	A	D	A	B	B	A	D	A	D	A
										A	B										
j										1	2										

i=11,j=2,nextval[2]=1。

第五趟：

i	1	2	3	4	5	6	7	8	9	10	11	12	13	14	15	16	17	18	19	20	21
	A	D	B	A	D	A	B	B	A	A	B	A	D	A	B	B	A	D	A	D	A
												A	D	A	B	B	A	D	A	D	A
j												1	2	3	4	5	6	7	8	9	10

$i=12$，匹配成功。

二、算法设计题

1. 算法的主要思想是：令 index 指出最长公共子串在 S 中的序号，length 指出最长公共子串的长度。

算法描述如下：

```
void maxcomstr (PseqString &s, PseqString &t)
{
    length = 0;
    i = 0;                          //i 作为扫描 s 的指针
    while (i<s->len)
    {
        j = 0;                      //j 作为扫描 t 的指针
        while (j<t->len)
        {
            if (s->vec[i]==t->vec[j])  //找一个子串，其在 s 中的序号为
                                          i,长度为 length1
            {
                length1 =1;
                for (k=1;s->vec[i+k]==t->vec[j+k]&&(i+k)<s->len&&
                    (j+k)<t->len;k++)
                    length1 = length1+1;
                if (length1>length)
                {
                    index = i;
                    length = length1;
                }
                j+=length1;
            }
            else
                j++;
        }
        i++;
    }
```

```
    printf ("最长公共子串:");
    for (i = 0; i < length; i ++ )
        printf (" %c", s -> vec[index + i]);
}
```

2. 算法的主要思想是:先比较 s 和 t 公共长度部分的相应字符,若前者字符大于后者字符,则返回 1;若前者字符小于后者字符,则返回 −1;否则相等时继续比较。当所有公共长度的部分的相应字符均相同时,再比较两者的长度。当两者的长度相等时,返回 0;若前者长度大于后者长度,则返回 1;若前者长度小于后者长度,则返回 −1。

算法描述如下:

```
int strcmp (PseqString &s, PseqString &t)
{
    int i, minlen;
    if (s -> len < t -> len)
        minlen = s -> len;
    else
        minlen = t -> len;
    i = 1;
    while (i <= minlen)
    {
        if (s -> vec[i]< t -> vec[i])
            return -1;
        else if (s -> vec[i]> t -> vec[i])
            return 1;
        else
            i ++ ;
    }
    if (s -> len == t -> len)
        return 0;
    else if (s -> len < t -> len)
        return -1;
    else
        return 1;
}
```

3. 算法描述如下:

```
int copyString (PseqString &s, PseqString &t)
{
    length = s[0];
```

```
    i = 1;
    flag = true;
    j = 0;
    while (i <= length)
    {
        if (s[i] == ' ')
        {
            if (flag)        //第一个空格
            {
                flag = false;
                file[++j] = s[i];
            }
        }
        else
        {
            flag = true;
            file[++j] = s[i];
        }
    i++;
    }
    file[0] = j;
}
```

4. 算法的主要思想是：

(1) 设最长重复子串的下标为 index，最长重复子串的长度为 length，初始时 index 和 length 的数值均为 0；

(2) 设字符串 s="$a_0a_1a_2\cdots a_{n-1}a_n$"，扫描字符串 s，对于当前字符 a_i，判定其后是否有相同字符，如果有，则记为 a_j，接下来再判定 a_{i+1} 是否等于 a_{j+1}，a_{i+2} 是否等于 a_{j+2}，……，如此反复，直到找到一个不同的字符为止，即找到了一个重复出现的子串，把其下标 index1(实际上为 i)与长度 length1 记下来，将 length1 与 length 相比较，保留较长的子串 index 和 length；

(3) 按照(2)的方法从 a_j+length1 之后继续查找重复子串；

(4) 对于 a_{i+1}之后的字符采用上述(2)和(3)的方法，最后的 index 与 length 即记录下来的最长重复子串的下标和长度。

例如：s="aabcdababce"。

首先，index = 0，length = 0。

① $i = 0$：

```
s = “ a a b c d a b a b c e ”
      ↑ ↑
      i j
```

index = 0，length = 1

```
s = “ a a b c d a b a b c e ”
      ↑         ↑
      i         j
```

index = 0，length = 1

```
s = “ a a b c d a b a b c e ”
      ↑             ↑
      i             j
```

index = 0，length = 1

② $i = 1$：

```
s = “ a a b c d a b a b c e ”
        ↑       ↑
        i       j
```

index = 1，length = 2

```
s = “ a a b c d a b a b c e ”
        ↑           ↑
        i           j
```

index = 1，length = 3

③ $i = 2$：

```
s = “ a a b c d a b a b c e ”
          ↑       ↑
          i       j
```

index = 1，length = 3(不变)

```
s = “ a a b c d a b a b c e ”
          ↑           ↑
          i           j
```

index = 1，length = 3 (不变)

④ $i = 3$：

```
s = “ a a b c d a b a b c e ”
            ↑           ↑
            i           j
```

index = 1，length = 3 (不变)

⑤ $i = 4$：

```
s = “ a a b c d a b a b c e ”
              ↑
              i
```

index = 1, length = 3 (不变, j 未找到)

⑥ i = 5:

```
s  =  "  a  a  b  c  d  a  b  a  b  c  e  "
                        ↑     ↑
                        i     j
```

index = 1, length = 3 (不变)

⑦ i = 6:

```
s  =  "  a  a  b  c  d  a  b  a  b  c  e  "
                           ↑     ↑
                           i     j
```

index = 1, length = 3 (不变)

⑧ i = 7:

```
s  =  "  a  a  b  c  d  a  b  a  b  c  e  "
                              ↑
                              i
```

index = 1, length = 3(不变, j 未找到)

⑨ i = 8:

```
s  =  "  a  a  b  c  d  a  b  a  b  c  e  "
                                 ↑
                                 i
```

index = 1, length = 3(不变, j 未找到)

⑩ i = 9:

```
s  =  "  a  a  b  c  d  a  b  a  b  c  e  "
                                    ↑
                                    i
```

index = 1, length = 3(不变, j 未找到)

⑪ i = 10:

```
s  =  "  a  a  b  c  d  a  b  a  b  c  e  "
                                       ↑
                                       i
```

index = 1, length = 3(不变, j 未找到)

结果:index = 1, length = 3,即"abc"是最大重复子串。

算法描述如下:

```
void maxsubstr(PseqString &s)
{
    int index = 0, length = 0, length1, i = 0, j, k;
    while (i < s -> len)
```

```
    {
        j = i+1;
        while (j<s->len)
        {
            if (s->vec[i]==s->vec[j])    //找一个子串,其序号为 i,长度
                                           为 length1
            {
                length1 = 1;
                for (k=1; s->vec[i+k]= =s->vec[j+k]; k++)
                    length1++;
                if (length1>length)    //将较大长度者赋给 index 与 length
                {
                    index = i;
                    length = length1;
                }
                j+ =length1;
            }
            else
                j++;
        }
        i++;                    //继续扫描第 i 字符之后的字符
    }
    printf ("最长重复子串:");
    for (i=0; i<length; i++)
        printf (" %c", s->vec[index+i]);
}
```

5. 算法描述如下:

```
PseqString catstr (PseqString &s, PseqString &s1, PseqString &s2, PseqString
&s3)
{
    int i1, i2;
    PseqString t1, t2;
    i1 = Index(s, s1, 1);
    i2 = Index(s, s2, 1)+3;
    t1 = Substring(s, i1, Length(s)-i1+1);
    t2 = Substring(s, i1, Length(s)-i2+1);
```

```
    t3 = Substring(s, 3, Length(s) - i1 - 4);
    t4 = Substring(s1, 2, 1);
    t5 = Substring(s2, 2, 1);
    s3 = Concat(t1, t3);
    s3 = Concat(s3, t4);
    s3 = Concat(s3, t5);
    s3 = Concat(s3, t4);
    s3 = Concat(s3, t3);
    s3 = Concat(s3, t4);
    return s3;
}
```

6. 算法的主要思想是:定义 datatype 结构数组类型变量 t 用来返回统计结果,其中 ch 存放被统计字符,num 为相应字符个数。

算法描述如下:

```
typedef struct {
    char ch;
    int num;
} datatype;
void charCount (PseqString &s, datatype &t)
//统计串 s 字符的种类和个数,用结构数组 t 返回统计结果
{
    int i, j;
    char c;
    k = 0;
    for (i=1; i<= s->len; i++)
    {
        c = s->vec[i];
        j = 1;
        while ((t[j]->ch) && (t[j]->ch!=c))
            j++;                    //查找当前字符 c 是否已记录过
        if (t[j]->ch)
            t[j]->num++;            //已经记录过,个数增 1
        else
        {
            k++;
            t[k]->ch = c;
            t[k]->num = 1;          //没记录过,种类数增 1,记录字符,字符个数
                                      置 1
```

```
        }
    } //for
    printf ("总种类为：%d,每种字符个数是：", k);
    for(j = 1; t[j] -> ch; j ++ )
        printf (" %c, %d", t[j] -> ch, t[j] -> num);
} //charCount
```

7. 算法描述如下：

```
int Delete_SubString (PseqString &s, PseqString &t)
//从串 s 中删除所有与 t 相同的子串,并返回删除次数
{
    int i, j, k, l, n =0;
    i = 1;
    while (i<= (s -> len - t -> len + 1))
    {
        j = 1;
        while ((j <= t -> len) && (s -> vec[i + j - 1] = = t -> vec[j]))
            j ++ ;                    //查找与 t 匹配的子串
        if (j > t -> len)             //找到
        {
            for (k = i, l = 1; l <= s -> len - t -> len - i + 1; k ++ , l ++ )
                s -> vec[k] = s -> vec[k + t -> len]; //左移删除
            s -> len = s -> len - t -> len;
            n ++ ;
        }
        else
            i ++ ;
    }
    return n;
}
```

8. 算法描述如下：

```
void delall (PseqString &x, char ch)
{
    int i = 0, k = 0;
    while (i < x -> len)
    {
        if (x -> vec[i] == ch)
            k ++ ;
```

```
        else
            x->vec[i-k] = x->vec[i];
        i++;
        }
        x->len = x->len-k;
}
```

9. 算法的主要思想是：先在主串中查找子串，在找到子串后不是退出，而是继续查找，直到整个字符串查找完毕。

算法描述如下：

```
int str_count(PseqString &substr, PseqString &str)
{
    int i=0, j, k, count=0;
    for (i=0; i<str->len; i++)
        for (j=i, k=0; str->vec[j]==substr->vec[k]; j++, k++)
            if (k==substr->len-1)
                count++;
    return count;
}
```

10. 算法的主要思想是：当s串的所有元素是递增排列时返回1，否则返回0。

算法描述如下：

```
int increase (LinkString &s)
{
    p=s->link;
    if (p!=NULL)
    {
        while (p->link!=NULL)
        {
            q = p->link;
            if (q->data>p->data)
                p = q;
            else
                return 0;
        }
    }
    return 1;
}
```

11. 算法的主要思想是:查找过程是这样的,取 x 中的一个字符(结点),然后和 y 中所有的字符一一比较,直到比完仍没有相同的字符时,查找过程结束,否则再取 x 中下一个字符,重新进行上述过程。

算法描述如下:

```
LinkString SearchNoin (LinkString &x, LinkString &y)
{
    p = x;
    q = y;
    while ((q) && (p->ch!=q->ch) && (p))
    {
        q= q->link;
        if (q==NULL)
            return p;
        else
        {
            p = p->link;
            q = y;
        }
    }
    return NULL;
}
```

12. 算法的主要思想是:设 s 和 t 是用带头结点的单链表表示的,首先在 s 串中查找首次与串 t 匹配的子串,若未找到,显示相应信息并返回;否则将该子串逆置,先将子串的第一个结点链接到 p 的前面,再将该子串的第二个结点链接到前面移动的第二个结点的前面,如此下去,便逆置了该子串。

算法描述如下:

```
LinkString invert_substring (LinkString &s, LinkString &t)
{
    pr = s;
    p = s;
    t1 = t;
    if ((p==NULL) || (t1==NULL))
        return NULL;
    else
    {
        while ((p!=NULL) && (t1!=NULL))  //在 s 串中首次与串 t 匹配的子串
        {
```

```
            if (p->ch==t1->ch)
            {
                p = p->link;
                t1 = t1->link;
            }
            else
            {
                prior = pr;
                pr = pr->link;
                p = pr;
                t1 = t;
            }
        }
        if (t1!=NULL)
        {
            Printf ("s 中未有与 t 相匹配的子串!");  //未找到子串
            return;
        }
        else
        {/*找到了与 t 相匹配的子串,prior 指向该子串的第一个结点的前一个
            结点,p 指向该子串的最后一个结点的下一个结点*/
            q = prior->link;    //对 p 中的该子串进行逆置
            r = q->link;
            q->link = p;
            while (r!=p)
            {
                u = r->link;
                r->link = q;
                q = r;
                r = u;
            }
            prior->link = q;
        }
    }
    return s;
}
```

第6章 树

树是一种非常重要的非线性数据结构,它是以分支关系定义的层次结构。树形结构不仅在客观世界中普遍存在,还在计算机领域中得到了广泛应用。在树形结构中,除根结点外其余每个结点有且仅有一个前驱结点,包含根结点在内的每个结点可以有任意多个(包含0个)后继。

本章首先介绍了树形结构中的一些基本术语和性质、树形结构的几种不同的表示方法,然后重点阐述了一种比较简单而又十分重要的树形结构(即二叉树)的性质、表示以及它的遍历运算的实现和应用,最后以哈夫曼树为例,介绍了树形结构在计算机科学和工程中的应用。其中:树的不同表示方法及其特点、二叉树的性质及其遍历运算的实现和应用是本章的重点内容;而二叉树的不同遍历方法的非递归算法和基于这些遍历算法实现二叉树上的各种运算和处理则是本章的难点所在。

知识结构图

本章的知识结构如图6.1所示。

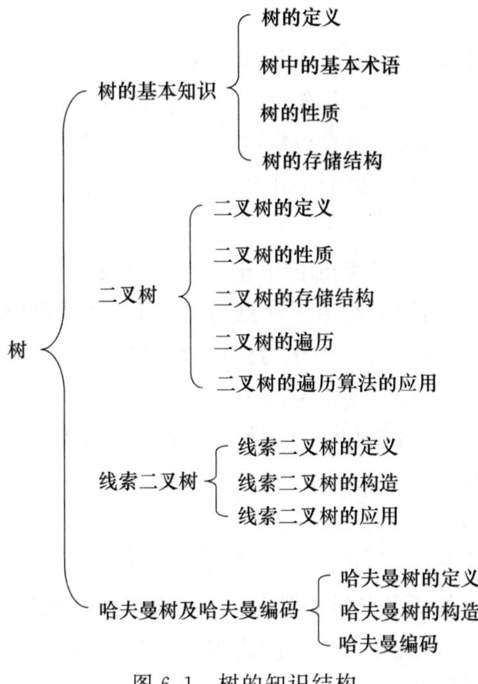

图6.1 树的知识结构

6.1 知识要点

6.1.1 树的基本知识

1. 树的定义

树是$n(n\geqslant 0)$个结点的有限集合T,当T为空时,称为空树,否则它满足如下两个条件:

(1) 有且仅有一个特定的称为根的结点;

(2) 其余的结点可以分为$m(m\geqslant 0)$个互不相交的子集$T_1, T_2, \cdots, T_m$,其中每个子集本身又是一棵树,并称其为根的子树。

2. 树中的基本术语

结点的度:结点的子树的个数称为结点的度。

树的度:树中结点度数的最大值称为树的度。

叶结点:树中度为0的结点称为叶结点或终端结点。

分支结点:树中度不为0的结点称为分支结点或非终端结点。

内部结点:树中除根结点外的分支结点统称为内部结点。

孩子、双亲、兄弟:结点的子树的根称为该结点的孩子;相应地,该结点称为孩子的双亲;同一个双亲的孩子之间称为兄弟。

祖先、子孙:结点的祖先是从根到该结点所经分支上的所有结点,以某结点为根的子树中的任一结点都称为该结点的子孙。

3. 树的性质

性质1:树中的结点数等于所有结点的度加1。

性质2:度为k的树中第i层至多有k^{i-1}个结点$(i\geqslant 1)$。

性质3:深度为h的k叉树至多有$(k^h-1)/(k-1)$个结点。

性质4:具有n个结点的k叉树的最小深度为$\lceil \log_k(n(k-1)+1) \rceil$。

4. 树的存储结构

树的孩子表示法:树中每个结点的孩子排列起来组成一个线性表,并以单链表作为存储结构,而这些单链表的头指针又组成一个线性表,用向量来存储。

树的孩子兄弟表示法:以二叉链表作为树的存储结构,链表中结点的两个指针域分别指向该结点的第一个孩子和下一个兄弟结点。

树的双亲表示法:采用向量来存储,向量中每个分量有两个域,分别存储数据元素和该元素的双亲在向量中的序号。

6.1.2 二叉树

二叉树是一种比较简单而又非常重要的树形结构,许多实际问题抽象出来的数据结构往往是二叉树的形式。另外,即使一般的树也能简单地转换为二叉树,而二叉树的存储结构和运算实现起来也比较方便。

1. 二叉树的定义

二叉树是 $n(n\geqslant0)$ 个结点的有限集合，这个有限集合或者是空集，或者是由一个根结点及两棵互不相交的、分别称作这个根的左子树和右子树的二叉树组成。

完全二叉树和满二叉树是两种特殊的二叉树，其定义如下：

(1) 满二叉树：在一棵二叉树中，若第 i 层的结点数为 2^{i-1}，则称此层的结点是满的，若二叉树中每一层的结点都是满的，则称此二叉树为满二叉树。

(2) 完全二叉树：在一棵二叉树中，除最后一层外，若其余各层都是满的，并且最下面一层要么是满的，要么叶结点都依次排列在该层从左至右的位置上，则称这样的二叉树为完全二叉树。

2. 二叉树的性质

性质 1：在二叉树中，第 i 层的结点个数最多为 $2^{i-1}(i\geqslant1)$ 个；深度为 k 的二叉树的结点总数最大为 $2^k-1(k\geqslant1)$。

性质 2：对任一棵二叉树 T，如果其叶子结点个数为 n_0，度为 2 的结点个数为 n_2，则 $n_0=n_2+1$。

性质 3：具有 n 个结点的完全二叉树的深度为 $\lfloor\log_2 n\rfloor+1$。

性质 4：若对具有 n 个结点的完全二叉树按照层次从上到下，每层从左到右的顺序进行编号，则编号为 i 的结点具有以下性质。

(1) 若 $i=1$，则编号为 i 的结点为二叉树的根结点；若 $i>1$，则编号为 i 的结点的双亲结点的编号为 $\lfloor i/2\rfloor$。

(2) 若 $i\leqslant\lfloor n/2\rfloor$，即 $2i\leqslant n$，则编号为 i 的结点为分支结点，否则为叶子结点，$\lfloor n/2\rfloor$ 是最后一个分支结点。

(3) 若 n 为奇数，则树中每个分支结点都有左右孩子；若 n 为偶数，则编号最大的分支结点只有左孩子，无右孩子，其余分支结点都有左、右孩子。

(4) 若编号为 i 的结点有左孩子，则左孩子结点的编号为 $2i$；若编号为 i 的结点有右孩子，则右孩子的编号为 $2i+1$。

3. 二叉树的存储结构

二叉树的顺序存储结构：利用上述性质 4，在顺序存储结构中，按照下标关系建立树中各结点之间的相对关系。具体做法是：首先对二叉树中的每一个结点进行编号，然后以各结点的编号为下标，把各结点的值对应存储到一维数组中。二叉树中各结点的顺序与等深度的完全二叉树中对应位置上的结点编号相同。其类型定义如下：

```
#define MAX_TREE_SIZE 树中结点个数的最大值
typedef ElemType SqBiTree[MAX_TREE_SIZE];
```

二叉树的链式存储结构：每个结点中设置三个域，即值域、左指针域和右指针域，其中值域存放结点的数据元素，左指针域和右指针域分别存储左孩子结点和右孩子结点的地址，其类型定义如下：

```
typedef struct btnode
{
```

```
    ElemType data;
    struct btnode  * Lchild, * Rchild;
} * bitreptr;
```

其中 ElemType 可以是任何相应的数据类型,如 int,float 或 char 等。

4. 二叉树的遍历

二叉树的遍历是指按照某种次序依次访问二叉树中的每个结点一次且仅一次。按照访问方法的不同,二叉树的遍历可以分为先序遍历、中序遍历、后序遍历和层次遍历。

先序遍历:若二叉树非空,则依次执行如下的操作。

(1) 访问根结点;

(2) 先序遍历左子树;

(3) 先序遍历右子树。

先序遍历的递归算法如下:

```
void Precorder(bitreptr p)
{
        if (p)
        {
            printf(" %d", p->data);          //访问根结点
            Preorder(p->Lchild);             //遍历左子树
            Preorder(p->Rchild);             //遍历右子树
        }
}
```

中序遍历:若二叉树非空,则依次执行如下的操作。

(1) 中序遍历左子树;

(2) 访问根结点;

(3) 中序遍历右子树。

中序遍历的递归算法如下:

```
void Inorder(bitreptr p)
{
        if (p)
        {
            Inorder (p->Lchild);             //遍历左子树
            printf(" %d", p->data);          //访问根结点
            Inorder (p->Rchild);             //遍历右子树
        }
}
```

后序遍历:若二叉树非空,则依次执行如下的操作。

(1) 后序遍历左子树；
(2) 后序遍历右子树；
(3) 访问根结点。
后序遍历的递归算法如下：

```
void Postorder(bitreptr p)
{
        if (p)
        {
            Postorder (p->Lchild);              //遍历左子树
            Postorder (p->Rchild);              //遍历右子树
            printf("%d", p->data);              //访问根结点
        }
}
```

层次遍历:从根结点开始,自上而下、每层自左而右依次访问二叉树的每一个结点。
二叉树的层次遍历算法如下：

```
int front, rear;
bitreptr Q[MAX_TREE_SIZE];
void Levelorder(bitreptr t)
{
    p = t;
    rear = front = 0;
    if(p != NULL)
    {
        rear = rear + 1;
        Q[rear] = p;
    }
    while(rear != front)
    {
        front = front + 1;
        p =Q[front];
        printf("%d", p->data);
        if(p->Lchild != NULL)
        {
            rear = rear + 1;
            Q[rear] = p->Lchild;
        }
        if(p->Rchild != NULL)
```

```
        {
            rear = rear + 1;
            Q[rear] = p->Rchild;
        }
    }
}
```

5. 二叉树的遍历算法的应用

遍历是二叉树最基本的运算,二叉树的许多处理都可以通过二叉树的某种遍历算法来实现。下面通过两个简单的例子来说明。

(1) 设计一个交换二叉树中所有结点左、右子树的算法。

分析:这里采用二叉树的先序遍历方法来实现,设 t 为指向二叉树根结点的指针,若 t 非空且 t 的左、右子树不同时为空,则交换 t 的左、右子树;若 t 的左子树不为空,则交换以 t 的左子树为根的子树中所有结点的左、右子树;若 t 的右子树不为空,则交换以 t 的右子树为根的子树中所有结点的左、右子树。

```
void Swap(bitreptr &t)
{
    if(t != NULL)
    {
        if ((t->Lchild!= NULL) || (t->Rchild != NULL))
        {
            p= t->Rchild;
            t->Rchild = t->Lchild;
            t->Lchild = p;
        }
        if (t->Lchild != NULL)
            Swap(t->Lchild);
        if (t->Rchild != NULL)
            Swap(t->Rchild);}
}
```

注意:这里不能采用中序遍历算法,因为中序遍历算法只能交换根结点的左、右子树,而其他结点的左、右子树不变。

(2) 已知二叉树采用三叉链表存储结构,设计一个算法输出二叉树中从根结点到所有叶子结点的路径。

分析:采用先序遍历算法,在遍历时设置当前结点的父结点指针。若当前结点为叶子结点,则沿 parent 链输出一条路径。算法如下:

```
typedef struct btnode
{
```

```
    ElemType data;
    struct btnode * Lchild, * parent, * Rchild;
} * trireptr;
void ShowPath(trireptr p)  //输出根结点到叶子结点的路径
{
    if(p->parent != NULL)
    {
        ShowPath(p->parent);
        printf(" %d ", p->data);
    }
    else
        printf(" %d ", p->data);   //打印根结点的值
}
//递归算法
void FindPathSub(trireptr& t)
{
    if(! t)
    {
        if((t->Lchild == NULL) && (t->Rchild == NULL))
        {
            ShowPath(t);
            printf("\n");
        }
        if(t->Lchild != NULL)
        {
            t->Lchild->parent = t;
            FindPathSub (t->Lchild);
        }
        if(t->Rchild != NULL)
        {
            t->Rchild->parent = t;
             FindPathSub (t->Rchild);
        }
    }
}
void FindPath1(trireptr& t)
{
    if(t != NULL)
```

```
        {
            t->parent = NULL;
            FindPathSub(t);
        }
}
//非递归算法
void FindPath2(trireptr t)
{
    trireptr st[MAX_TREE_SIZE], p;
    int top = 0;
    if(t == NULL)
        return;
    else
    {
        p = t;
        t->parent = NULL;
    }
    do
    {
        while(p != NULL)
        {
            if(p->Lchild == NULL && p->Rchild == NULL)
            {
                ShowPath(p);
                printf("\n");
            }
            if(p->Rchild != NULL)
            {
                p->Rchild->parent = p;
                top ++;
                st[top] = p->Rchild;
            }
            if(p->Lchild != NULL)
                p->Lchild->parent = p;
            p = p->Lchild;
        }
        if(top > 0)
        {
```

```
            p = st[top];
            top--;
        }
    }while( top != 0 || p != NULL);
}
```

6.1.3 线索二叉树

1. 线索二叉树的定义

定义:二叉链表中的空指针域存放该结点在某种遍历次序下的前驱和后继结点的指针(这种附加的指针称为“线索”)。这种加了线索的二叉链表称为线索链表,相应的二叉树称为线索二叉树。

规定:若结点有左子树,则其 Lchild 域指示其左孩子,否则令 Lchild 指示其前驱;若结点有右孩子,则其 Rchild 指示其右孩子,否则令 Rchild 指示其后继。

2. 线索二叉树的构造

按某种次序将二叉树线索化的实质是:按该次序遍历二叉树,在遍历的过程中用线索取代空指针。

下面以中序线索二叉树为例,说明线索二叉树的构造过程:

(1) 若前驱结点不为空,同时前驱结点的右线索标志域置 1,则将根结点的指针赋给前驱结点的右指针域,即给前驱结点加右线索;

(2) 若根结点的左指针为空,则将左线索标志域置 1,同时把前驱结点的指针赋给根结点的左指针域,即给根结点加左线索;

(3) 若根结点的右指针为空,则将右线索标志域置 1,以便访问下一个结点时给它加右线索;

(4) 将根结点的指针赋给保存前驱结点指针的变量,以便访问下一结点时,此根结点成为前驱结点。

具体算法如下:

```
typedef enum { Link, Thread} PointerType; //Link = 0 时为指针;Thread = 1 时为
                                                                          线索
typedef struct BiThrNode
{
    ElemType data;
    struct BiThrNode *Lchild, *Rchild; // 左右孩子指针
    PointerType Ltag, Rtag;     // 左右指针类型标志
}BiThrNode, *BiThrTree;
void InThread(BiThrTree &t)
{
    static BiThrTree  pre = NULL;  //pre 用于记录当前要处理结点的前驱结点
```

```
    if(t != NULL)
    {
        InThread(t->Lchild); //对左子树加中序线索
        if(pre != NULL && pre->Rtag == 1)
            pre->Rchild = t;   //前驱结点的右指针为空,使其指向当前结点
        if(t->Lchild == NULL)  //当前结点的左指针域为空,使其指向前驱
                                 结点
        {
            t->Ltag = 1;  //置线索标志
            t->Lchild = pre;
        }
        else
            t->Ltag = 0;
        if(t->Rchild == NULL)
            t->Rtag = 1; //置当前结点的右指针域的空标志,为指示其后继做
                           准备
        else
            t->Rtag = 0;
        pre = t;  //更新前驱结点指针
        InThread(t->Rchild);  //对右子树加中序线索
    }
}
```

3. 线索二叉树的应用

二叉树被线索化后,就某些遍历次序而言,比较容易找到结点的前驱和后继。下面以中序和后序线索二叉树为例,说明在这种线索树中查找某个结点的前驱和后继的过程。

在中序线索二叉树中查找某一结点 x 的后继和前驱的过程如下:

(1) 当 Rtag(x)=1 时,Rchild(x)指出的结点就是 x 的直接后继结点;

(2) 当 Rtag(x)=0 时,沿着 x 的右子树的根的左子树方向往下找,直到某结点的 Lchild 域为线索时,此结点就是 x 的直接后继结点;

(3) 当 Ltag(x)=1 时,Lchild(x)指出的结点就是 x 的直接前驱结点;

(4) 当 Ltag(x)=0 时,从 x 的左链沿右找下去,直到某结点的 Rchild 域为线索时,此结点就是 x 的直接前驱结点。

在后序线索二叉树中查找某个结点 x 的后继和前驱的过程如下:

(1) 当 Rtag(x)=1 时,Rchild(x)指出的结点就是 x 的直接后继结点;

(2) 当 Rtag(x)=0 时,从 x 的双亲结点的右孩子沿着左链一直往下找,直到某结点的 Lchild 域为线索时,然后再看此结点有无右孩子,若有,则再沿着右孩子走下去,如此递归进行,直到一个无左、右孩子的结点便是 x 的后继,若结点 x 的双亲没有右孩子或右孩子,就是结点本身,则此双亲结点便是 x 的直接后继结点;

(3) 当 Ltag(x)=1 时,Lchild(x)指出的结点就是 x 的直接前驱结点;

(4) 当 Ltag(x)=0 时,若 x 有右孩子,则 x 的右即为其前驱,若 x 无右孩子,则必有左孩子,这个左孩子就是 x 的直接前驱结点。

例 1 写出在先序线索二叉树上求结点 p 的后继结点的算法,并利用它写出先序遍历算法。

解答 算法如下:

```
BiThrTree PreorderNext(BiThrTree p)
{
    if(p->Rtag == 1)
        return p->Rchild;
    else
    {
        if(p->Ltag == 0)
            return p->Lchild;
        else
            return p->Rchild;
    }
}
void ThrPreorder(BiThrTree t)
{
    BiThrTree  p = t;
    if(p != NULL)
    {
        do
        {
            printf(" %d ", p->data);
            p = PreorderNext(p);
        }while(p != NULL);
    }
}
```

6.1.4 哈夫曼树及哈夫曼编码

1. 哈夫曼树的定义

哈夫曼树又称为最优树,是一类带权路径长度最短的树,其定义如下:

在权为 $w_1,w_2,\cdots,w_n$ 的 n 个叶子所构成的所有二叉树中,带权路径长度(即 $\sum_{i=1}^{n} w_i l_i$)最小的二叉树称为最优二叉树或哈夫曼树。

2. 哈夫曼树的构造

对给定的叶子数目及其权值构造最优二叉树的方法称为哈夫曼算法，具体步骤如下：

(1) 根据给定的 n 个权值 $w_1, w_2, \cdots, w_n$ 构成 n 棵二叉树的森林 $F=\{T_1, T_2, \cdots, T_n\}$，每棵二叉树 T_i 中只有一个根结点，其权值为 w_i；

(2) 在森林 F 中选择两棵根结点权值最小的树，以这两棵树为左、右子树构造一棵新树，新树根结点的权值为其左、右子树根结点的权值之和；

(3) 从 F 中删去这两棵树，并将新构造的树加入 F 中；

(4) 重复(2)和(3)直到 F 中只剩下一棵树为止，这棵树就是哈夫曼树。

3. 哈夫曼编码

在哈夫曼树中，从根结点到各叶子结点都有一条路径，约定指向左子树根的分支表示编码“0”，指向右子树根的分支表示“1”，取每条路径上的“0”和“1”的序列作为和各个叶子对应的编码，称为哈夫曼编码。哈夫曼编码在数字通信中有广泛的应用。

6.2 典型例题分析

例 1 若度为 m 的哈夫曼树中，叶子结点的个数为 n，则非叶子结点的个数为(C)。

A. $n-1$ B. $\lfloor n/m \rfloor$ C. $\lceil (n-1)/(m-1) \rceil$

D. $\lceil n/(m-1) \rceil$ E. $\lceil (n+1)/(m+1) \rceil -1$

解答 在构造度为 m 的哈夫曼树的过程中，每次把 m 个子结点合并为一个父结点(最后一次可能合并少于 m 个子结点)，每次合并减少 $m-1$ 个结点，从 n 个叶子减少到最后一个父结点，共需$\lceil (n-1)/(m-1) \rceil$次合并，每次合并增加一个非叶子结点，所以非叶子结点的个数为$\lceil (n-1)/(m-1) \rceil$。当 $m=2$ 时，为普通的哈夫曼树，在有 n 个叶子结点的哈夫曼树中，非叶子结点的个数恰好是 $n-1$ 个。

例 2 找出满足下列条件的二叉树：

(1) 它们的先序遍历序列和中序遍历序列相同；

(2) 它们的中序遍历序列和后序遍历序列相同；

(3) 它们的先序遍历序列和后序遍历序列相同。

解答 (1) 先序遍历序列和中序遍历序列相同的二叉树有：空二叉树、仅有根结点的二叉树和所有结点都只有右子树的二叉树。

(2) 中序遍历序列和后序遍历序列相同的二叉树有：空二叉树、仅有根结点的二叉树和所有结点都只有左子树的二叉树。

(3) 先序遍历序列和后序遍历序列相同的二叉树有：空二叉树和只有根结点的二叉树。

例 3 已知一棵二叉树的中序序列和后序序列分别为 B, D, C, E, A, G, H, F 和 D, E, C, B, H, G, F, A，求其对应的二叉树。

解答 已知二叉树的中序序列和后序序列，可以唯一地确定一棵二叉树，其步骤如下：

(1) 根据后序序列确定二叉树的根结点，显然后序序列中的最后一个元素即为二叉树的根；

(2) 在中序序列中找到根结点所在的位置，则根结点左边的元素均在二叉树的左子树上，根结点右边的元素均在二叉树的右子树上，并且在后序序列中左子树上的元素均在右子树元素的前面；

(3) 对左、右子树按照同样的方法可以继续分解出其根结点及左、右子树，直到叶子结点为止。

就本例而言，显然后序序列中的最后一个元素 A 是整棵二叉树的根结点，在中序序列中处于 A 的左、右两侧的分别为二叉树的左、右子树上的结点。对左、右子树按照同样的方法可以继续分解出其根结点及左、右子树，直到叶子结点为止。其对应的二叉树如图 6.2 所示。

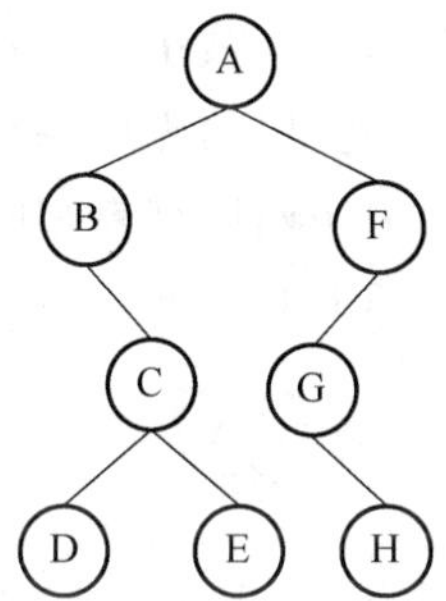

图 6.2　由中序和后序序列确定出的二叉树

例 4　已知一棵二叉树的先序序列和中序序列分别为 A, B, D, E, H, C, F, I, G 和 D, B, H, E, A, F, I, C, G，求其对应的二叉树。

解答　已知二叉树的先序序列和中序序列，可以唯一地确定一棵二叉树，其步骤如下：

(1) 根据先序序列确定二叉树的根结点，显然先序序列中的第一个元素即为二叉树的根；

(2) 在中序序列中找到根结点所在的位置，则根结点左边的元素均在二叉树的左子树上，根结点右边的元素均在二叉树的右子树上，并且在先序序列中左子树上的元素均在右子树元素的前面；

(3) 对左、右子树的先序和中序序列分别递归地调用(1)和(2)即可确定整棵二叉树的结构。

就本例而言，显然先序序列中的第一个元素 A 是整棵二叉树的根结点，在中序序列中处于 A 的左、右两侧的分别为二叉树左、右子树上的结点。对左右子树按照同样的方法可以继续分解出其根结点及左、右子树，直到叶子结点为止。其对应的二叉树如图 6.3 所示。

例 5　根据有序树与二叉树的转换关系可知，树的先序遍历和二叉树的哪种遍历结果相同？树的后序遍历相当于二叉树的哪种遍历？

解答　有序树的先序遍历：先访问树的根结点，然后依次先序遍历树的各棵子树。有序树的后序遍历：依次后序遍历树的根的各棵子树，然后访问根结点。在将有序树转换成

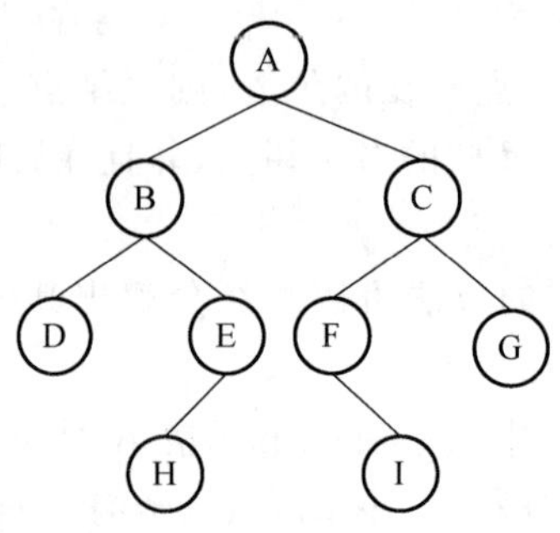

图 6.3　由先序和中序序列确定出的二叉树

二叉树时,有序树的根结点是转换后二叉树的根结点,有序树根结点的第一个孩子是转换后二叉树的左孩子,有序树根结点的第一个孩子的后续兄弟结点在转换后的二叉树中是起始于上述左孩子的一串右孩子。因此,树的先序遍历和对应二叉树的前序遍历结果相同;而树的后根遍历和对应二叉树的中序遍历结果相同。如图 6.4 所示的有序树,其先序序列和后序序列分别为:A B C D E 和 B D C E A。

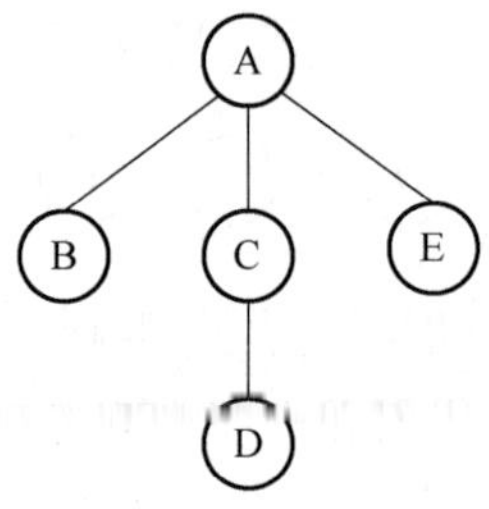

图 6.4　有序树示例

例 6　设二叉树采用链式存储结构,试设计一个算法计算一棵给定二叉树中的单孩子结点的数目。

解答　可以将此问题视为一种特殊的遍历问题,在这种遍历中"访问一个结点"的具体内容就是判断其是否为单孩子结点,若是,则返回 1。显然可以采用任何遍历算法,这里用先序遍历。

算法描述如下:

```
int SingleChildNodeCount(bireptr t)
{
  int num1, num2;
  if(t == NULL)
      return(0);
  else  if ((t -> Lchild == NULL && t -> Rchild != NULL) || ( t -> Lchild !=
         NULL &&t -> Rchild == NULL))
      return 1;
  else
```

```
    {   num1 = SingleChildNodeCount (t->Lchild);
        num2 = SingleChildNodeCount (t->Rchild);
        return (num1 + num2);
    }
}
```

例 7 设 t 为指向二叉树根结点的指针,试求二叉树中某结点 p 的双亲结点。

解答 可采用二叉树的层次遍历算法来实现,用一个队列来保存遍历过程中访问的结点,其中 rear 和 front 分别为队尾和队头指针。若当前队头结点的左、右子树的根结点不是所求结点,则将两子树的根结点进队,否则,队头指针所指的结点即为该结点的双亲。

算法描述如下:

```
bitreptr parent (bitreptr t, bitreptr p)
{
    bitreptr Q[MAX_TREE_SIZE];
    int front, rear;
    bitreptr parent;
    parent = NULL;
    if(t != NULL)
    {
        if(t == p)
        {
            printf("p为根结点,无双亲\n");
            return(NULL);
        }
        else
        {
            front = 0;
            rear = 0;
            rear++;
            Q[rear] = t;
            while(front != rear)
            {
                front++;
                t = Q[front];
                if((t->Lchild == p) || (t->Rchild == p))
                {
                    parent = t;
                    printf("双亲值为: %d\n", t->data);
```

```
                return(parent);
            }
            else
            {
                if(t->Lchid != NULL)
                {
                    rear ++ ;
                    Q[rear] = t->Lchild;
                }
                if(t->Rchild != NULL)
                {
                    rear ++;
                    Q[rear] = t->Rchild;
                }
            }
        }
        if(parent == NULL)
        {
            printf("无双亲\n");
            return(NULL);
        }
    }
  }
}
```

教材习题 6

一、简答题

1. 已知一棵树边的集合为{(I, M), (I, N), (E, I), (B, E), (B, D), (A, B), (G, J), (G, K), (C, G), (C, F), (H, L), (C, H), (A, C)},画出这棵树,并写出:

(1) 根结点;

(2) 叶子结点;

(3) 结点 G 的双亲;

(4) 结点 G 的祖先;

(5) 结点 G 的孩子;

(6) 结点 E 的子孙;

(7) 结点 E 的兄弟;

(8) 结点 B 和 N 的层次编号;

(9) 树的深度。

2. 一棵度为 2 的树与一棵二叉树有何区别? 树与二叉树之间有何区别?

3. 画出图 6.5 所示树的孩子链表、孩子兄弟链表。

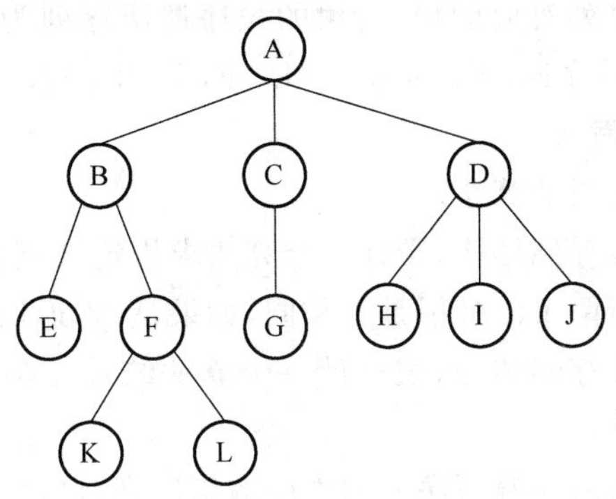

图 6.5 第 3 题

4. 假设 n 和 m 为二叉树中的两个结点,用“1”“0”或“ϕ”分别表示肯定、否定或不确定,填写表 6.1。

表 6.1 第 4 题

	问答		
已知	先序遍历时 n 在 m 前?	中序遍历时 n 在 m 前?	后序遍历时 n 在 m 前?
n 在 m 的左方			
n 在 m 的右方			
n 是 m 的祖先			
n 是 m 的子孙			

5. 给定一棵二叉树如图 6.6 所示,分别写出它的先序序列、中序序列、后序序列,并画出它的中序线索二叉树和中序线索二叉链表。

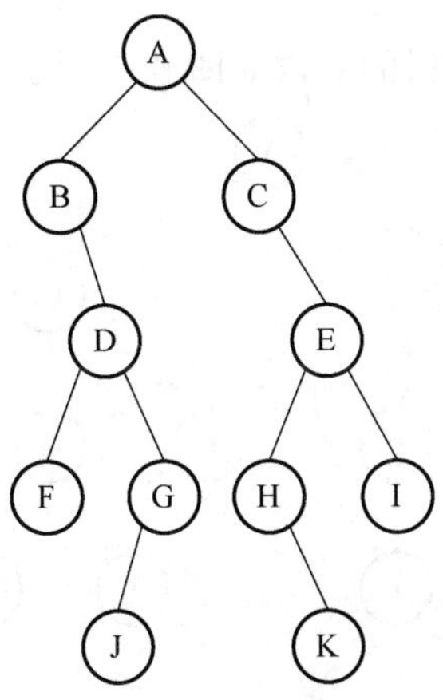

图 6.6 第 5 题

6. 以{5，6，8，9，10，14，17，21}作为叶子结点的权值构造一棵哈夫曼树，并计算出其带权路径长度。

7. 证明：在结点数多于1的哈夫曼树中，不存在度为1的结点。

8. 画出和下列已知序列对应的树 T：树的先序遍历序列为 A，B，E，K，F，C，G，L，D，H，I，M，J；树的后序遍历序列为 K，E，F，B，L，G，C，H，M，I，J，D，A。

二、算法设计与分析题

1. 设计复制一棵二叉树的算法。

2. 设二叉树采用链表存储结构，设计一个算法求指定结点在二叉树中的层次。

3. 设计一个算法判断两个二叉树是否相同，如果是，则返回1，否则，返回0。

4. 设二叉树采用链式存储结构，试设计一个算法统计二叉树中左、右孩子均不为空的结点的个数。

5. 已知一棵二叉树的后序遍历序列和中序遍历序列，试设计一个算法由此来确定出这棵二叉树。

6. 假设在二叉树的二叉链表表示法中增设两个域：双亲域(parent)以指示其双亲结点；标志域(mark)以区分在遍历过程中到达该结点时应继续向左、向右或访问该结点。试以此存储结构编写不用栈的后序遍历算法。

7. 写出建立前序线索二叉树和建立后序线索二叉树的算法。

8. 若已知树的度为 k，写出对树进行后序遍历的算法。

9. 假设二叉树采用链式存储结构，t 是指向二叉树根结点的指针，p 为指向二叉树中某一给定结点的指针，编写一个算法求出从根结点到 p 所指结点之间的路径。

10. 假设二叉树采用链式存储结构，t 为指向二叉树根结点的指针，p 和 q 是指向二叉树中两个结点的指针，编写一个算法找出它们最近的共同祖先所在的结点。

习题6答案及解析

一、简答题

1. 根据树中给定的边，画出树的结构如图6.7所示。

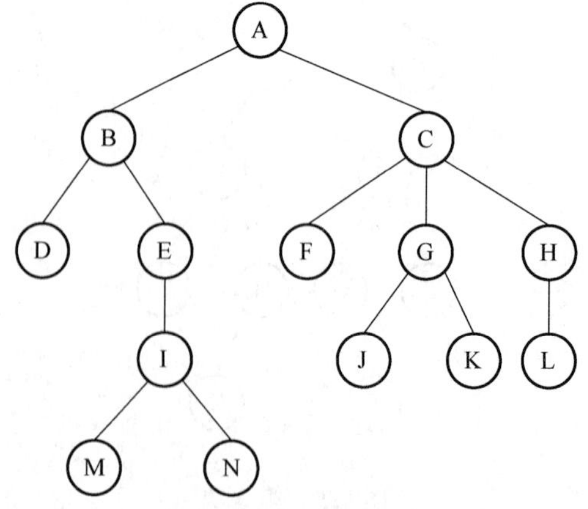

图6.7 树的图形表示

由此可知：(1)根结点是 A；(2)D，F，J，K，L，M，N 都是叶子结点；(3)G 的双亲是 C；(4)G 的祖先是 A 和 C；(5)G 的孩子有 J 和 K；(6)E 的子孙有 I，M，N；(7)E 的兄弟结点是 D；(8)B 和 N 的层次编号分别为 2 和 5；(9)树的深度是 5。

2. 二叉树是有序树，每个结点最多有两棵子树；度为 2 的树是无序树。另外，二叉树的度不一定为 2。

3. 由树的孩子链表和孩子兄弟链表的构造可得，上述树结构的孩子链表和孩子兄弟链表如图 6.8 所示。

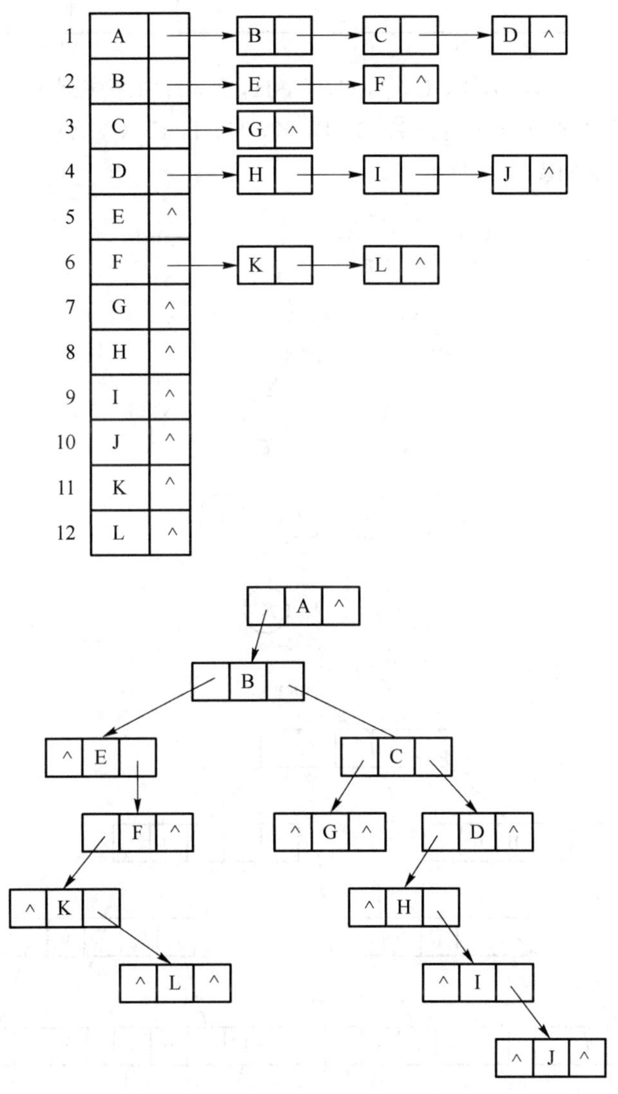

图 6.8　树的孩子链表和孩子兄弟链表表示

4. 答案见表 6.2。

表 6.2　第 4 题答案

	问答		
已知	先序遍历时 n 在 m 前?	中序遍历时 n 在 m 前?	后序遍历时 n 在 m 前?
n 在 m 的左方	1	1	1
n 在 m 的右方	0	0	0
n 是 m 的祖先	1	ϕ	0
n 是 m 的子孙	0	ϕ	1

5. 先序序列为 A, B, D, F, G, J, C, E, H, K, I;中序序列为 B, F, D, J, G, A, C, H, K, E, I;后序序列为 F, J, G, D, B, K, H, I, E, C, A。中序二叉线索树和中序线索二叉链表分别如图 6.9 所示。

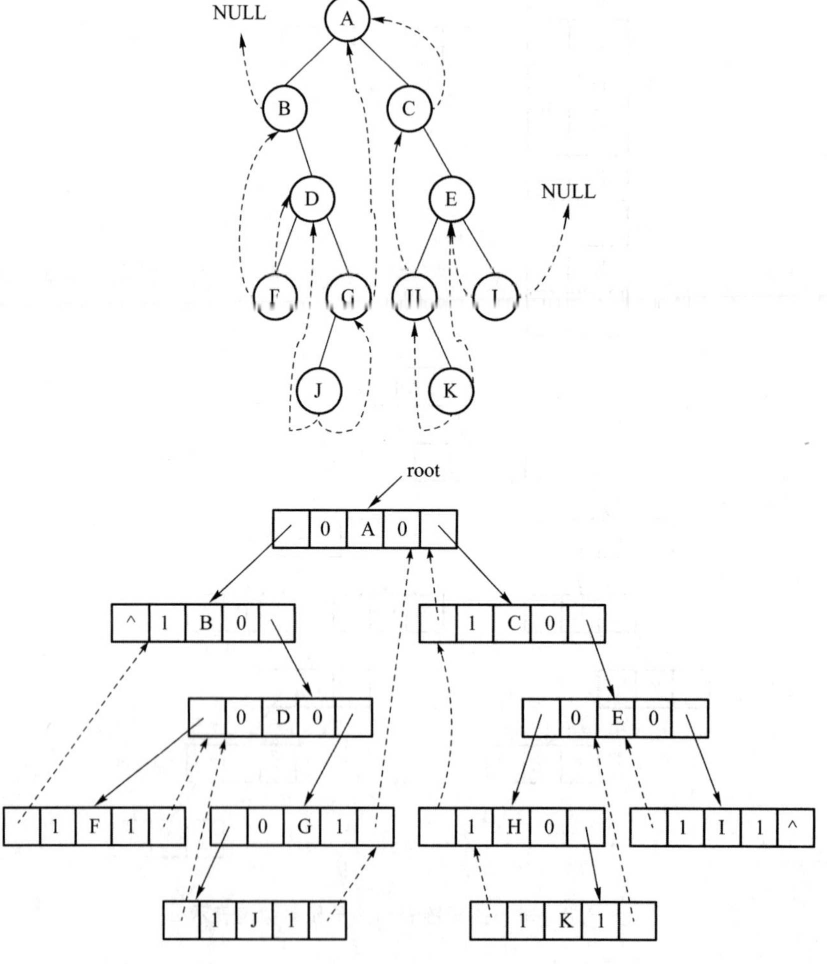

图 6.9　中序线索树和对应的线索二叉链表

6. 由哈夫曼树的构造方法可得,根据上述权值构造的哈夫曼树如图 6.10 所示。

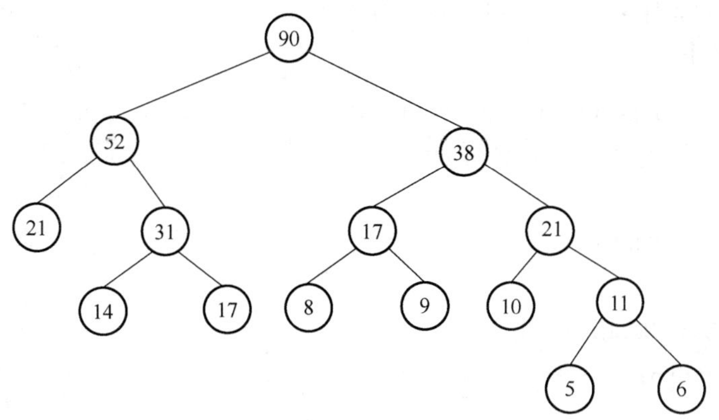

图 6.10　哈夫曼树

其带权路径长度：WPL=21×2+14×3+17×3+8×3+9×3+10×3+5×4+6×4=260。

7. 证明：

因为构造哈夫曼树的过程中是反复将两个权值最小的子树不断合并的过程。假设开始时有 n 个权值，则有 n 棵子树，每棵子树仅有一个根结点，且每个结点的度为 0。通过一次合并，得到一个度为 2 的新结点(不会得到度为 1 的结点)，而 n 个权值需要 $n-1$ 次合并，因此得到的哈夫曼树中，有 $n-1$ 个度为 2 的结点，n 个度为 0 的结点，不存在度为 1 的结点。

8. 树的先序遍历和后序遍历序列分别与其对应的二叉树的先序和中序遍历序列相同，故可以先恢复出对应的二叉树，再变换为树。

对应的二叉树和树如图 6.11 所示。

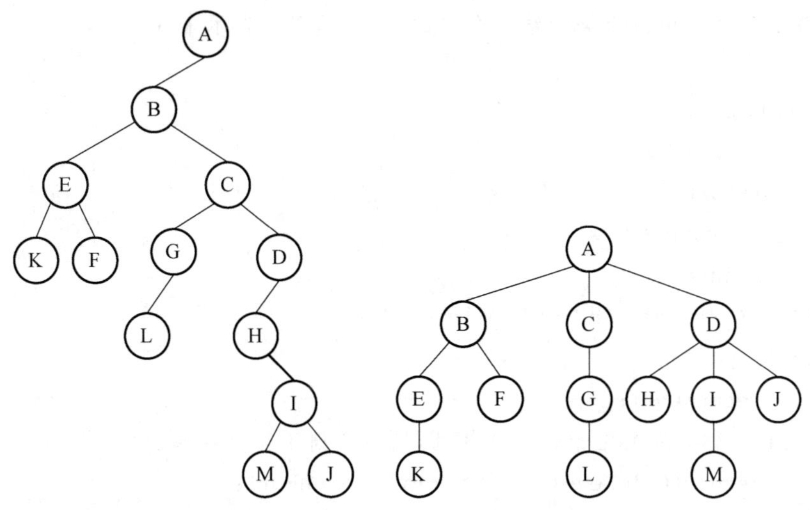

图 6.11　二叉树和树的转换结果

二、算法设计与分析题

1. 算法的主要思想是：这里采用先序遍历算法来实现，即首先将 t_1 的根结点拷贝到

t_2 中,然后再依次先序复制 t_1 的左子树和右子树。

算法描述如下:

```
void CopyBtr(bitreptr t1, bitreptr &t2)
//将以 t1 为根的二叉树复制到 t2 上
{
    if(t1 == NULL)
    {
        t2 = NULL;
        return;
    }
    t2 = new btnode;
    t2->data = t1->data;
    CopyBtr (t1->Lchild, t2->Lchild);
    CopyBtr (t1->Rchild, t2->Rchild);
}
```

2. 算法的主要思想是:设根结点为第一层的结点,所有 k 层的结点的左右孩子在第 $k+1$ 层。这里采用先序遍历算法来实现,用 h 表示当前访问结点的深度,初值为 1。若当前结点的值等于给定值 x,则返回 h 的值,否则 h 的值加 1,依次先序遍历 x 的左子树和右子树。

算法描述如下:

```
int CalcLevel(bitreptr t, ElemType x, int h)
//计算二叉树 t 中值为 x 的结点所在的层次,返回 0 表示未找到
{
    int h1;
    if(t == NULL)
        return(0);
    if(t->data == x)
        return(h);
    h1 = CalcLevel (bt->Lchild, x, h+1);
    if(h1 != 0)
        return(h1);
    else   //如果在左子树中已找到,则右子树不需要再遍历
        return(CalcLevel (bt->Rchild, x, h+1);
}
```

3. 算法的主要思想是:采用先序遍历算法来实现,其中访问结点的操作为"判断两个结点是否相同",如果 t_1 和 t_2 所指的结点均为空或均不为空且数据域的值相等,则继续先序比较它们的左、右子树,否则返回 0。

算法描述如下：

```
int EqualBtr(bitreptr t1, bitreptr t2)
{
    if(t1 == NULL && t2 == NULL)
        return (1);
    if((t1 == NULL && t2 != NULL) || t1 != NULL && t2 == NULL) || (t1->data !=
        t2->data))
        return (0);
    hl = EqualBtr (t1->Lchild, t2->Lchild);
    hr = EqualBtr (t1->Rchild, t2->Rchild);
    if(hl == 1 && hr == 1)
        return 1;
    else
        return 0;
}
```

4. 算法的主要思想是：可以将此问题视为一种特殊的遍历问题，在这种遍历中“访问一个结点”的具体内容就是判断其左、右孩子是否均不为空，如果不是，则返回左、右子树中度为 2 的结点数之和加 1，否则返回左、右子树中度为 2 的结点数之和。这里采用后序遍历算法来实现。

算法描述如下：

```
int TwoChildNodeCount(bitreptr t)
{
    int num1, num2;
    if(t == NULL)
        return(0);
    num1 = TwoChildNodeCount (t->Lchild);
    num2 = TwoChildNodeCount (t->Rchild);
    if(t->Lchild != NULL && t->Rchild != NULL)
        return(num1 + num2 + 1);
    else
        return (num1 + num2);
}
```

5. 算法的主要思想是：由二叉树的后序序列和中序序列可以唯一地确定出这棵二叉树。后序序列中的最后一个元素为二叉树的根结点，在中序序列中，根结点之前的元素均在左子树上，根结点之后的元素均在右子树上。

算法描述如下：

```
void InPost(ElemType in[], ElemType post[], int il, int ir, int pl, int pr,
bitreptr &t)
/* 数组 in 和数组 post 存放着二叉树的中序遍历序列和后序遍历序列,il 和 ir 表示中序序列的左右端点,pl 和 pr 表示后序遍历序列的左、右端点。 */
{
    t = new btnode;
    t->data = post[pr]; //后序序列中最后一个元素为二叉树的根结点
    m = il;
    while( in[m] != post[pr])  //查找根结点在中序序列中的位置
        m++;
    if(m == il)  //左子树的中序序列为空
        t->Lchild = NULL;
    else
        InPost(in, post, il, m-1, pl, pl+m-1-il, t->Lchild); //确定左子树
    if(m == ir) //右子树的中序序列为空
        t->Rchild = NULL;
    else
        InPost(in, post, m+1, ir, pl-il+m, pr-1, t->Rchild); //确定右子树
}
```

6. 算法的主要思想是：本题要求用结点的标志域来区分当前结点在遍历过程中所处的状态。其取值有以下三种情况：(1)由其双亲结点转换而来；(2)由其左子树遍历结束转换而来；(3)由其右子树遍历结束转换而来。

算法描述如下：

```
typedef struct btnode
{
    ElemType data;
    struct btnode * Lchild, * parent, * Rchild;
    int mark;
} * trireptr;
void postorder(trireptr bt)
//mark 域的初始值均为 0
{
    p = bt;
    while(p != NULL)
```

```
    {
        switch(p->mark)
        {
            case 0:
                p->mark = 1;
                if(p->Lchild != NULL) //转向左子树
                    p = p->Lchild;
                break;
            case 1:
                p->mark = 2;
                if(p->Rchild != NULL)   //转向右子树
                    p = p->Rchild;
                break;
            case 2:
                p->mark = 0;   //左、右子树均已遍历完,此时访问根结点
                printf(" %d ", p->data);
                p = p->parent; //以该结点为根的子树已遍历完,返回到双亲
                                 结点
                break;
            default:;
        }
    }
}
```

7. 算法描述如下:

```
typedef enum { Link, Thread} PointerType; //Link = 0 时为指针;Thread = 1 时为
                                            线索
typedef struct BiThrNode
{
    ElemType data;
    struct BiThrNode *Lchild, *Rchild;     // 左右孩子指针
    PointerType Ltag, Rtag;                // 左右指针类型标志
}BiThrNode, *BiThrTree;
void PreThread(BiThrTree &t)
{
    static BiThrTree  pre = NULL;  //pre 用于记录当前要处理结点的前驱结点
    if(t != NULL)
    {
```

```
        if(pre != NULL && pre->Rtag == 1)
            pre->Rchild = t;   //前驱结点的右指针为空,使其指向当前结点
        if(t->Lchild == NULL)  //当前结点的左指针域为空,使其指向前驱
                                结点
        {
            t->Ltag = 1;  //置线索标志
            t->Lchild = pre;
        }
        else
            t->Ltag = 0;
        if(t->Rchild == NULL)
            t->Rtag = 1; //置当前结点的右指针域的空标志,为指示其后继做
                          准备
        else
            t->Rtag = 0;
        pre = t;
        PreThread(t->Lchild);  //对左子树加前序线索
        PreThread(t->Rchild);  //对右子树加前序线索
    }
}
void PostThread(BiThrTree  t)
{
    static BiThrTree  pre = NULL;  //pre用于记录当前要处理结点的后序前驱
                                    结点
    if(t != NULL)
    {
        PostThread(t->Lchild);  //对左子树加后序线索
        PostThread(t->Rchild);  //对右子树加后序线索
        if(pre != NULL & pre->Rtag == 1)
            pre->Rchild = t;  //前驱结点的右指针域为空,使其指向当前
                                结点
        if(t->Lchild == NULL) //当前结点的左指针域为空,使其指向前驱
        {
            t->Ltag = 1;
            t->Lchild = pre;
        }
        //置当前结点的右指针域为空,为指示其后继做准备
        if(t->Rchild == NULL)
```

```
            t->Rtag = 1;
        pre = t;
    }
}
```

8. 算法的主要思想是:树的后序遍历过程是,若树非空,则依次后序遍历树的每棵子树,然后访问根结点。

算法描述如下:

```
#define k  //树的度
typedef struct treenode
{
    ElemType data;
    struct treenode * subtree[k];
} * treenodeptr;
void PostOrderTree(treenodeptr t)
{
    if (t != NULL)
    {
        for(i = 0; i<k; i++)  //若树不为空,则依次对根结点的各子树做后序
                                遍历
            PostOrderTree(t->subtree [i]);
        printf(" %d ", t->data);   //访问根结点
    }
}
```

9. 算法的主要思想是:采用非递归后序遍历算法来实现,用栈 st 记录遍历过程中访问的结点。当后序遍历到 p 结点时,st 中所有结点均为 p 所指结点的祖先,由这些祖先便构成了一条从根结点到 p 所指结点的路径。需要说明的是,遍历过程中遇到的那些不在 t 到 p 路径中的结点,在访问 p 之前都已经出栈了。

算法描述如下:

```
typedef struct
{
    bitreptr ptr;
    int tag;
} StackNode;
void path(bitreptr t, bitreptr p)
{
    StackNode st[MAX_TREE_SIZE];
    bitreptr s;
```

```
    int top = 0;
    s = t;
    do
    {
        while( s != NULL)
        {
            top ++ ;
            st[top]. ptr = s;
            st[top]. tag = 0;   //第一次扫描到,置其标志为 0
            s = s->Lchild;   // 已知沿左子树遍历
        }
        if( top > 0)
        {
            if (st[top].tag == 1)  //结点的左、右子树均已访问过,可以访问
                                     该结点了
            {
                if(st[top].ptr == p) //该结点就是所要找的结点
                {
                    printf("路径:");  //输出从栈底到栈顶的元素构成的路径
                    for(i = 1; i<=top; i ++)
                        printf(" %d ", st[i].ptr->data);
                    printf("\n");
                    break;
                }
                top -- ; //该结点不在所求的路径上,直接出栈
            }
            else  //第二次扫描到,需要访问其右子树
            {
                s = st[top].ptr ;
                if(top > 0)
                {
                    s = s ->Rchild; //扫描右结点
                    st[top].tag = 1;  //表示当前结点的右子树已经访问过了
                }
            }
        }
    }while( s != NULL || top != 0)
}
```

10. 算法的主要思想是：采用后序遍历算法，假设 p 所指的结点在 q 所指结点的左边。当后序遍历访问到 p 所指结点时，栈 st 中所有结点均为 p 所指结点的祖先，将其暂存到 anor 中；然后，继续后序遍历访问 q 所指结点，同样此时 st 中所有结点均为 q 所指结点的祖先，再将其与 anor 中的结点比较，找到最近的共同祖先。

算法描述如下：

```
bitreptr CommAncestor(bitreptr t, bitreptr p, bitreptr q)
{
    StackNode st[MAX_TREE_SIZE], anor[MAX_TREE_SIZE];
    bitreptr b, r;
    int find = 0;
    int top = 0;
    b = t;
    do
    {
        while(b != NULL)     //扫描左孩子结点,并入栈
        {
            top ++ ;
            st[top].ptr = b;
            st[top].tag = 0;
            b = b->Lchild;
        }
        if(top > 0)
        {
            if(st[top].tag == 1)  //左右孩子结点均已访问过,访问该结点
            {
                if(st[top].ptr == p) //找到p所指结点,将其祖先复制到anor
                                     中
                {
                    for(i = 1; i <= top; i ++ )
                        anor[i] = st[i];
                }
                if(st[top].ptr == q) //找到q所指结点,比较出最近的共同祖
                                     先
                {
                    j = top;
                    while(! find)
```

```
                {
                    k = i -1;
                    while(k>0 && st[j] ! = anor[k])
                        k--;
                    if(k>0)
                    {
                        find = 1;
                        r = anor[k].ptr;
                    }
                    else
                        j--;
                }
            }
            top --; //当前结点非 p 或 q,直接出栈
        }
        else
        {
            b = st[top].ptr;
            if(top>0 && ! find)
            {
                b = b->Rchild;
                st[top].tag = 1;
            }
        }
    }
}while(! find && (b != NULL || top != 0));
return r;
}
```

第 7 章　图

图是一种非常重要的非线性数据结构，图中元素之间存在着多对多的关系，任意两个元素之间都可以邻接。通过图可以表示一些比线性表和树更为复杂的数据。相对于线性表和树结构而言，图的存储、运算和处理要复杂得多。

本章首先介绍了图的一些基本术语和性质以及图的几种表示方法，然后重点阐述了图的两种非常重要的遍历方法，即深度优先搜索和广度优先搜索，最后以最小生成树、最短路径、拓扑排序和关键路径等问题为例，介绍了图的一些典型应用及其在计算机上的实现方法。其中：图的邻接矩阵表示、邻接表表示和两种遍历算法是本章的重点内容；而图的遍历算法及其各种应用的具体实现则是本章的难点所在。

知识结构图

本章的知识结构如图 7.1 所示。

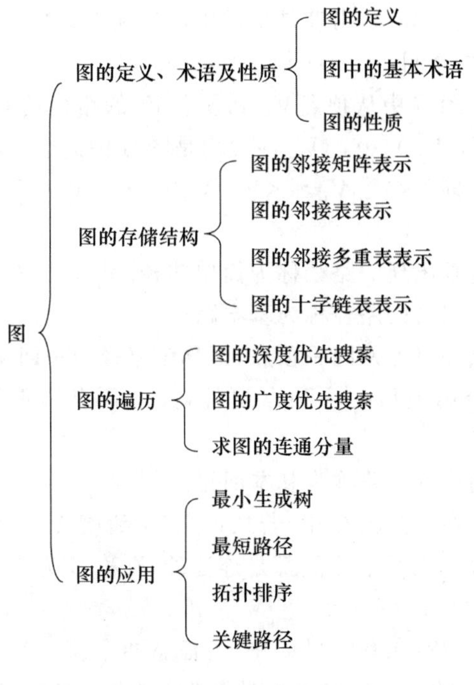

图 7.1　图的知识结构

7.1 知识要点

7.1.1 图的定义、术语及性质

1. 图的定义

图:由顶点集合 V 和边集 E 组成的二元组,记为 $G=<V, E>$。其中,V 是数据元素的有穷集合,每个数据元素也称为一个顶点,E 是顶点的有序对或无序对的集合,表示数据元素之间的关系。

2. 图中的基本术语

有向图:图中的各边均为有向边(顶点的有序对)的图。

无向图:图中的各边均为无向边(顶点的无序对)的图。

混合图:一些边为有向边,而另外一些边为无向边的图。

有向完全图:包含 n 个顶点的有向图,如果其中有 $n\times(n-1)$ 条不同的边,则称该图为有向完全图。

无向完全图:包含 n 个顶点的无向图,如果其中有 $n\times(n-1)/2$ 条不同的边,则称该图为无向完全图。

子图:设有两个图 $G=<V, E>$ 和 $G'=<V', E'>$,如果 V' 是 V 的子集,且 E' 也是 E 的子集,则称图 G' 是图 G 的一个子图。

顶点的度:图中某个顶点的度是指依附于该顶点的边的条数。如果是有向图,顶点的度又可以分为出度和入度。其中:出度是指图中以该顶点为尾的有向弧的数目;入度是指以该顶点为头的有向弧的数目。

路径和路径长度:在图 G 中从顶点 V_p 到顶点 V_q 的路径是顶点序列($V_p, V_{i1}, V_{i2}, \cdots, V_{in}, V_q$)且($V_p, V_{i1}$),($V_{i1}, V_{i2}$),…,($V_{in}, V_q$)均是图 G 中的边。若图 G 是有向图,则路径也是有向的,由图中的有向弧 $<V_p, V_{i1}>$,$<V_{i1}, V_{i2}>$,…,$<V_{in}, V_q>$ 组成。路径中边的数目称为路径长度。

简单路径:顶点不重复出现的路径称为简单路径。

基本路径:边不重复出现的路径称为基本路径。

回路:若路径的起点和终点是同一顶点,则称该路径为一回路或环。

简单回路:除第一个和最后一个顶点之外,其余顶点不重复出现的回路称为简单回路。

基本回路:没有相同边的回路称为基本回路。

连通图和连通分量:在无向图 G 中,若从顶点 V_i 到顶点 V_j 有路径,则称 V_i 和 V_j 是连通的;如果图 G 中任意一对顶点之间都是连通的,则称 G 为连通图;图 G 的极大连通子图称为它的连通分量。

强连通图和强连通分量:在有向图 G 中,若任意两个顶点 V_i 和 V_j 之间都是连通的,则称 G 为强连通图;图 G 的极大强连通子图称为它的强连通分量。

网:图中与边有关系的数值称为权,带有权值的图称为网或赋权图。

3. 图的性质

图中所有顶点的度数之和等于边数的两倍，即对于具有 n 个顶点 e 条边的图，有：

$$\sum_{i=1}^{n} \mathrm{TD}(V_i) = 2e$$

7.1.2 图的存储结构

与树一样，在存储图时，除了要表示数据元素（即顶点）之外，还要反映出顶点之间的关系。根据处理要求的不同，图的存储经常采用以下四种方法。

1. 图的邻接矩阵表示

图的邻接矩阵表示法采用一个一维数组 Vex[1:n]存放图中的顶点信息，而用一个二维数组 A 存放图中所有顶点之间关系的信息（该数组被称为邻接矩阵）。邻接矩阵的定义如下：

$$A[i][j]=\begin{cases}1 & \text{if } (V_i,V_j)\in E \text{ or } <V_i,V_j>\in E \\ 0 & \text{else}\end{cases}$$

对于无向图，其邻接矩阵是一个对称矩阵；邻接矩阵中第 i 行元素之和（或第 i 列元素之和）等于第 i 个顶点的度；对于有向图，邻接矩阵中第 i 行元素之和等于该顶点的出度，第 i 列元素之和等于该顶点的入度。

邻接矩阵的类型定义如下：

```
#define Vnum 图中顶点个数的最大值 + 1
enum adj{0,1};
typedef adj  adjmatrix[Vnum][Vnum];
typedef struct
{
    VexType Vexs[Vnum];              //顶点的信息
    adjmatrix arcs;                  //邻接矩阵
} graph;
```

建立无向网邻接矩阵的算法如下：

```
void build_graph(graph &g)
{
    scanf(" %d%d", &n, &e);          //读入顶点数和边数 e
    for (i = 1; i<= n; i++)
        scanf(" %d", &ga.Vexs[i]);
    //将邻接矩阵的每个元素初始化为 maxint,计算机内∞用 maxint 表示
    for (i = 1; i<= n; i++)
        for (j = 1; j<= n; j++)
            ga.arcs[i][j] = maxint;
  for (k = 0; k< e; k++)             //读入边(i, j)和权
```

```
    {
        scanf(" %d%d%d", &i, &j, &w);
        ga.arcs[i][j] = w;
        ga.arcs[j][i] = w;
    }
}
```

采用邻接矩阵存储图时,无论两个顶点之间是否有边相连,都需要表示出来。当图中的顶点数较多而边数较少时,这种表示方法需要的存储空间和处理时间都会较多。

2. 图的邻接表表示

图的邻接表表示法为图中的每个顶点建立一个单链表,第 i 个单链表中的结点是依附于顶点 V_i 的边。链表中的每个结点有两个域 adjvex 和 next。其中:adjvex 用以指示与 V_i 邻接的顶点的编号;next 指向与 V_i 邻接的下一条边。每个链表附设一个表头结点,所有的表头结点本身以向量形式存储以便随机访问任何一顶点的链表。

图的邻接表表示的类型定义如下:

```
#define Vnum 图中顶点个数的最大值+1
typedef struct EdgeNode
{
    int ajdvex;                    //该边所指向的顶点的序号
    float weight;                  //边上的权值
    struct EdgeNode * next;        //指向下一条弧的指针
} * edgeptr;
typedef struct
{
    VexType vertex;
    edgeptr link;
}VexNode;
typedef VexNode Adj_list[Vnum];
```

建立有向图的邻接表表示的算法如下:

```
void build_adjlist(Adj_List& g)
{
    scanf(" %d %d", &n, &e);          //读入顶点数 n 和边数 e
    for(i=1; i<=n; i++)               //初始化邻接表
    {
        g[i].vertex = i;
        g[i].link = NULL;
    }
    for (k=0; k<e ; k++)
```

```
    {
        scanf(" %d %d", &i, &j);      //读入顶点对<i, j>
        p = new struct EdgeNode;
        p->adjvex = j;
        p->next = g[i].link;
        g[i].link = p;
    }
}
```

图的邻接表表示法只表示图中存在的边,因而所需的存储空间较少,效率也较高,是图中广泛采用的一种表示方法。

3. 图的邻接多重表表示

在无向图的邻接表表示中,每条边表示了两次,这在有些情况下处理起来并不方便。为此,可将邻接表改造为一个多重表,即每条边只用一个结点来表示。边结点的结构如图 7.2 所示。

mark	vertex1	vertex2	path1	path2

图 7.2 图的邻接表中边结点的结构

其中:mark 用于记录是否处理过;vertex1 和 vertex2 是该边所连接的两个顶点的编号。path1 指向下一条依附于顶点 vertex1 的边;path2 指向下一条依附于顶点 vertex2 的边。存储顶点信息的结点以顺序表方式组织,每一个顶点结点有两个数据域:data 域存放与该顶点相关的信息;Firstout 是指向第一条依附该顶点的边的指针。在邻接多重表中,所有依附于同一个顶点的边都链接在同一个单链表中。

4. 图的十字链表表示

在图的邻接表表示中,查找以某个顶点为尾的弧比较容易,只需要顺着该顶点所在的单链表扫描就可以了;而要处理以某个顶点为头的弧则比较麻烦,需要扫描所有顶点的单链表。图的十字链表表示法将邻接表和逆邻接表结合在一起,每个结点表示一条弧,它由下列五个域组成:tail 和 head,分别是弧的尾顶点 j 和头顶点 k;dut 是弧的权值;hlink 域链接以 k 为头的另一条弧;tlink 链接以 j 为尾的另一条弧。另外,设置一个由 n 个表头结点组成的向量,每个表头结点表示一个顶点,它也由上述五个域组成。其中:tail 域存放该顶点的出度;head 存放该顶点的入度;hlink 域链接以该顶点为头的一条弧;tlink 链接以该顶点为尾的一条弧。

7.1.3 图的遍历

图的遍历是指从图中某个指定的顶点出发,按照某一原则对图中所有顶点都访问一次且仅一次。由于图中任意两个顶点之间都可能有边相连,因此相对于树而言,图的遍历要复杂得多。在图中,访问了某个顶点之后,可能会顺着某条边再次回到已访问过的顶点。为此,在遍历过程中,需要设置一个标志向量 Visited 来记录图中的顶点是否已被访问过。

图的遍历常用的两种方法是深度优先搜索和广度优先搜索。

1. 图的深度优先搜索

从图中某个指定的顶点 V_0 出发,先访问顶点 V_0,然后从顶点 V_0 未被访问过的一个邻接点 V_i 出发,访问了顶点 V_i 后,再从 V_i 出发,访问和 V_i 邻接且未被访问过的任意顶点 V_j,然后从 V_j 出发进行如上访问,依次继续直到某一顶点所有邻接点都被访问过,接着退回到尚有邻接点未被访问过的顶点,再从该顶点出发。重复上述过程,直到所有的被访问过的顶点的邻接点都已被访问为止。

图的深度优先搜索的递归算法如下:

```
#define Vnum 图中顶点个数的最大值 + 1
int Visited[Vnum]
//从 v0 出发,深度优先遍历图 g,g 以邻接表为存储结构
void dfs(Adj_List g, int v0)
{
    edgeptr p;
    printf(" %d ",v0);
    Visited[v0] = 1;            //标志 v0 已访问
    p = g[v0].link;             //找 v0 的第一个邻接点
    while( p != NULL)
    {   if(Visited[p->adjvex] == 0)
            dfs(g, p->adjvex);
        p = p->next;            //回溯,找 v0 的下一个邻接点
    }
}
```

图的深度优先搜索算法需要借助栈来保存搜索路径,当某个顶点的邻接表被访问完时,返回到栈顶指示的位置,继续遍历尚有邻接点未被访问的顶点。其非递归算法如下:

```
void dfs_nonrecursion(Adj_List g, int v0)
{
    edgeptr S[Vnum];
    int top = 0;                          //栈顶指针
    printf(" %d ",v0);
    Visited[v0] = 1;                      //标志 v0 已访问
    p = g[v0].link;                       //找 v0 的第一个邻接点
    while( p != NULL || top > 0)
    {
        while(p != NULL)
        {
```

```
            if(Visited[p->adjvex] == 1)
                p = p->next;            //找 v0 的下一个邻接点
            else
            {
                w = p->adjvex;
                printf(" %d ", w);
                Visited[w] = 1;
                top++;  S[top] = p;     //进栈
                p = g[w].link;
            }
        }                               //邻接点被访问完,返回到栈顶
        if(top > 0)
        {
            p = S[top]; top--;          //出栈
            p = p->next;                //沿下一个邻接点继续遍历
        }
    }
}
```

2. 图的广度优先搜索

从图中某个指定的顶点 V_0 出发,先访问顶点 V_0,然后依次访问顶点 V_0 的各个未被访问过的邻接点 V_{i1},V_{i2},…,V_{it},然后再依次访问 V_{i1},V_{i2},…,V_{it} 的所有未被访问过的邻接点,再从这些被访问的顶点出发,逐次进行访问,直到所有顶点都被访问到为止。在广度优先搜索中,不需要记录所走过的路径,只需记录与每一个顶点相邻接的所有顶点,而且当访问完这些顶点时,按照先记录先搜索的方式对被记录的顶点进行广度优先搜索。

图的广度优先搜索算法如下:

```
void bfs(Adj_List g, int v0)
//广度优先搜索法遍历图,Visited[w]为标志向量,其初值为 0
{
    int Q [Vnum];
    edgeptr p;
    Visited[v0] = 1;
    printf(" %d ", v0);
    f = 0;  r = 0;  p = g[v0].link;
    do
    {
        while (p != NULL)
        {
```

```
            v= p->adjvex;
            if (Visited[v] == 0)
            {
                Q[r] = v; r++;
                printf("%d", v);
                Visited[v] = 1;
            }
            p= p->next;  //找某一顶点的所有邻接点并进队
        }
        if (f != r)//v出队
        {
            v = Q[f];  f++;  p = g[v].link;
        }
    }while ((p != NULL) || (f != r));
}
```

3. 求图的连通分量

可以用深度优先搜索或广度优先搜索算法来判断图是否连通。在对无向图进行遍历时,对于连通图,仅需要一次搜索过程,图中的顶点就全部被访问。对于非连通图,则需要多次调用搜索过程,而每次调用得到的顶点访问序列恰好为其各个连通分量中的顶点集。计算图的连通分量个数的算法如下:

```
int Count_Component(Adj_list g, int n)
{
    int count;    //图的连通分量的个数
    for (v=1; v<=n ;v++)   / *初始化visited数组
        visited[v] = 0;
      count = 0;
    for (v=1; v<= n; v++)
        if (visited[v]==0)
        {
            count++;
            dfs(g,v);
        }
    return count;
}
```

7.1.4　图的应用

1. 最小生成树

在一个连通图 $G=<V, E>$中,如果取它的全部顶点和一部分边构成一个子图 $G'=<V', E'>$,即 $V(G')=V(G)$和 $E(G')\subseteq E(G)$,若边集 $E(G')$中的边既将图 G 中的所有顶点连通又不形成回路,则称子图 G'是 G 的一棵生成树。生成树中边上权值之和最小的称为最小生成树。

生成最小生成树的算法有两个:克鲁斯卡尔(Kruskal)算法和普里姆(Prim)算法。

克鲁斯卡尔算法:假设 $G = <V, E>$是一个有 n 个顶点的连通图,$T = <V(T), E(T)>$是 G 的最小生成树。$E(T)$的初态为空集, $V(T) = V$。当 $E(T)$中的边数少于 $n-1$时,做如下操作:(1)从 E 中选择权值最小的边$<V, W>$,并删除它;(2)若$<V, W>$不和 $E(T)$中的边构成回路,则将其加入 $E(T)$中。该算法的时间复杂度为 $O(e\log_2 e)$,e 为 G 中的边数。

普里姆算法:假设 $G = <V, E>$是一个有 n 个顶点的连通图,$T = <V(T), E(T)>$是 G 的最小生成树。$V(T)$和 $E(T)$的初态为空集,在图上任选一个顶点加入 $V(T)$中。将下列过程重复 $n-1$ 次:(1)在 i 属于 $V(T)$,j 不属于 $V(T)$的边中,选权值最小的边(i, j);(2)将顶点 j 加入 $V(T)$中;(3)将边(i, j)加入边集 $E(T)$中。该算法的时间复杂度为 $O(n^2)$。显然,普里姆算法与图中的边数无关,适合于稠密图。

2. 最短路径

最短路径是指所经过的边上权值之和最小的路径,可以采用 Dijkstra 算法求图中某个顶点到其余各顶点的最短路径及其长度;通过 Floyed 算法可以求解图中任意两个顶点之间的最短路径及其长度。

Dijkstra 算法:设有向图 $G = <V, E>$,cost 是表示 G 的邻接矩阵,V_0 是图中的一个顶点,求 V_0 到图中其他所有顶点的最短路径及其长度。设 S 为已找到从 V_0 出发的最短路径的终点的集合,它的初态为$\{V_0\}$。求从 V_0 到 G 中其余各顶点(终点)V_i 的最短路径及其长度 dist[i]的过程为:(1)置初值 dist[i]=cost[V_0,V_i],$V_i\in V(G)$;(2)选择 u,使 dist[u] = Min{dist[i]|V_i 不属于 S,$V_i\in V(G)$}(则 u 为目前求得的一条从 V_0 出发的最短路径的终点),令 $S = S\cup\{u\}$(u 进入 S);(3)修改所有不在 S 中的终点的最短路径的长度,若 dist[u]+cost[u, i]< dist[i],则修改 dist[i]为 dist[i] = dist[u]+cost[u, i],同时修改相应的路径;(4)重复操作(2)、(3)共 $n-1$ 次,由此求得从 V_0 到 G 中其余各顶点的最短路径是依路径长度递增的序列。该算法的时间复杂度为 $O(n^3)$。

Floyed 算法:可以求解图中任意一对顶点之间的最短路径及其长度。在求从顶点 V_i 到 V_j的最短路径时,每次在当前的最短路径上增加一个结点 V_k,看这个增加了一个结点 k 的新路径的长度是否比原来的路径长度小,若小,则以新路径代之,否则保持原路径。算法的计算公式为:$A^{(k)}[i][j] = \min\{A^{(k-1)}[i][j], A^{(k-1)}[i][k]+A^{(k-1)}[k][j]\}$ $(1\leqslant k\leqslant n)$。其中,$A^{(k)}[i][j]$表示顶点 V_i 到 V_j的中间顶点的序号不大于 k 的最短路径的长度。由于 G 中顶点编号不大于 n,所以 $A(n)[i][j]$就代表 V_i 到 V_j的最短路径之长,初值 $A^{(0)}[i][j] = \text{cost}[i][j]$。该算法的时间复杂度为 $O(n^3)$。

3. 拓扑排序

AOV 网:用顶点表示活动,用边表示活动之间先后关系的有向图称为 AOV 网。

拓扑排序:对 AOV 网构造一个顶点的线性序列,使得在此序列中不仅保持有向图中原有顶点之间的先后关系,还在有向图中没有关系的两个顶点之间建立一个先后关系。具有上述特性的线性序列称为拓扑有序序列。

对一个 AOV 网进行拓扑排序的过程如下:

(1) 在 AOV 网中选择一个没有前驱的顶点并输出;

(2) 从 AOV 网中删除该顶点和所有以该顶点为尾的有向边;

(3) 重复上述过程,直到全部顶点都已被输出,或者图中剩余的顶点都有前驱,不能继续执行为止。前一种情况说明 AOV 网对应的工程是可行的,后一种情况说明网中有环,工程不可行。

在有 n 个顶点 e 条边的 AOV 网中,拓扑排序算法的时间复杂度为 $O(n+e)$。

4. 关键路径

AOE 网:用顶点表示事件,用边表示活动,边上的权值表示活动持续时间的有向网称为 AOE 网。

在 AOE 网中,顶点所表示的事件是指所有以该顶点为头的弧所表示的活动均已完成,而所有以该顶点为尾的弧所表示的活动可以开始的一种状态。在 AOE 网中,完成整个工程的最短时间是从源点到汇点的最长路径的长度,长度最长的路径称为关键路径。

在 AOE 网的分析中,以下几个参量非常重要:

(1) 事件 V_j 的最早发生时间 $\mathrm{Ve}(j)$:从源点到 V_j 的最长路径之长。事件 V_j 的最早发生时间决定了所有从 V_j 发出的有向边所代表的活动能够开始的最早时间。

它的计算方法如下:

$$\mathrm{Ve}(1) = 0;$$
$$\mathrm{Ve}(j) = \max\{\mathrm{Ve}(i) + \mathrm{dut}(<i, j>),\ <i, j> \in T$$
$$(T \text{ 表示 AOE 网中所有以顶点 } V_j \text{ 为头的边的集合})\}$$

(2) 事件 V_i 的最晚发生时间 $\mathrm{Vl}(i)$:在不推迟整个工程完成时间的前提下,事件 V_i 最晚必须发生的时间。

它的计算方法如下:

$$\mathrm{Vl}(n) = \mathrm{Ve}(n)$$
$$\mathrm{Vl}(i) = \min\{\mathrm{Vl}(j) - \mathrm{dut}(<i, j>),\ <i, j> \in S$$
$$(S \text{ 表示 AOE 网中所有以顶点 } V_i \text{ 为尾的边的集合})\}$$

(3) 活动 e_i 的最早发生时间 $e(i)$:等于从源点到活动 e_i 的尾 V_j 之间的最长路径之长,也即 $e(i)=\mathrm{Ve}(j)$。

(4) 活动 e_i 的最晚发生时间 $l(i)$:等于该活动的终点 V_k 所表示的事件的最晚发生时间与该活动的持续时间之差,即 $l(i)= \mathrm{Vl}(k)-\mathrm{dut}(<j, k>)$。

在 AOE 网中,$e(i)= l(i)$的活动称为关键活动。在一个 AOE 网中,关键路径可能不止一条,要缩短工期,必须提高所有关键路径中公共关键活动的速度才行。

在有 n 个顶点 e 条边的 AOE 网中,求关键路径的算法的时间复杂度为 $O(n+e)$。

7.2 典型例题分析

例 1 已知一具有 n 个顶点的无向图 G 采用邻接表进行存储，写一算法，删除图中数据信息为 item 的那个顶点。

解答 从邻接表表示的图中删除一个顶点，需要完成以下几项工作：(1)寻找满足条件的那个顶点；(2)从头结点数组中删除该顶点；(3)删除邻接表中与该顶点相关的边；(4)修改有关的边结点中 adjvex 域的内容。

算法描述如下：

```
void DelNode(Adj_list g, int& n, ElemType item)      //n 为图中的顶点数
{
    //查找值等于 item 的顶点的编号
    k = 0;
    for(i = 1; i <= n; i ++ )
        if(g[i].vertex == item)
        {
            k = i;
            break;
        }
    if (k == 0)                        //没有找到值等于 item 的顶点,直接返回
        return;
    p = g[k].link;
    for( i = k + 1; i <= n; i ++ )     //删除第 k 个顶点
    {
        g[i - 1].vertex = g[i].vertex;
        g[i - 1].link = g[i].link;
    }
    n = n - 1;                         // 顶点的个数减 1
    while(p != NULL)                   //删除原邻接表中第 k 个顶点对应的单链表中
                                         的结点
    {
        q = p;
        p = p -> next;
        delete q;
    }
    for( i = 1; i <= n; i ++ )
    {
        p = g[i].link;
```

```
        while (p != NULL)           //删除邻接表中邻接点编号等于k的边
        if(p->adjvex == k)
        {
            if(g[i].link == p)
                g[i].link = p->next;
            else
                q->next = p->next;
            r = p;
            p = p->next;
            delete r;
        }
        else                        //修改有关的边结点中adjvex域的内容
        {
            if (p->adjvex > k)
                p->adjvex = p->adjvex - 1;
            q = p;
            p = p->next;
        }
    }
}
```

例 2 设 A 为一个不带权的图的邻接矩阵,定义 $A^{(1)}=A,A^{(n)}=A^{(n-1)}\times A$,试证明:$A^{(n)}[i][j]$的值即为从顶点 V_i 到顶点 V_j 的长度为 n 的路径的数目。

证明:(采用数学归纳法)

当 $n=1$ 时,即 $A^{(n)}=A^{(1)}=A$ 为邻接矩阵,而其中 $A[i][j]$的值只能为 1 或 0。若 $A[i][j]=0$,则说明图中没有从顶点 V_i 到顶点 V_j 的长度为 1 的路径,即对应的边数为 0;若 $A[i][j]=1$,则说明图中存在一条从顶点 V_i 到顶点 V_j 长度为 1 的路径,即对应的边数为 1,结论成立。

假设当 $n=k$ 时结论成立,即 $A^{(k)}[i][j]$的值为从顶点 V_i 到顶点 V_j 的长度为 k 的路径数,则当 $n=k+1$ 时,由于 $A^{(k+1)}[i][j]=\sum_{l=1}^{m}A^{(k)}(i,l)*A[l][j]$(设 m 为图中的顶点数),其中 $A^{(k)}(i,l)$是从顶点 V_i 到顶点 V_l 的长度为 k 的路径数,$A[l][j]$是从顶点 V_l 到顶点 V_j 的长度为 1 的路径数。那么,对于任一 l,$A^{(k)}(i,l)*A[l][j]$即为从顶点 V_i 到 V_l 后再直接到 V_j 的长度为 $k+1$ 的路径数。因此,对于所有的 $l(1\leqslant l\leqslant m)$,$A^{(k+1)}[i][j]=\sum_{l=1}^{m}A^{(k)}(i,l)*A[l][j]$ 即为从顶点 V_i 到顶点 V_j 的长度为 $k+1$ 的路径数。

例 3 设图采用邻接矩阵为存储结构,写出图的深度优先和广度优先遍历算法。

解答 无论图采用何种存储结构,其深度和广度优先搜索算法的思想都是一样的。

算法描述如下:

```
#define Vnum 图中顶点个数的最大值+1
int Visited[Vnumm];
//深度优先搜索(递归算法)
void dfs(graph g, int v0, int n)          //n为图中的顶点数
{
    printf("%d\t", v0);
    Visited[v0] = 1;
    for(i=1; i<=n; i++)
    {
        if(g.arcs[v0][i] == 1 && Visited[i] == 0)
            dfs (g, i, n);
    }
}
//深度优先搜索(非递归算法)
void dfs(graph g, v0, int n)              //n为图中的顶点数
{
    int S[Vnum];                          //栈
    int top = 0;
    S[++top] = v0;
    while(top>0)
    {
        k = S[top];
        top--;
        if(! Visited[k])
        {
            printf("%d ", k);
            Visited[k] = 1;
            for(j=1; j<=n; j++)
            if(g.arcs[k][j]==1 && ! Visited[j] && j != k )
                S[++top] = j;
        }
    }
}
//广度优先搜索
void bfs(gadjmatrix g, int v0, int n)     //n为图中的顶点数
{
    int Q[Vnum];
    int rear,front;                       //队尾和队头指针
```

```
    rear = front = 0;
    printf(" %d\t", v0);
    Visited[v0] = 1;
    rear = (rear + 1) % Vnum;
    Q[rear] = v0;
    while(front != rear)
    {
        front =( front + 1) % Vnum;
        i =Q[front];
        for(j=1; j<=n; j++)
            if(g.arcs[i][j] == 1 && Visited[j] == 0 && i != j )
            {
                printf(" %d\t", j);
                Visited[j] = 1;
                rear = (rear + 1) % Vnum;
                Q[rear] = j;
            }
    }
}
```

例 4 编写一个算法,找出在以邻接表方式存储的图 G 中顶点 i 到顶点 j 的不含回路的长度为 m 的路径数,并输出各条路径。

解答 利用深度优先搜索,用数组 Path 保存遍历路径上的顶点,并以 len 记下当前还需搜索的路径长度。从 $V = V_i$ 出发,找 V 的邻接点 k,如果 k 已访问过,则找下一个邻接点;否则从 k 出发,len 的值减一,继续遍历。遍历过程中,如果当前访问的结点等于终点且 len=0,说明找到了一条路径,则输出路径并返回计数值 1。

算法描述如下:

```
#define Vnum 图中顶点数的最大值+1
int Visited[Vnum];
int PathCount (Adj_List g, inti, int j, int len, int Path[], int m)
{
    sum = 0;
    if(i == j && len == 0)
    {
        Path[len] = j;
        //输出路径
        for(k=m; k>=0; k--)
            printf(" %d ", Path[k]);
```

```
        printf("\n");
        sum++; //找到了一条路径,且长度符合要求
    }
    else if(len > 0)
    {
        Visited[i] = 1;
        Path[len] = i;
        for(p=g[i].link; p != NULL; p = p->next)
        {
            k = p->adjvex;
            if(Visited[k] == 0)
                sum = sum + PathCount (g,k, j, len-1, Path,m);
                                                        //剩余路径长度减 1
        }
        Visited[i] = 0 ;  //本题允许曾经被访问过的顶点出现在另外一条路径中
    }
    return sum;
}
void FindPath(Adj_List g, int i, int j, int m)
{
    int Path[Vnum];
    printf("The path num from node %d to %d is: %d", i, j, Path(g, i, j, m,
        Path, m));
}
```

例 5 以邻接表作存储结构,实现求从源点 v0 到其余各顶点的最短路径长度的 Dijkstra 算法。

解答 根据 Dijkstr 算法的思想,写出其算法。

算法描述如下:

```
#define Vnum 图中顶点个数的最大值+1
void dijkstra(Adj_List g, int v0)   //n 为图中的顶点数
{
    float dist[Vnum];               //存放最短路径的长度
    int S[Vnum];                    //存放是否找到最短路径的信息
    for(i=1; i<=Vnum; i++)
    {
        dist[i] = INFINITY;         //初始最短路径长度都设置为无限大
        S[i]= 0;                    //所有顶点都还未找到最短路径
```

```
    }
    S[v0] = 1;
    p = g[v0].link;
    while(p != NULL)                    //顶点的最短路径赋初值
    {
        dist[p->adjvex] = p->weight;   // weight 是边对应的权值
        p = p->next;
    }
    for(i=1; i<=Vnum; i++)             //从尚未找到最短路径的顶点中选择当前路
                                         径最短顶点
    {
        mindis = INFINITY;
        u = 0;
        for(j=1; j<=Vnum; j++)
        {
            if(S[j] == 0 && dist[j] < mindis)
            //v0 到顶点 j 有边相连且到 j 的最短路径还没找到
            {
                u = j;
                mindis = dist[j];
            }
        }
        if(u == 0)                      //图中已无最短路径可寻,直接退出
            break;
        S[u]= 1;                        //顶点 u 已找到最短路径
        p =g[u].link;
        while(p != NULL)                //通过 u 更新与之相连的其他顶点的最短路
                                         径长度
        {
            j = p->adjvex;
            if(S[j] == 0 && dist[j] > dist[u] + p->weight)
                dist[j] = dist[u] + p->weight;
            p = p->next;
        }
    }
}
```

教材习题7

一、简答题

1. 已知无向图 G 的邻接矩阵如下，按要求完成下列各题：

$$\begin{pmatrix} \infty & 4 & 9 & 7 & 5 \\ 4 & \infty & 1 & \infty & 1 \\ 9 & 1 & \infty & 5 & 2 \\ 7 & \infty & 5 & \infty & 6 \\ 5 & 1 & 2 & 6 & \infty \end{pmatrix}$$

(1) 给出无向图 G 中各顶点的度数；

(2) 给出无向图 G 的邻接表。

2. 证明当深度优先搜索算法应用于一个连通图时，遍历过程中所经历的边形成一棵树。

3. 对如图 7.3 所示的有向网，用 Dijkstra 求顶点 1 到其他顶点的最短路径。

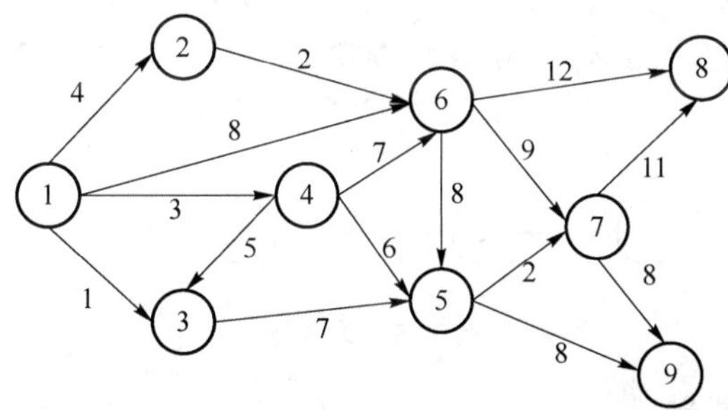

图 7.3 第 3 题

4. 无向带权图如图 7.4 所示，分别用 Prim 和 Kruskal 算法求解其最小生成树。

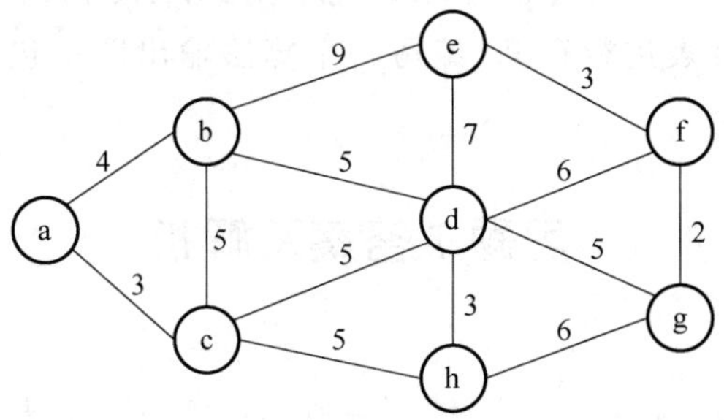

图 7.4 第 4 题

5. 对图 7.5 所示的 AOV 网，试给出它的带入度值的邻接表，从该邻接表中得到的拓扑序列是什么？

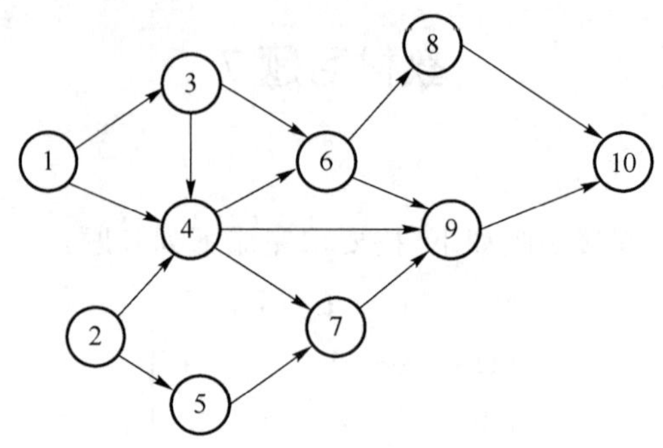

图 7.5　第 5 题

6. 对图 7.6 所示的 AOE 网，计算各活动弧的最早开始时间 $e(i)$ 和最晚开始时间 $l(i)$、各事件的最早开始时间 $\mathrm{Ve}(i)$ 和最晚开始时间 $\mathrm{Vl}(i)$，列出各条关键路径，并回答：工程完成的最短时间是多少？哪些活动是关键活动？是否有某些活动提高速度后能导致整个工期缩短？

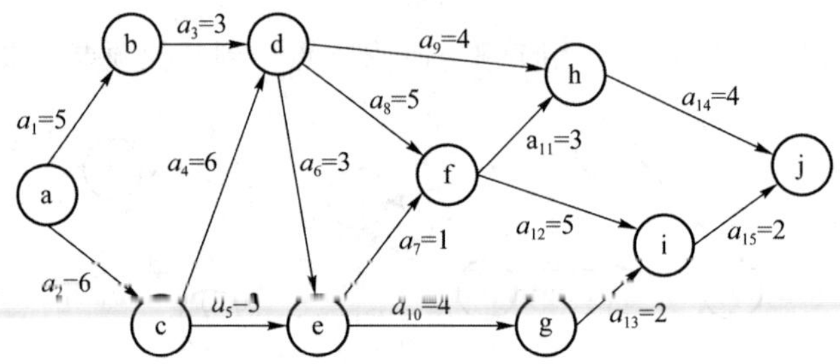

图 7.6　第 6 题

二、算法设计与分析题

1. 编写一个将无向图的邻接矩阵转化为邻接表的算法。

2. 假设图采用邻接矩阵来存储，写一个算法判断顶点 V_i 到 V_j 是否可达。

3. 设计一个算法输出图 G 中从顶点 V_i 到顶点 V_j 的所有简单路径。

4. 假设图采用邻接表进行存储，编写一个算法输出图中包含顶点 V_i 的所有简单回路。

习题 7 答案及解析

一、简答题

1. 图中顶点 V_1 的度 $\mathrm{TD}(V_1)=4$，顶点 V_2 的度 $\mathrm{TD}(V_2)=3$，顶点 V_3 的度 $\mathrm{TD}(V_3)=4$，顶点 V_4 的度 $\mathrm{TD}(V_4)=3$，顶点 V_5 的度 $\mathrm{TD}(V_5)=4$。该图的邻接表如图 7.7 所示。

2. 证明　由深度优先搜索算法可知，图中的每个顶点访问一次且仅一次，且从一个顶点到另一个顶点时必须经过连接这两个顶点的边。这样，当深度优先搜索遍历将图中

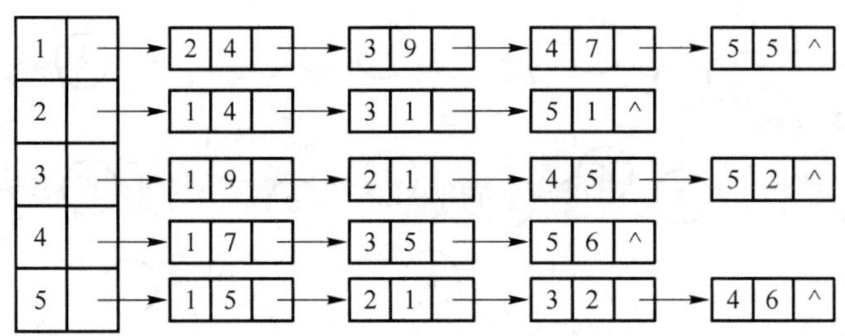

图 7.7 图的邻接表表示

的全部顶点都访问过 1 次后，共经过了其中 $n-1$ 条边，而这 $n-1$ 条边又恰好把图中的 n 个顶点全部连通，也即图的 n 个顶点和这 $n-1$ 条边构成了图的一个连通子图。而具有 n 个顶点且有 $n-1$ 条边的连通图为树。

3. 根据 Dijkstra 算法，求解顶点 1 到其他各顶点的最短路径及其长度的过程如表 7.1 所示。

表 7.1 第 3 题表

循环次数	选择的终点 u	集合 S	dist	Path
			1 2 3 4 5 6 7 8 9	1 2 3 4 5 6 7 8 9
初态	1	{1}	0 4 1 3 ∞ 8 ∞ ∞ ∞	(1, 2), (1, 3), (1, 4),(1, 6)
1	3	{1, 3}	0 4 1 3 8 8 ∞ ∞ ∞	(1, 2), (1, 3), (1, 4), (1, 3, 5), (1, 6)
2	4	{1, 3, 4}	0 4 1 3 8 8 ∞ ∞ ∞	(1, 2), (1, 3), (1, 4), (1, 3, 5), (1, 6)
3	2	{1, 3, 4, 2}	0 4 1 3 8 6 ∞ ∞ ∞	(1, 2), (1, 3), (1, 4), (1, 3, 5), (1, 2, 6)
4	6	{1, 3, 4, 2, 6}	0 4 1 3 8 6 15 18 ∞	(1, 2), (1, 3), (1, 4), (1, 3, 5), (1, 2, 6), (1, 2, 6, 7), (1, 2, 6, 8)
5	5	{1, 3, 4, 2, 6, 5}	0 4 1 3 8 6 10 18 16	(1, 2), (1, 3), (1, 4), (1, 3, 5), (1, 2, 6), (1, 3, 5, 7), (1, 2, 6, 8), (1, 3, 5, 9)
6	7	{1, 3, 4, 2, 6, 5, 7}	0 4 1 3 8 6 10 18 16	(1, 2), (1, 3), (1, 4), (1, 3, 5), (1, 2, 6), (1, 3, 5, 7),(1, 2, 6, 8), (1, 3, 5, 9)
7	9	{1, 3, 4, 2, 6, 5, 7, 9}	0 4 1 3 8 6 10 18 16	(1, 2), (1, 3), (1, 4), (1, 3, 5), (1, 2, 6), (1, 3, 5, 7), (1, 2, 6, 8), (1, 3, 5, 9)
8	8	{1, 3, 4, 2, 6, 5, 7, 9, 8}	0 4 1 3 8 6 10 18 16	(1, 2), (1, 3), (1, 4), (1, 3, 5), (1, 2, 6), (1, 3, 5, 7), (1, 2, 6, 8), (1, 3, 5, 9)

4. 按 Prim 算法求解出最小生成树的过程如图 7.8 所示。

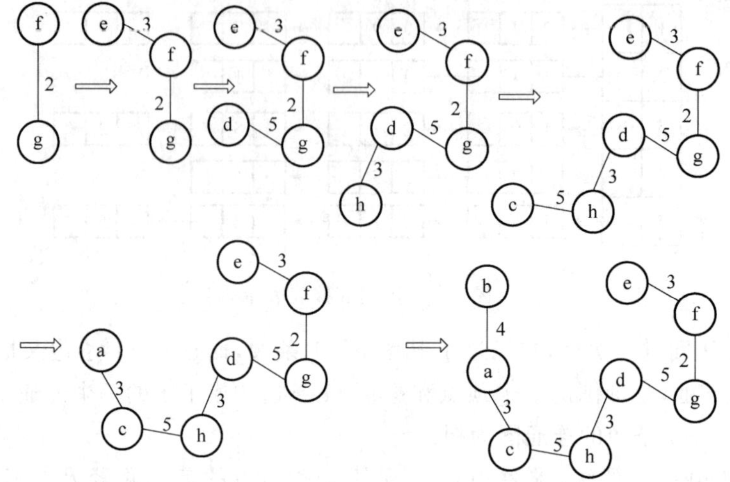

图 7.8　基于 Prim 算法求最小生成树的过程

按 Kruskal 算法求解最小生成树的过程如图 7.9 所示。

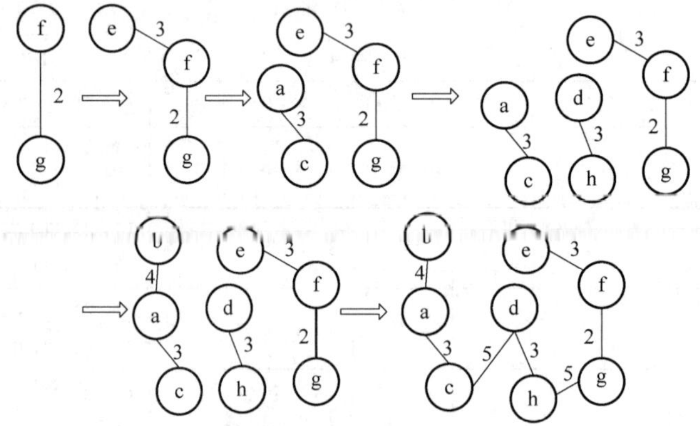

图 7.9　基于 Kruskal 算法求最小生成树的过程

5. 该 AOV 网的带入度值的邻接表如图 7.10 所示。

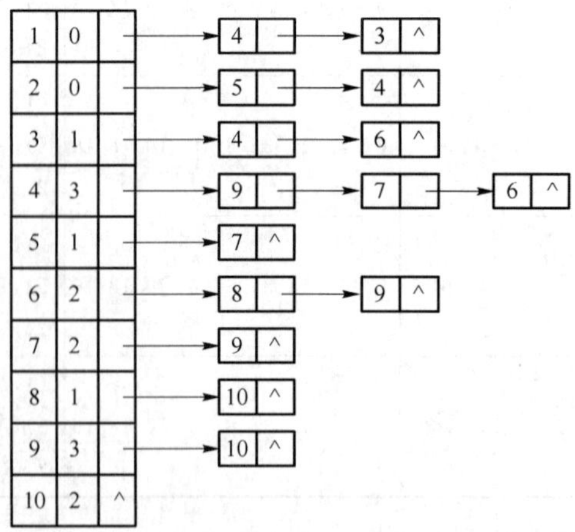

图 7.10　图的带入度的邻接表

从该邻接表，得到的拓扑序列为 2，5，1，3，4，6，8，7，9，10。

6. 各顶点的最早开始时间为：

Ve(a)= 0；

Ve(b) = max{Ve(a)+dut < a1 >}=max{0+5}=5；

Ve(c) = max{Ve(a)+dut < a2 >}= max{0+6}=6；

Ve(d) = max{ Ve(b)+dut < a3 >, Ve(c)+dut < a4 >}=max{5+3，6+6}=12；

Ve(e) = max{ Ve(c)+ dut < a5 >, Ve(d)+ dut < a6 >}=max{6+3，12+3}=15；

Ve(f) = max{ Ve(d)+ dut < a8 >, Ve(e)+ dut < a7 >}=max{12+5，15+1}=17；

Ve(g) = max{Ve(e)+ dut < a10 >}=max{15+4}=19；

Ve(h) = max{ Ve(d)+ dut < a9 >, Ve(f)+dut < a11 >}=max{12+4，17+3}= 20；

Ve(i) = max{ Ve(g)+ dut < a13 >, Ve(f)+ dut < a12 >}=max{19+2，17+5}=22；

Ve(j) = max{ Ve(h)+ dut < a14 >, Ve(i)+ dut < a15 >}=max{20+4，22+2}=24。

各顶点的最晚开始时间为：

Vl(j)= 24；

Vl(i)= min{Vl(j)− dut < a15 >}=min{24−2}=22；

Vl(h)= min{ Vl(j)−dut < a14 >}=max{24−4}=20；

Vl(g)= min{Vl(i)− dut < a13 >}=min{22−2}=20；

Vl(f)= min{Vl(i)−dut < a12 >, Vl(h)− dut < a11 >}=min{22−5，20−3}= 17；

Vl(e)= min{Vl(f)−dut < a7 >, Vl(g)− dut < a10 >}=min{17−1，20−4}=16；

Vl(d)= min{Vl(h)− dut < a9 >, Vl(f)−dut < a8 >, Vl(e)−dut < a6 >}=min{20−4,17−5，16−3}=12；

Vl(c)= min{Vl(d)−dut < a4 >, Vl(e)−dut < a5 >}=min{12−6，12−3}=6 ；

Vl(b)= min{Vl(d)−dut < a3 >}=min{12−3}=9；

Vl(a)= 0。

各活动的最早开始时间 $e(i)$、最晚开始时间 $l(i)$ 为：

$e(a1)$= Ve(a)= 0；

$e(a2)$= Ve(a)= 0；

$e(a3)$= Ve(b)= 5；

$e(a4)$= Ve(c)= 6；

$e(a5)$= Ve(c)= 6；

$e(a6)$= Ve(d)= 12；

$e(a7)$= Ve(e)= 15；

$e(a8)$= Ve(d)= 12；

$e(a9)$= Ve(d)= 12；

$e(a10)$= Ve(e)= 15；

$e(a11)$= Ve(f)= 17；

$e(a12)$= Ve(f)= 17；

$e(a13)$= Ve(g)= 19；

$e(a14)$= Ve(h)= 20；

$e(a15)$= Ve(i)= 22；

$l(a1)$= Vl(b)− dut<a1> = 9−5 = 4；

$l(a2)$= Vl(c)− dut<a2> = 6−6 = 0；

$l(a3)$= Vl(d)− dut<a3> = 12−3 = 9；

$l(a4)$= Vl(d)− dut<a4> = 12−6 = 6；

$l(a5)$= Vl(e)− dut<a5> = 16−3 = 13；

$l(a6)$= Vl(e)− dut<a6> = 16−3 = 13；

$l(a7)$= Vl(f) − dut<a7> = 17−1 = 16；

$l(a8)$= Vl(f) − dut<a8> = 17−5 = 12；

$l(a9)$= Vl(h) − dut<a9> = 20−4 = 16；

$l(a10)$= Vl(g)− dut<a10> = 20−4 = 16；

$l(a11)$= Vl(h)− dut<a11> = 20−3 = 17；

$l(a12)$= Vl(i)− dut<a13> = 22−5 = 17；

$l(a13)$= Vl(i)− dut<a13> = 22−2 = 20；

$l(a14)$= Vl(j)− dut<a14> = 24−4 = 20；

$l(a15)$= Vl(j)− dut<a15> = 24−2 = 22。

满足 $e(i)=l(i)$的活动为关键活动，从上面可以知道，$e(a_2)=l(a_2)$；$e(a_4)=l(a_4)$；$e(a_8)=l(a_8)$；$e(a_{11})=l(a_{11})$；$e(a_{12})=l(a_{12})$；$e(a_{14})=l(a_{14})$；$e(a_{15})=l(a_{15})$，所以关键活动为：a_2，a_4，a_8，a_{11}，a_{12}，a_{14}，a_{15}。

关键路径如图 7.11 所示：

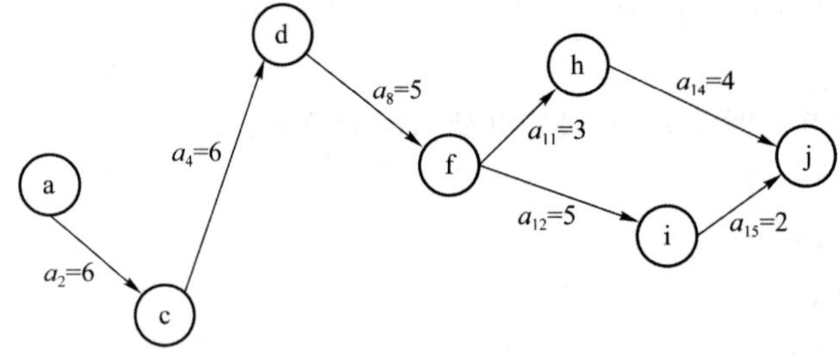

图 7.11 关键路径

分别为：a−>c−>d−>f−>i−>j 和 a−>c−>d−>f−>h−>j。

关键路径长度为：6+6+5+5+2 = 24，故工程的最短完成时间为 24。

要想使整个工期缩短，应该缩短公共关键活动，即 $a2$，$a4$ 和 $a8$ 的时间。

二、算法设计与分析题

1. 根据邻接矩阵的性质，扫描邻接矩阵中的每一行，对其中为 1 的元素，在对应顶点的单链表中添加边结点。

算法描述如下：

```
void CreateAdjListByAdjMatrix(graph g1, Adj_list& g2, int n) //n 为图中的顶点数
{
    edgeptr p;
    for(i = 1; i <= n; i++)
    {
        g2[i].vertex = g1.Vexs[i]
        g2[i].link = NULL;
    }
    for(i = 1; i <= n; i++)
    {
        for(j = 1; j <= n; j++)
        {
            if(g1.arcs[i][j] == 1)
            {
                p = new EdgeNode;
                p->adjvex = j;
                p->next = g2[i].link;
                g2[i].link = p;
            }
        }
}
```

2. 如果从顶点 V_i 到 V_j之间是可达的，则从 V_i 出发一定可以遍历到顶点 V_j，故可以采用图的深度或广度优先搜索算法来实现上述算法，即从顶点 V_i 出发，对图进行深度或广度优先搜索，如果期间能够访问到顶点 V_j，则说明 V_i 到 V_j之间可达。

```
#define Vnum 图中顶点个数的最大值
int Visited[Vnum];
```

采用深度优先搜索的算法描述如下：

```
void ConnectedByDfs(Graph g, int i, int j, int &c, int n) //n 为图中的顶点数
//c 是一个标志，如果遍历期间 Vi 到 Vj之间已可达，则该值为 1，否则为 0
{
    if(i == j)  //如果 Vi 和 Vj是同一个顶点，则显然可达，直接返回
    {
        c = 1;
        return;
    }
    else
    {
        c = 0;
```

```
            for(k = 0; k < n; k ++ )
            {
                if(g.arcs[i][k] == 1 && Visited[k] == 0 )
                {
                    Visited[k] = 1;
                    ConnectedByDfs(g, k , j,c, n);
                    if(c == 1) //Vi 与 Vj之间可达,跳出循环不再继续搜索
                        break;
                }
            }
        }
    }
```

采用广度优先搜索的算法描述如下：

```
    void ConectedByBfs(graph g, int i, int j, int &c, int n)
    {
        int Q[Vnum];          //队列
        int front, rear;      //队头和队尾指针
        front = rear = 0;
        rear =( rear + 1) % Vnum;
        Q[rear]= i;
        c = 0
        while(rear != front && c == 0)
        {
            front = (front + 1) % Vnum;
            v = Q [front];
            Visited[v] = 1;
            for(k = 1; k <= n; k ++ )
            {
                if(g.arcs[v][k] == 1 && Visited[k] == 0)
                {
                    Visited[k] = 1;
                    rear = (rear + 1) % Vnum;
                    Q [rear] = k;
                    if(k == j)
                    {
                        c = 1;  break;
                    }
                }
            }
        }
    }
```

3. 所谓简单路径是指路径上的顶点不重复，这里利用图的深度优先搜索算法。从 V_i 出发，对图 G 进行深度优先搜索，用数组 Path 保存走过的路径，当前访问的结点为 V_j 时输出路径。

算法描述如下：

```
#define Vnum 图中顶点数的最大值
int Visited[Vnum];
void FindAllPath(Adj_List g, int vi, int vj, int d, int Path[])
                                                //d表示当前搜索路径的长度
{
    int v, i;
    edgeptr p;
    Visited [vi] = 1;
    d++;
    Path[d] = vi; //将当前访问的结点加入路径Path中
    if(vi == vj)
    {
        printf("找到了一条简单路径如下:\n");
        for(i=0; i<=d; i++)
            printf("%d  ", Path[i]);
        printf("\n");
    }
    p = g[vi].link;
    while(p != NULL)
    {
        v = p->adjvex;
        if(Visited[v] == 0)
            FindAllPath(g, v, vj, d, Path);
        p = p->next;
    }
    //回溯
    Visited[vi] = 0; //取消访问标记,以使该顶点可重新使用
    d--;
}
void DisAllPath(Adj_List g, int vi, int vj)
{
    int Path[Vnum];
    for(k=0; k<Vnum; k++)
        Visited[k] = 0;
```

```
    FndAllPath(g, vi, vj, -1, Path);
}
```

4. 从给定顶点 V_i 出发进行深度优先搜索,在搜索过程中判别当前访问的顶点是否为 V_i,若是,则找到一条回路,输出该回路并回溯继续搜索包含 V_i 的其他回路;否则继续搜索。搜索过程中,用数组 path 保存当前的搜索路径。

算法描述如下:

```
#define Vnum 图中顶点个数的最大值
int Visited[Vnum];
void FindCycle(Adj_List g, int i, int d, int Path[])  //d 为当前搜索的路径长度
{
    v = Path[d];
    Visited [v] = 1;
      p = g[v].link;
      while(p != NULL)
      {
            s = p->adjvex;
            if(s == i && d>1)                    //回路的长度必须大于 2
            {
                printf("找到了一条简单回路如下:\n");
                for(int k = 0; k<= d; k++)
                    printf(" %d  ", Path[k]);
                printf(" %d", Path[0]);
                printf("\n");
            }
            if(Visited[s] == 0)
            {
                d++;
                Path[d] = s;
                FindCycle(g, i, d, Path);
                d--;                             //回溯
            }
            p = p->next;
    }
    Visited[v] = 0;                  //取消访问标记,以使该顶点可重新使用
}
void DisAllCycle(Adj_List, int i)
{
```

```
    int Path[Vnum];
    for(k = 0; k < Vnum; k ++ )
        Visited[k] = 0;
    Path[0] = i;
    FindCycle(g, i, 0, Path);
}
```

第8章　查　找　表

查找表是由同一类型的数据元素(或记录)构成的集合。由于集合中的数据元素之间存在着完全松散的关系,因此查找表是一种非常灵便的数据结构。查找表以查找为核心运算,将关键字中信息与某一值(一给定值或者某一文件当前记录的关键字信息等)比较,直到匹配成功或者整张表查完为止。若对查找表只做查找的操作,则称此类查找表为静态查找表。若在查找过程中同时插入查找表中不存在的数据元素,或从查找表中删除已存在的某个数据元素,则称此类表为动态查找表。

本章首先介绍了查找表的基本概念,然后重点阐述了静态查找表上的顺序查找、折半查找、分块查找和二叉排序树、平衡二叉树、B－树和 B＋树、数字查找树和散列表等动态查找表。其中:顺序查找、折半查找、分块查找、二叉排序树、散列表查找是本章的重点内容;而二叉排序树上的查找、平衡二叉树的构造、散列表的构造和解决冲突方法的具体实现则是本章的难点所在。

知识结构图

本章的知识结构如图 8.1 所示。

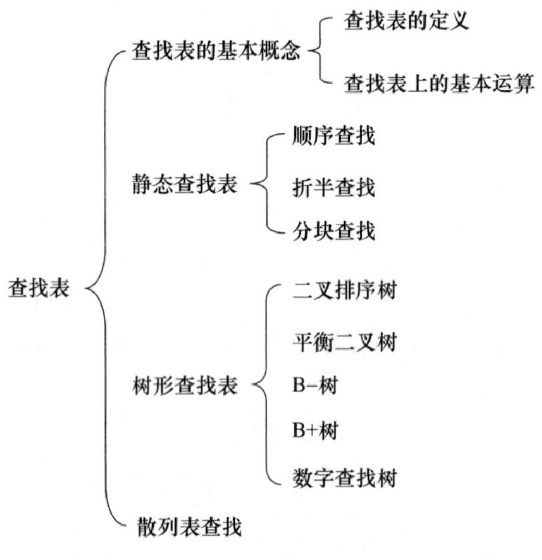

图 8.1　散列表的知识结构

8.1 知识要点

8.1.1 查找表的基本概念

1. 查找表的定义

查找表：是一种以集合为逻辑结构，以查找为核心运算，同时包括其他运算的数据结构。

关键字：用来标识数据元素的数据项，也简称为键。

查找：根据给定的某个值 k，在查找表中寻找一个其键值等于 k 的数据元素，若找到这样一个元素，则称查找成功，此时的运算结果为该数据元素在查找表中的位置；否则，查找不成功，此时的运算结果为一个特殊标志。

2. 查找表上的基本运算

建表 Create(st)：生成一个由用户给定的若干数据元素组成的静态查找表 st。

查找 Search(st, k)：若 st 中存在关键字值等于 k 的数据元素，运算结果为该元素在 st 中的位置；否则，运算结果为特殊标志。

读表元 Get(st, pos)：返回 st 中 pos 位置上的数据元素。

插入 Insert(st, k)：若 st 中不存在关键字值等于 k 的数据元素，则将一个关键字值等于 k 的数据元素插入 st 中。

删除 Delete(st, k)：当 st 中存在关键字值等于 k 的数据元素时，将其删除。

初始化 Initiate(st)：设置一个空的动态查找表。

8.1.2 静态查找表

1. 顺序查找

顺序查找是基本而又简单的查找方法，基本思想是：假定表中有 n 个记录，首先将要查找的那个关键字赋给实际上并不存在的第 $n+1$ 个记录的关键字，然后从头开始依次向下找，查找完成后若返回的下标小于等于 n，则查找成功；否则，查找失败。

顺序表的数据类型定义如下：

```
#define maxsize 静态查找表的最大表长
typedef struct
{
    keytype key;                          //关键字
     .........                            //其他域
} rec;
typedef rec sqtable[maxsize+1];
void seqsrch(sqtable r,keytype k, int n)
{
    //在长度为 n 的表 r 中查找关键字为 k 的元素,r[n]为表尾的扩充
```

```
    r[n+1].key=k;  //给监督哨赋值
    i= 1;
    while (r[i].key != k)
        i++;
    if (i<= n)
        printf("succ, i = %d",i);  //查找成功,i指示待查元素在表中的位置
    else
        printf("unsucc");          //i=n时表明查找不成功
}
```

顺序查找时,若每个元素的查找概率都相同,则查找成功时的平均查找长度为 $ASL = \sum_{i=1}^{n} i/n = (n+1)/2$;查找不成功的查找长度为 $n+1$。

顺序查找表的优点是算法简单且适应面广,对表的结构无任何要求,无论元素是否按关键字有序都可应用;其缺点是平均查找长度比较大,特别是当 n 较大时,查找效率较低。

2. 折半查找

当查找表中的数据元素按关键字非递减或非递增有序时,可以采用折半查找。其基本思想是用给定值 k 与表的中间位置的关键字进行比较,若比较结果相等,则查找成功;否则,再根据 k 与中间结点关键字的大小决定在前边还是后边的子表中继续查找,这样递归下去,直到找到满足条件的元素或待查的子表为空时为止。

折半查找的算法如下:

```
void Binsrch ( sqtable r, keytype k, int n)
//在长度为n的有序表r中查找关键字为k的元素,查到后输出
{
    low = 1; high = n;            //置初值
    while(low <= high)
    {
        mid = (low + high) / 2;
        if (k == r[mid].key)
        {
            printf("succ i = %d\n", mid);
            break;
        }
        else if ( k > r[mid].key)
            low = mid + 1;          //向右找
        else
            high = mid - 1;         //向左找
    }
```

```
    if (low > high)
        printf("no succ\n");          // low > high,查找不成功
}
```

在包含 n 个元素的有序表上进行折半查找时,无论成功与否,其最大比较次数都不会超过 $\lfloor \log_2 n \rfloor + 1$。由此可见,折半查找的效率比顺序查找高,但折半查找只适用于采用顺序存储结构的有序表。

3. 分块查找

当表中的元素分块有序时(即表中后面块中所有记录的关键字均大于前面块中最大的关键字或小于前面块中最小的关键字),建立一个索引表,表中存放每个块中最大或最小的关键字及该块在查找表中的位置,索引表按关键字有序。查找时,将给定值与索引表中的各个关键字进行比较,以确定待查元素所在的块,然后再在相应的块中进行顺序查找。由于索引表和每个分块中的记录数远小于查找表本身的大小,因此,相对于顺序查找而言,分块查找要快很多。分块查找的平均查找长度不仅和表的长度有关,还和分块的大小有关。在包含 n 个记录的查找表中,若每个块中的元素个数均相同且索引表采用顺序查找,则分块的大小为 $\sqrt{n}$ 时,分块查找最快,其平均查找长度为 $\sqrt{n}+1$。

采用顺序查找索引表的分块查找算法如下:

```
#define Bnum 查找表中分块的最大值
struct IndexItem
{
    keytype key;                  //块中关键字的最大值
    int pos;                      //块中第一个记录在查找表中的序号
}
typedef struct IndexItem IndexList[Bnum];
int IdxSearch(sqtable r, IndexList idx, int n, int m, keytype k)
//m 和 n 分别为索引表和查找表的长度
{
    for(i = 0; i < m; i++)
        if(k <= idx[i].key)
            break;
    if (i == m)                   //查找失败
        return -1;
    //在第 i 个块中查找
    start = idx[i].pos;
    if( i == m - 1)
        end = n;
    else
         end = idx[i+1].pos - 1;
```

```
    for(k = start; k <= end; k ++ )
    {
        if(r[k].key == k)
            break;
    }
    if(k <= end)
        return k;
    else
        return -1;
}
```

8.1.3 树形查找表

1. 二叉排序树

定义:二叉排序树或者是一棵空树,或者是具有下列特性的非空二叉树。(1) 若它的左子树非空,则左子树上所有结点的关键字值均小于根结点的关键字值;(2)若它的右子树非空,则右子树上所有结点的关键字值均大于等于根结点的关键字值;(3)左、右子树本身又都是一棵二叉排序树。

二叉排序树上的查找过程类似于折半查找,在以 bt 为根的二叉排序树上查找关键字值等于 k 的记录的过程如下:

(1) 若 bt 为空,则查找失败;

(2) 若 bt 的关键字等于 k,则 bt 即为所找的结点;

(3) 若 bt 的关键字大于 k,则在以 bt 的左子树为根的二叉排序树上重复上述搜索过程;

(4) 若 bt 的关键字小于 k,则在以 bt 的右子树为根的二叉排序树上重复上述搜索过程。

对应的算法如下:

```
struct treenode
{
    keytype key;
    struct treenode * Lchild;
    struct treenode * Rchild;
};
typedef treenode * btree;
bitreptr BinSearch(btree bt, keytype k)
{
    if(bt == NULL)
        return NULL;
```

```
    if(bt->key == k)
        return bt;
    if(bt->key > k)
        return(BinSearch(bt->Lchild, k));
    else
        return(BinSearch(bt->Rchild, k));
}
```

对包含 n 个结点的二叉排序树，其平均查找长度为 $1+4\log_2 n$；查找成功和失败情况下的最大比较次数都为二叉树排序树的深度。当二叉排序树的每棵子树都是一棵单支树时，查找效率最低，类似于顺序查找。

二叉排序树的插入：在以 bt 为根的二叉排序树中查找关键字值等于 k 的记录，如果找不到，则将 k 插入相应的位置。

在二叉排序树 bt 上插入一个结点 s 的过程如下：

(1) 若 bt 是一棵空树，则将 s 所指的结点作为根结点插入；

(2) 若 s—> key 等于 bt—> key，则要插入的关键字已存在，直接返回；

(3) 若 s—> key 小于 bt—> key，则重复上述过程，将 s 插入 bt 的左子树；

(4) 若 s—> key 大于 bt—> key，则重复上述过程，将 s 插入 bt 的右子树。

二叉排序树的删除：在以 bt 为根的二叉排序树中查找关键字值等于 k 的记录，若存在，则将该记录从二叉排序树上删除。

在二叉排序树 bt 上删除一个结点 q 的过程如下：

(1) 若 q 是 bt 的一个叶结点，则直接删除该结点；

(2) 若 q 只有左子树而无右子树，则直接将 q 的左子树的根结点放在 q 上；

(3) 若 q 只有右子树而无左子树，则直接将 q 的右子树的根结点放在 q 上；

(4) 若 q 同时有左、右子树，则在它的右子树中寻找中序下的第一个结点(关键字最小)，放在被删除结点的位置，将其原来的右子树(其左子树一定为空)作为它原来的双亲结点的左子树，或者在它的左子树中寻找中序下的最后一个结点(关键字最大)，放在被删除结点的位置上，将其原来的左子树(其右子树一定为空)作为它原来的双亲结点的右子树。

2. 平衡二叉树

平衡二叉树或者是一棵空树，或者是具有下列性质的二叉排序树。它的左子树和右子树都是平衡二叉树，且左子树和右子树的深度之差的绝对值不超过 1。为了保证在二叉排序树上实现的插入、删除和查找等基本操作的平均时间为 $O(\log_2 n)$，在往树中插入或删除结点时，要调整树的状态使其保持平衡。

假设由于在二叉排序树中插入结点而失去平衡的最小子树的根结点为 a(即 a 是离插入点最近且平衡因子绝对值超过 1 的祖先结点)，则失去平衡后进行调整的规律可归结为以下四种情况：

(1) LL 型平衡旋转：在 a 的左子树的左子树上插入结点，使 a 的平衡因子由 1 增至 2 而失去平衡，需要进行一次顺时针旋转操作，即以 a 为轴心，顺时针旋转将结点 b 从 a 的左下侧顺转到 a 的左上侧，原 b 的右子数成为 a 的左子数，新 b 的右子数为 a。其中，b 是 a 的左子树的根结点。

(2) RR 型平衡旋转:在 a 的右子树的右子树上插入结点,使 a 的平衡因子由 -1 减至 -2 而失去平衡,需要进行一次逆时针旋转操作,即以 a 为轴心,逆时针旋转将结点 b 从 a 的右下侧逆转到 a 的右上侧,原 b 的左子数成为 a 的右子数,新 b 的左子数为 a。其中,b 是 a 的右子树的根结点。

(3) LR 型平衡旋转:在 a 的左子树的右子树上插入结点,使 a 的平衡因子由 1 增至 2 而失去平衡,需要进行两次旋转操作(先逆时针,后顺时针),即先以 c 为轴心把 b 从 c 的左上侧逆时针旋转到 c 的左下侧,从而 a 的左子数是 c,c 的左子数是 b,原 c 的左子数变成新 b 的右子数;然后再以 c 为轴心,把 a 从 c 的左上方顺时针旋转到 c 的右下方,使得 c 的右子数是 a,左子数是 b,原 c 的右子树变成 a 的左子数。其中,b 是 a 的左子树的根结点,c 是 b 的右子树的根结点。

(4) RL 型平衡旋转:在 a 的右子树的左子树上插入结点,使 a 的平衡因子由 -1 减至 -2 而失去平衡,需要进行两次旋转操作(先顺时针,后逆时针),即先以 c 为轴心,把 b 从 c 的右上侧顺时针旋转到 c 的右下侧,从而 a 的右子数是 c,c 的右子数是 b,原 c 的右子数变成 b 的左子数;然后再以 c 为轴心,把 a 从 c 的左上方转到 c 的左下方,使得 c 的左子数是 a,右子数是 b,原 c 的左子树变成 a 的右子数。其中,b 是 a 的右子树的根结点,c 是 b 的左子树的根结点。

3. B-树

B-树是一种平衡的多路查找树,它在修改(即插入或删除)的过程中有简单的平衡算法。B-树及它的一些改进形式在外存文件系统中经常采用。

一棵 m 阶的 B-树,或为空树,或为满足下列特性的 m 叉树:

(1) 树中每个结点的子结点小于等于 m 个。

(2) 除根和叶子之外的结点的子结点大于等于 $\lceil m/2 \rceil$ 个。

(3) 根结点至少要有两个儿子(除非它本身又是一个叶子)。

(4) 所有的非终端结点中包含下列数据信息:$(n, A_0, k_1, A_1, k_2, \cdots, k_n, A_n)$。其中:$n$ 为本结点中关键字的个数,$n \leqslant m-1$;k_i 为关键字($1 \leqslant i \leqslant n$),关键字按从左到右递增的顺序排列;$A_i$($0 \leqslant i \leqslant n$)为指向子树根结点的指针,它指向一个关键字都在 k_i 和 k_{i+1} 之间的子树。

(5) 所有的叶子结点都出现在同一层次上并且不带信息(可以看作是外部结点或查找失败的结点,实际上这些结点不存在,指向这些结点的指针为空)。

B-树的查找是一个顺指针查找和在结点的关键字中查找交叉进行的过程,即首先在根结点所包含的记录中查找给定的关键字,如果找到则查找成功;否则确定待查关键字所在的子树,继续重复上述过程,直到查找成功或所确定出的子树为空时为止。

在含有 n 个关键字的 m 阶 B-树上进行查找时,从根结点到关键字所在结点的路径上涉及的结点数不超过 $\log_{\lceil m/2 \rceil}\left(\frac{n+1}{2}\right)+1$。

B-树的插入:在 B-树中插入一个关键字,不是在树中添加一个叶子结点,而是首先在最底层的某个非终端结点中添加一个关键字,若该结点中关键字的个数不超过 $m-1$,则插入完成;否则要产生结点的"分裂",即把当前结点分成两个子结点,分别将原结点的前一半和后一半关键字及对应的指针存入上述两个结点中,而将中间的关键字及其左右指针插入该结点的双亲结点中。如果插入后双亲结点的关键字超过 $m-1$,则继续"分裂"

直到满足B一树的定义为止。

B一树的删除：若待删除的关键字在最下层的非终端结点中，且该结点内关键字的数目大于等于$\lceil m/2 \rceil$，则可直接删除该关键字；否则要进行“合并”结点的操作。假如所删关键字为非终端结点中的k_i，则以指针A_i所指子树中的最小关键字Y代替k_i，然后在相应的最下层非终端结点中删去Y。由此可见，不管删除什么位置结点中的关键字都要变为删除最下层非终端结点中的关键字。在B一树中删除最下层非终端结点中关键字的过程可以归结为以下三种情况。

(1) 被删关键字所在最下层非终端结点中的关键字数目不小于$\lceil m/2 \rceil$，则只需从该结点中删去关键字k_i和相应指针A_i，树的其他部分不变。

(2) 被删关键字所在最下层非终端结点中的关键字数目等于$\lceil m/2 \rceil-1$，而与该结点相邻的右或左兄弟结点的关键字数目大于$\lceil m/2 \rceil-1$，则需将其兄弟结点中的最小右兄弟或最大左兄弟的关键字上移至双亲结点中，而将双亲结点中小于或大于该上移关键字的关键字下移至被删关键字所在的结点中。

(3) 被删关键字所在最下层非终端结点和其相邻的兄弟结点中的关键字数目都等于$\lceil m/2 \rceil-1$时，假设该结点有右兄弟，且其右兄弟结点地址由双亲结点指针A_j所指，则在删去关键字之后，它所在结点中剩余的关键字和指针加上双亲结点中的关键字k_j，一起合并到A_j所指兄弟结点中(若无右兄弟，则合并至左兄弟结点中)。

4. B+树

B+树是文件系统中经常使用的一种B一树的变形树。在B+树中，叶子结点上可以存放信息，所有的非终端结点可以看成是索引部分，其中仅含有其子树(根结点)中的最大(或最小)关键字。

m阶B+树的定义如下：

(1) 每个非叶结点至多可以有m个子结点；

(2) 每个非叶结点(根结点除外)的子结点数必须大于等于$\lfloor (m+1)/2 \rfloor$个；

(3) 根结点至少有两个子结点；

(4) 有k个子结点的非叶结点有k个关键字；

(5) 所有的叶子结点中包含了全部关键字的信息及指向相应记录的指针，且叶子结点本身依关键字的大小自小而大顺序链接。

在B+树上可以进行两种查找运算：一种是从最小关键字开始进行的顺序查找；另一种是从根结点开始的随机查找。在B+树上进行查找、插入和删除运算的过程与B一树基本类似，只是在查找过程中若在非终端结点中找到给定值后并不停止，而是继续向下直到叶子结点。因此，每次查找无论成功与否，都走了一条从根结点到叶子结点的路径。

B+树的插入也仅在叶子结点上进行，当结点中的关键字个数大于m时要分裂成两个结点，它们所含关键字个数分别为$\lceil (m+1)/2 \rceil$和$\lfloor (m+1)/2 \rfloor$，并且它们的双亲结点中应同时包含两个结点的最大关键字。B+树的删除仅在叶子结点进行，当叶子结点中的最大关键字被删除时，其在非叶子结点中的值可以作为一个“分界关键字”存在(保留)。若因删除而使结点中的关键字的个数少于$\lfloor (m+1)/2 \rfloor$，则其兄弟结点的合并过程与B一树类似。

5. 数字查找树

数字查找树，也称键树，是一棵度大于或等于2的树，树的每个结点只含有组成关键字的符号。从根到叶子结点的路径上,所有结点的符号组成的字符串表示一个关键字,叶子结点中含一个特殊符号表示字符串的结束。为查找和插入方便,一般约定键树是有序树,即同一层中结点的符号自左至右有序,并约定结束符小于任何字符。数字查找树的深度取决于关键字中字符的最大个数。

在键树中查找某个关键字的过程为:从根结点出发,沿着给定值相应的指针逐层向下,直到叶子结点。若该结点中的关键字和给定值相等,则查找成功;否则,查找不成功。在数字查找树中查找每一位的平均查找长度为$(d+1)/2$。当关键字中字符个数均相等时,查找某一关键字的平均查找长度为$h(d+1)/2$,其中,d为数字查找树的度,h为关键字中字符的个数。

8.1.4 散列表查找

前面所讲的各种查找方法都是建立在关键字"比较"的基础上的,要查找的关键字与其在查找表中的位置之间无确定关系,因此查找的效率主要取决于比较的次数。散列表(也称哈希表)查找是通过对记录的关键字进行某种运算,直接计算出待查记录在查找表中的位置,不需要进行关键字之间的反复比较,是一种效率很高的动态查找表。

散列函数的构造和冲突处理是散列表查找中的两个关键问题。散列函数(也称Hash函数)的构造标准有两条:(1)简单,即Hash函数的计算要简单、快速;(2)均匀,即构造的Hash函数要能够将查找表中的记录尽量等概率地映射到表空间的任何一个位置,以使产生冲突的概率最小。散列函数构造常用的方法有直接定址法、数字分析法、除留余数法、平方取中法和折叠法等。

在散列表中,常用的处理冲突的方法有两种:开放定址法和链地址法。其中,开放定址法解决冲突的做法是:当冲突发生时,用某种探测技术在散列表中找到下一个开放的地址(即该地址单元为空),将待插入的记录存入该地址单元。根据探测方法的不同,开放定址法可以分为线性探测再散列、二次探测再散列和伪随机探测再散列三类。线性探测再散列在解决冲突时,能够访问Hash表的每一个可用空间,但容易产生"淤积"现象。这是由于每一个产生冲突的记录都被再散列到与发生冲突的哈希地址相距最近的空位上,这就使得造表的过程中增加了很多冲突的机会。二次探测再散列和伪随机探测再散列不易产生"淤积"现象,但二次探测只有当表长$m=4j+3(j=1,2,\cdots)$时才能探测到整个Hash表;而伪随机探测再散列则依赖随机序列的随机性。

用链地址法解决冲突的过程是:把具有相同散列地址的记录放在同一个链表中,称为同义词链表。若选定的Hash函数的值域为$[0..m-1]$,则哈希表为含有m个指针分量的一维数组SHT,凡哈希地址为i的记录都插入头指针为SHT$[i]$的链表中。

用链地址法解决冲突构造的哈希表,容易实现删除记录的操作,只要从链表中删除相应的结点即可;而对开放定址法构造的哈希表,删除时不能简单地将被删除记录的位置置空(因为那样做将截断在它之后填入的同义词的查找路径),而应在Hash表的每个分量中设置一个"删除标志位"。

不同于基于比较的查找方法,哈希表的平均查找长度取决于处理冲突的方法和装载因子,而与表长无关。当哈希表的装填因子为α时,采用各种处理冲突的方法构造的哈希表在查找成功和失败情况下的平均查找长度分别如下。

(1) 线性探测再散列

$$S_{n1} \approx \frac{1}{2}\left(1+\frac{1}{1-\alpha}\right) \qquad (查找成功)$$

$$U_{n1} \approx \frac{1}{2}(1+\frac{1}{(1-\alpha)^2}) \qquad (查找失败)$$

(2) 伪随机探测再散列或二次探测再散列

$$S_{n2} \approx -\frac{1}{a}\ln(1-\alpha) \qquad (查找成功)$$

$$U_{n2} \approx \frac{1}{1-\alpha} \qquad (查找失败)$$

(3) 链地址法

$$S_{n3} \approx 1+\frac{\alpha}{2} \qquad (查找成功)$$

$$U_{n3} \approx \alpha+e^{-\alpha} \qquad (查找失败)$$

8.2 典型例题分析

例 1 画出对长度为 10 的有序表进行折半查找时的判定树,并计算在各结点查找概率相等的情况下查找成功时的平均查找长度。

解答 设有序表中的数据元素分别用其序号 1～10 表示,则折半查找的判定树如图 8.2 所示。

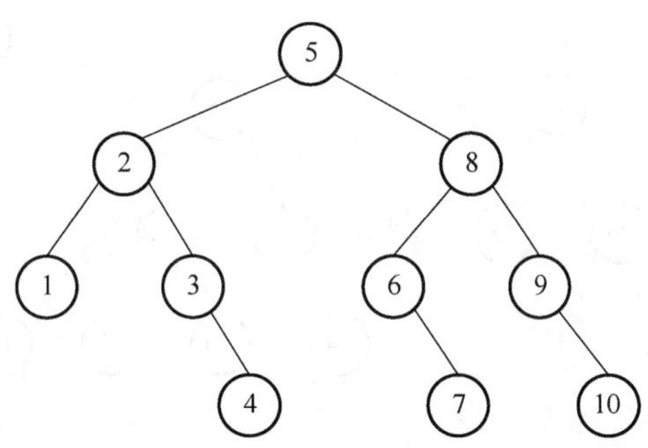

图 8.2 对包含 10 个元素有序表进行折半查找时的判定树

显然,查找编号为 5 的元素需要比较 1 次,查找编号为 2 和 8 的元素需要比较 2 次,查找编号为 1, 3, 6, 7 的元素需要比较 3 次,查找编号为 4, 7 和 10 的元素需要比较 4 次。所以查找成功时的平均查找长度为 ASL=(1+2×2+3×4+4×3)/10=2.9。

例 2 如图 8.3 所示的一棵二叉排序树,其查找失败时的平均查找长度为(A)。

A. 26/8　　B. 28/8　　C. 15/7　　D. 21/6

解答 如图 8.4 所示,不带数字的结点均为查找不成功的外部结点。在查找失败时,其比较过程经历了一条从判定树的根到某个外部结点(用小方块表示)的路径,所需的关键字比较次数是该路径上内部结点的总数。其平均查找长度为 ASL= (2×2+3×2+4×4)/8 = 26/8 。

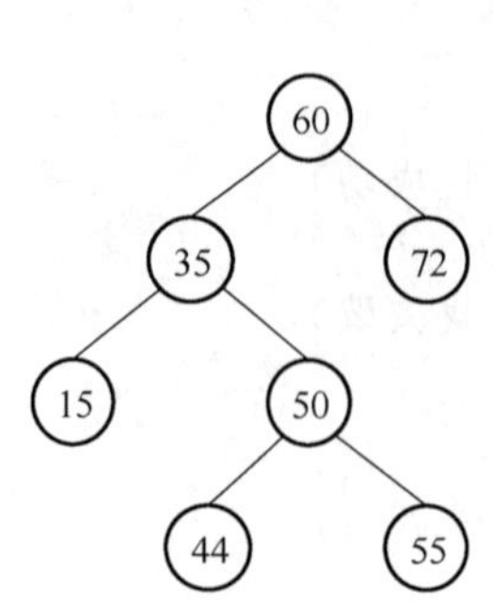

图 8.3　二叉排序树

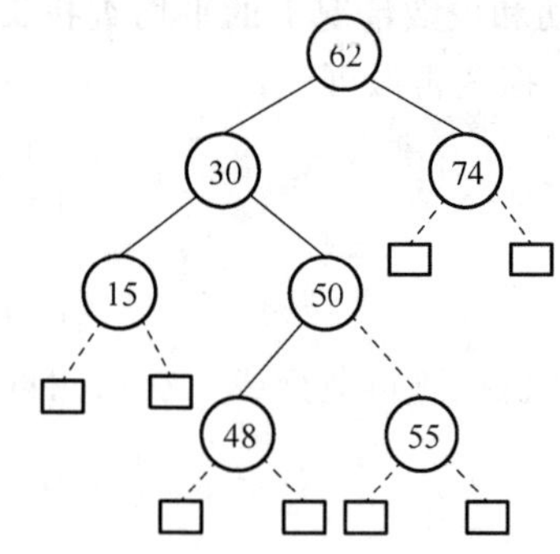

图 8.4　带有外部结点的二叉排序树

例 3　设关键字的序列为 53，40，45，20，26，14，53，87，78，试给出构造包含上述关键字的平衡二叉排序树的过程。

解答　根据二叉排序树上插入结点的算法和平衡二叉树的构造方法，由上述关键字序列构造平衡二叉排序树的过程如图 8.5 所示。

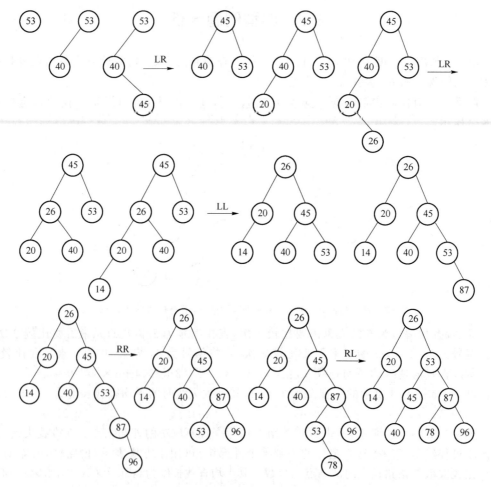

图 8.5　二叉排序树的构造过程

例 4 设有一 3 阶 B一树，如图 8.6 所示。

(1) 在该 B一树上插入关键字 35，80，画出两次插入后的 B一树；

(2) 从得到的 B一树上依次删除 77，43，画出两次删除后的 B一树。

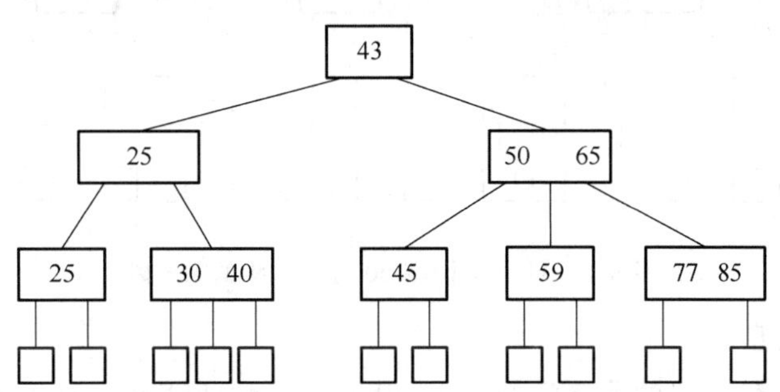

图 8.6 3 阶的 B一树

解答 (1) 在 m 阶 B一树上插入一个关键字，并不是在树中添加一个叶子结点，而是首先在最底层的某个非终端结点上添加一个关键字。若该结点中的关键字的个数不超过 $m-1$，则插入完成；否则要产生结点的分裂。分裂时把结点分裂成两个，并把中间一个的关键字拿出来插入到该结点的双亲结点中。插入双亲结点中后，可能仍需要再次分裂。

在上面的 3 阶 B一树上将关键字 35 插入包含 30 和 40 的结点后，产生分裂，将中间的关键字值 35 插入到关键字 25 所在的双亲结点中，此时该结点只有两个关键字，满足 B一树的定义，插入完成，结果如图 8.7 所示。

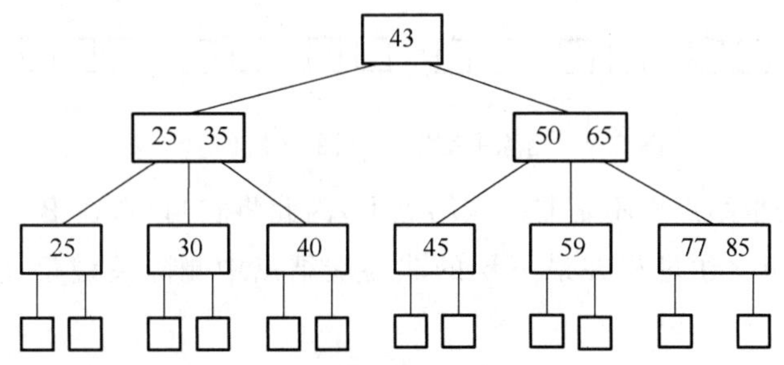

图 8.7 插入关键字 35 后的 3 阶 B一树

在图 8.7 所示的 3 阶 B一树上将关键字 80 插入包含 77 和 85 的结点后，产生分裂，将中间的关键字 80 插入到包含 50 和 65 的结点中，此时该结点的关键字超过 2 个，再次产生分裂。将中间的关键字 65 插入根结点中，此时根结点只有两个关键字，满足 B一树的定义，插入完成，结果如图 8.8 所示。

(2) 在 m 阶 B一树上删除一个结点，首先找到该关键字所在的结点，若该结点在含有信息的最后一层上且其中关键字的个数不少于 $\lceil m/2 \rceil$，则直接删除该关键字及相应的指针；若被删关键字所在结点的关键字个数少于 $\lceil m/2 \rceil$，则需要进行“合并”结点的操作。若找到的结点不在含有信息的最后一层上，则需将该关键字用其在 B一树中的后续替代，然

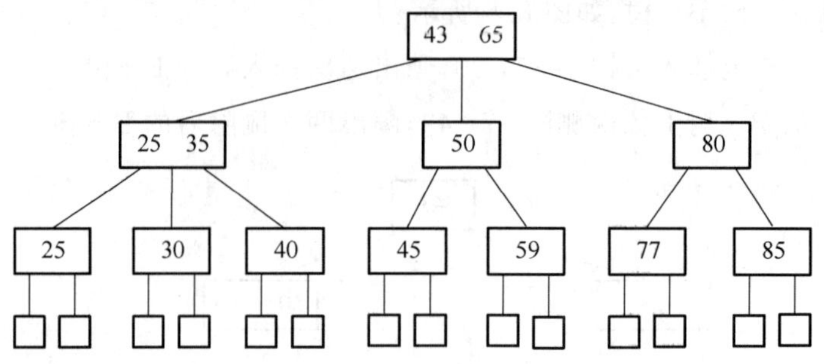

图 8.8 插入关键字 80 后的 3 阶的 B—树

后再删除其后续信息。

77 在 B—树中最下层的非终端结点上，由于该结点只包含一个关键字且其右兄弟结点也只包含一个关键字 85，因此，将 77 双亲结点中的关键字下移到 85 所在的结点上，此时该结点中的关键字小于 1，再将 B—树根结点中的关键字 65 下移到原 80 的左兄弟结点上，结果如图 8.9 所示。

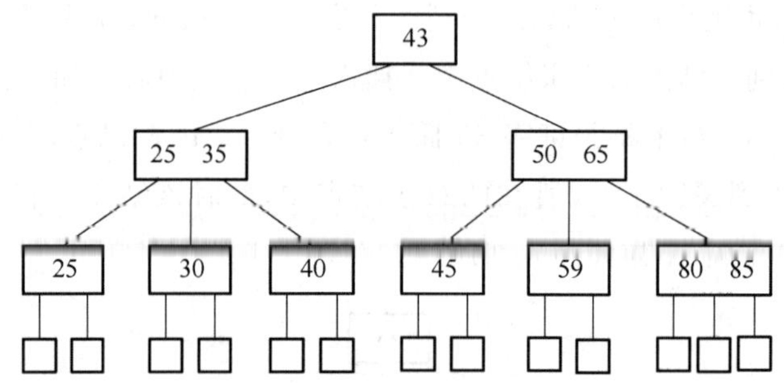

图 8.9 删除关键字 77 后的 3 阶的 B—树

43 在 B—树的根结点而不是非终端结点上，因此将它与 43 在 B—树中的后继 45 进行交换，然后再按照上述过程在最下层的非终端结点中删除关键字 43，结果如图 8.10 所示。

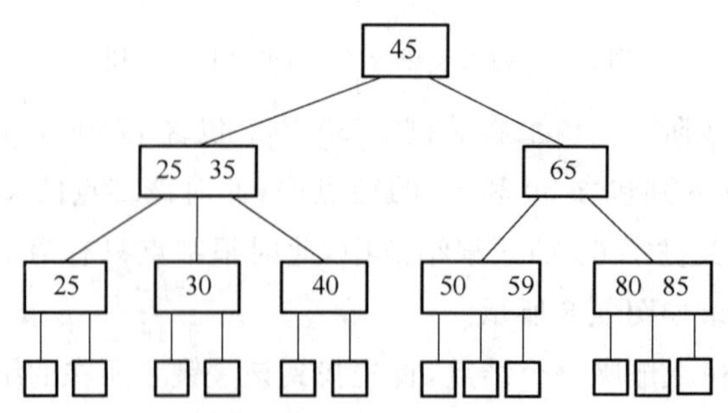

图 8.10 删除关键字 43 后的 3 阶的 B—树

例 5 设有关键字序列，表示为一个线性表(30, 17, 24, 66, 41, 93, 25, 42, 28,

75)，散列地址为 Ht[0]～Ht[12]，散列函数为 $H(k)=k\%13$，试用线性探测再散列法、二次探测再散列法和链地址法解决冲突，实现散列存储，画出每种形式的散列表，并求出每种查找表在查找成功时的平均查找长度。

解答 采用线性探测再散列的方法时，线性表中各元素的散列地址计算如下：

$H(30)= 30 \% 13 = 4$

$H(17) = 17 \% 13 = 4$（冲突）

$H(17) = (4 + 1) \% 13 = 5$

$H(24)= 24 \% 13 = 11$

$H(66)= 66 \% 13 = 1$

$H(41) = 41 \% 13 = 2$

$H(93)= 93 \% 13 = 2$（冲突）

$H(93) = (2 + 1) \% 13 = 3$

$H(25)= 25 \% 13 = 12$

$H(42) = 42 \% 13 = 3$（冲突）

$H(42) = (3 + 1) \% 13 = 4$（冲突）

$H(42) = (3 + 2) \% 13 = 5$（冲突）

$H(42) = (3 + 3) \% 13 = 6$

$H(28) = 28 \% 13 = 2$（冲突）

$H(28) = (2 + 1) \% 13 = 3$（冲突）

$H(28) = (2 + 2) \% 13 = 4$（冲突）

$H(28) = (2 + 3) \% 13 = 5$（冲突）

$H(28) = (2 + 4) \% 13 = 6$（冲突）

$H(28) = (2 + 5) \% 13 = 7$

$H(75) = 75 \% 13 = 10$

线性探测再散列的散列表如图 8.11 所示。

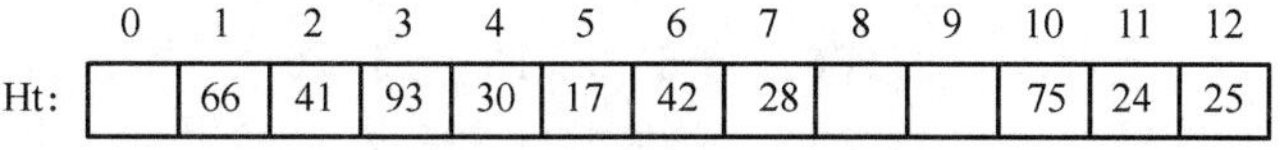

	0	1	2	3	4	5	6	7	8	9	10	11	12
Ht:		66	41	93	30	17	42	28			75	24	25

图 8.11 基于线性探测再散列法解决冲突的散列表

线性探测再散列的成功平均查找长度为：

$$ASL =(1 + 2 + 1 + 1 + 2 + 1 +1 + 4 + 6 + 1) / 10 = 20 / 10 = 2$$

采用二次探测再散列的方法时，线性表中各元素的散列地址计算如下：

$H(30) = 30 \% 13 = 4$

$H(17) = 17 \% 13 = 4$ (冲突)

$H(17) = (4 + 1) \% 13 = 5$

$H(24) = 24 \% 13 = 11$

$H(66) = 66 \% 13 = 1$

$H(41) = 41 \% 13 = 2$

$H(93) = 93 \% 13 = 2$ (冲突)

$H(93) = (2 + 1) \% 13 = 3$

$H(25) = 25 \% 13 = 12$

$H(42) = 42 \% 13 = 3$ (冲突)

$H(42) = (3 + 1) \% 13 = 4$ (冲突)

$H(42) = (3 - 1) \% 13 = 2$ (冲突)

$H(42) = (3 + 4) \% 13 = 7$

$H(28) = 28 \% 13 = 2$ (冲突)

$H(28) = (2 + 1) \% 13 = 3$ (冲突)

$H(28) = (2 - 1) \% 13 = 1$ (冲突)

$H(28) = (2 + 4) \% 13 = 6$

$H(75) = 75 \% 13 = 10$

二次探测法再散列的散列表如图 8.12 所示。

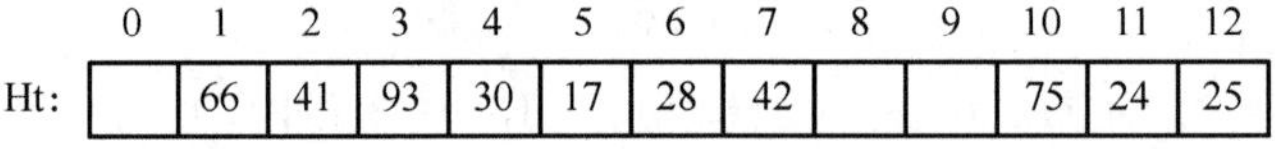

	0	1	2	3	4	5	6	7	8	9	10	11	12
Ht:		66	41	93	30	17	28	42			75	24	25

图 8.12 基于二次探测再散列法解决冲突的散列表

二次探测再散列的平均查找长度：

$ASL = (1 + 2 + 1 + 1 + 2 + 1 + 1 + 4 + 4 + 1) / 10 = 18 / 10 = 1.8$

采用链地址法解决冲突时，线性表中各元素的散列地址计算如下：

$H(30) = 30 \% 13 = 4$

$H(17) = 17 \% 13 = 4$

$H(24) = 24 \% 13 = 11$

$H(66) = 66 \% 13 = 1$

$H(41) = 41 \% 13 = 2$

$H(93) = 93 \% 13 = 2$

$H(25) = 25 \% 13 = 12$

$H(42) = 42 \% 13 = 3$

$H(28) = 28 \% 13 = 2$

$H(75) = 75 \% 13 = 10$

链地址法的散列图如图 8.13 所示。

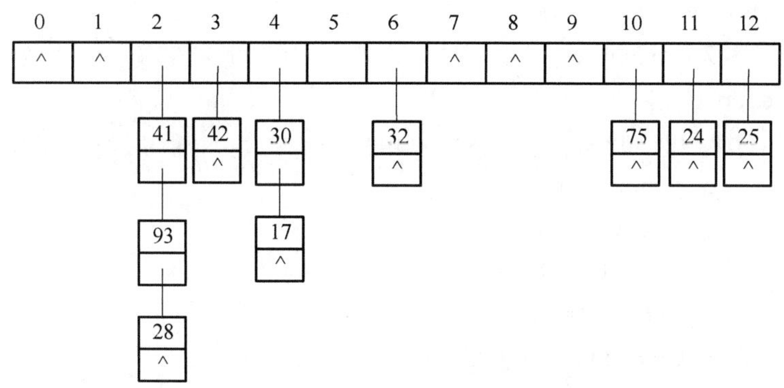

图 8.13 基于链地址法解决冲突的散列表

链地址法的平均查找长度为：

ASL =(1 + 2 + 3 + 1 +1 +2 +1 +1 + 1 + 1) / 10 = 14 / 10 = 1.4

例 6 设散列表采用链地址法解决冲突，设计一个算法，查找指定的关键字 k 是否在散列表中，如果不在，则将其插入散列表中。哈希函数为：$H(k) = k \bmod p$。

解答 采用链地址法解决冲突来建立散列表的算法描述如下：

```
typedef struct node
{
    int key;
    struct node * next;
} * Link_list;
Link_list  ChainHash(Link_list HST[], int k, int p)
{
    Link_list s, q
    int i = k % p;
    if(HST[i] == NULL) //将 k 插入到 Hash 表中
    {
        q = new node;
        q->next = NULL;
        q->key = k;
        HST[i] = q;
        return(q);
    }
    else
    {
        s = HST[i];
        while(s->key != k  && s->next != NULL)
            s = s->next;
```

```
        if (s->key == k)
            return(s);
        else
        {
            q = new node;
            q->key = k;
            q->next = NULL;
            s->next = q;
            return(q);
        }
    }
}
```

教材习题 8

一、简答题

1. 给定关键字序列 47, 32, 21, 55, 29, 24, 35, 75, 69, 88,试按此顺序建立二叉排序树和平衡二叉树,并求其等概率情况下查找成功和失败时的平均查找长度。

2. 输入一个正整数序列 45, 28, 6, 72, 54, 1, 13, 85, 68, 60, 93,建立一棵二叉排序树,然后删除节点 72,分别画出该二叉树及删除节点 72 后的二叉排序树。

3. 对有序表进行折半查找和二叉排序树中的查找有何异同?

4. 向一棵空的二叉排序树顺序插入关键字,对于关键字无序序列和经过排序的有序序列,建立起来的二叉排序树,哪一种查找效率更高?为什么?

5. 向一棵空的 B—树顺序插入关键字,对于关键字无序序列和经过排序的有序序列,建立起来的 B—树,哪一种查找效率更高?为什么?

6. 图 8.14 表示一棵 3 阶的 B—树,画出删除其中的关键字 65 之后 B—树的结构。

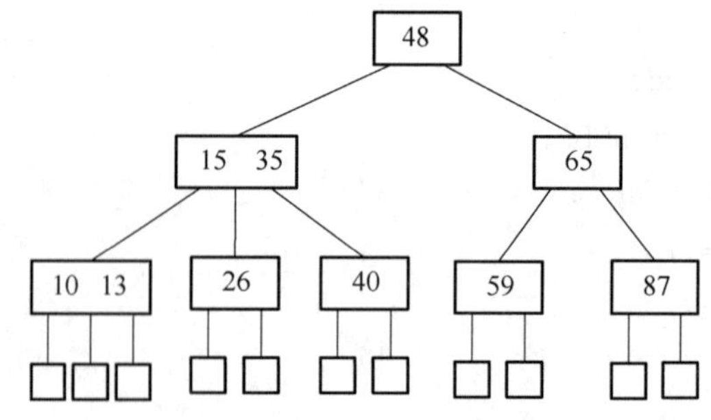

图 8.14 3 阶 B—树示例

二、算法设计与分析题

1. 编写一个算法,利用折半查找在有序表中插入一个元素 x 并使插入后的表仍然有序。

2. 线性表中各元素的查找概率不相等，为了提高顺序查找的效率，在表中查找给定的元素 k 时，如果找到该元素，则将其与它前面的元素交换，使得经常被查找的元素位于表的前端。编写在线性表的顺序和链式存储结构上实现该策略的查找算法。

3. 设计一个算法，判断一棵二叉树是否为二叉排序树，若是则返回 1，否则返回 0。

4. 编写一个算法，判断一棵给定的二叉树是否为平衡二叉树。

5. 设散列表采用线性探测解决冲突，设计在散列表中查找、插入和删除关键字等于 k 的记录的算法。这里假设散列表采用的哈希函数如下：$H(\text{key}) = \text{key} \bmod p$。

习题 8 答案及解析

一、简答题

1. 建立的二叉排序树如图 8.15 所示。

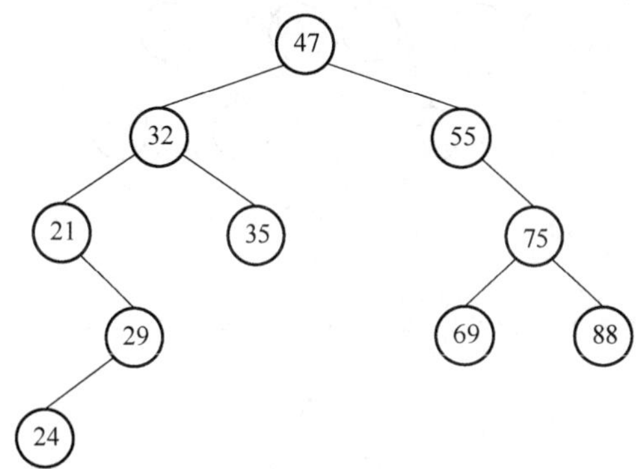

图 8.15 建立的二叉排序树

查找成功时的平均查找长度：

$$ASL=(1+2\times2+3\times3+4\times3+5)/10=31/10=3.1$$

查找失败时的平均查找长度：

$$ASL=(2+3\times3+4\times5+5\times2)/(1+3+5+2)=41/11=3.73$$

建立的平衡二叉树如图 8.16 所示。

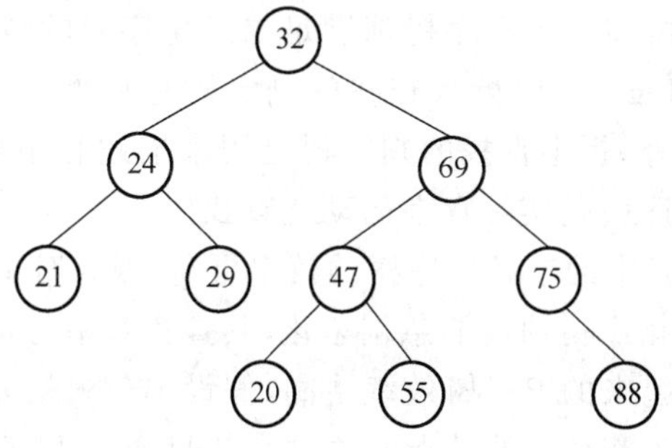

图 8.16 建立的平衡二叉排序树

查找成功时的平均查找长度：

$$\text{ASL}=(1+2\times2+3\times4+4\times3)/10=29/10=2.9$$

查找失败时的平均查找长度：

$$\text{ASL}=(3\times5+4\times6)/(5+6)=39/11=3.55$$

2. 建立的二叉排序树如图 8.17 所示，令 j 指向 72 所在的结点，p 为 j 的双亲。由于 j 既有左子树又有右子树，所以在 72 的左子树方向上找关键字值最大的结点(即该二叉排序树中序遍历序列中 72 的前驱)，即 68，令指针 s 指向它，q 为 s 的双亲。然后修改如下指针：(1)s—> Rchild ＝ j—> Rchild；(2)q—> Rchild ＝ s—> Lchild；(3)s—> Lchild ＝ j—> Lchild；(4)p—> Rchild ＝ s。删除关键字 72 后的二叉排序树如图 8.18 所示。

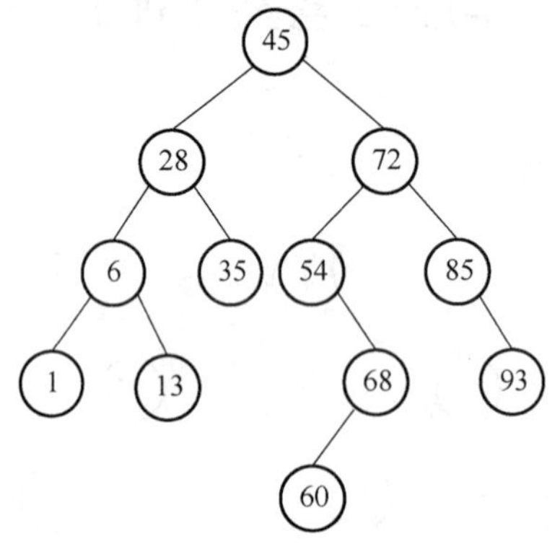

图 8.17　由给定的整数序列构造的二叉排序树图

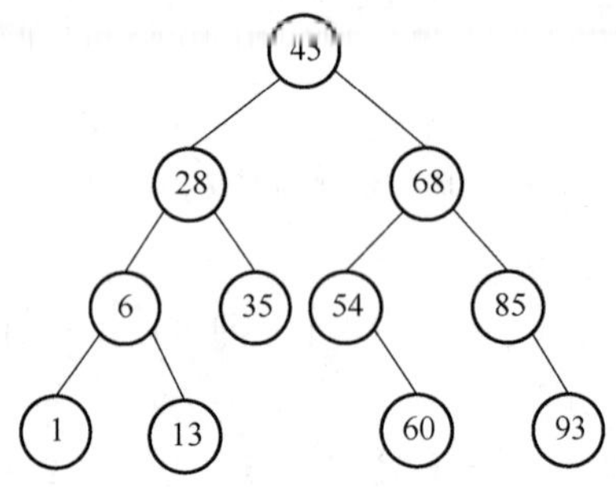

图 8.18　删除关键字 72 后的二叉排序树

3. 折半查找的判定树和二叉排序树都满足二叉排序树的特性，在平均情况下，两者的平均查找长度都是 $O(\log_2 n)$；但折半查找的判定树是平衡的二叉排序树，而一般的二叉排序树不一定平衡；另外，折半查找的判定树是用来描述有序表上的折半查找过程的，实际并不存在，而二叉排序树是实际存在的动态查找树。

4. 由无序序列建立起来的二叉排序树的效率更高，因为对于有序序列做顺序插入会形成单支树，从而使二叉排序树的性能急剧恶化，其查找效率与顺序查找相同。

5. 由无序序列建立起来的 B－树效率更高，假设 B－树是 m 阶的，根据有序序列建立起来的 B－树，只有一条路径上的结点的关键字数目会大于$\lfloor m/2 \rfloor$，其余结点的关键字个数都不会超过$\lfloor m/2 \rfloor$，所以对于同样数目的关键字，基于有序序列建立起来的 B－树的深度会更高，从而查找的效率要低一些。

6. 删除关键字 65 的步骤如下:删除关键字 65,用其右子树上最小的关键字 87 替代(或用左子树上最大的关键字 59 替代);删除叶子结点上的关键字 87(或者 59)。由于删除 87(或者 59)后,该结点的关键字个数小于 1,因此需要进行结点的合并。合并的方法为:将双亲结点上关键字下移,和左兄弟上的关键字 59(右兄弟上的关键字 87)合并;双亲结点上已没有关键字,其左兄弟上尚有两个关键字,再次进行合并,将其双亲结点上的关键字 48 下移,其左兄弟上的关键字 35 上移至双亲结点,35 对应的子树平移至本结点最左位置。删除 65 后的 B—树的结构如图 8.19 所示。

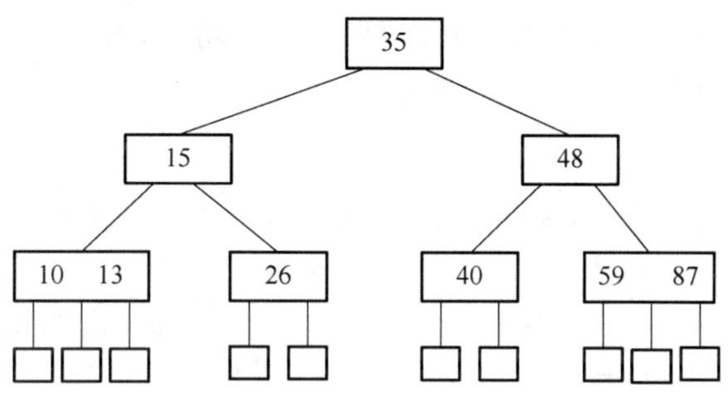

图 8.19 删除关键字 65 后的 3 阶 B—树

二、算法设计与分析题

1. 首先采用折半查找算法,找到元素 x 的插入位置 pos,然后将表尾到 pos 位置的元素都往后移动一个位置,然后再将 x 插入 pos 位置。

算法描述如下:

```
void BinInsert(sqtable r, keytype x, int &n)    //n 为有序表中数据元素的个数
{
    int find = 0;                                //若值为 x 的元素在 r 中存在,
                                                   其值为 1,否则为 0
    low = 0; high = n - 1;
    while(low <= high && ! find)
    {
        mid = (low + high) / 2;
        if(x < r[mid].key)
            high = mid - 1;
        else if(x > r[mid].key)
            low = mid + 1;
        else
            find = 1;
    }
    if(find)
        pos = mid;
```

```
    else
        pos = low;
    for(j = n; j >= pos; j-- )                    //从 pos 开始的元素依次后移
        r[j+1] = r[j];
    r[pos].key = x;
    n = n + 1; //表长加 1
}
```

2. (1) 在顺序存储结构上实现比较容易，查找成功后，若该元素不是线性表的第一个元素，则直接将其与前面的元素交换即可。

算法描述如下：

```
int SeqSearch(sqtable r, keytype k , int n)   //n 为线性表的表长
{
    r[n].key = k;  i = 0;                     //给监督哨赋值
    while (r[i].key != k)
        i++ ;
    if (i < n)                                //查找成功
    {
        if(i > 0)                             //若 k 不是线性表中的第一个元素
        {
            temp = r[i];
            r[i] = r[i-1];
            r[i-1] = temp;
            return (i-1);
        }
        else
            return(i);
    }
    else                                      //查找失败
        return(-1);
}
```

(2) 在链式存储结构(带表头结点)上实现时，从表中的第一个结点开始逐个比较其值是否与给定的关键字 k 相等，并记录当前结点的前驱结点的位置。查找成功后，若该元素的前驱不是头结点，直接将其与前面的元素交换即可。

算法描述如下：

```
typedef struct node
{
    keytype key;
```

```
    node * next;
} *Link_list;
Link_list SeqSearch (Link_list head, keytype k)
{
    Link_list p, q;              //顺着q向下查找,p紧跟q,是其前驱
    p = head;
    q = head->next;
    while((q != NULL) && ( q->key != k))
    {
        p = q;
        q = q->next;
    }
    if(q != NULL && p!= head) //查找成功,且k不是线性表的第一个结点
    {
        temp = p->key;
        p->key = q->key;
        q->key = temp;
        return p;
    }
    return q;
}
```

3. 由二叉排序树的定义可知,如果对二叉排序树进行中序遍历,则其中序序列是一个有序序列。因此,对二叉树进行中序遍历,如果始终能保持前一个值小于等于后一个值,则说明该二叉树是一棵二叉排序树。

算法描述如下:

```
int Prior = -maxint;
state = 1;
void IsOrNotBST(btree t)
{
    if((t != NULL && (state == 1)
    {
        IsOrNotBST (t->Lchild);
        if(Prior > t->key)
        {
            state = 0;           //不是二叉排序树
            return;
        }
```

```
            Prior = t->key; //更新前驱结点的关键字值
            IsOrNotBST (t->Rchild);
        }
    }
```

4. 由平衡二叉树的定义可知,平衡二叉树或者是一棵空树,或者是具有下列性质的二叉排序树:它的左子树和右子树都是平衡二叉树,且左子树和右子树的深度之差的绝对值不超过 1。因此,可以采用二叉树的后序遍历算法,分别记录二叉树中每个结点的左、右子树的高度,如果其绝对值之差超过 1,则该二叉树为非平衡二叉树。

算法描述如下:

```
int state = 1;
void Balance(btree t, int &h)
{
    int lh,rh; //分别记录左右子树的高度
    if(t == NULL)
        h = 0;
    if(t != NULL && state == 1 )
    {
        Balance(t->Lchild, lh);
        Balance(t->Rchild, rh);
        if (abs(lh - rh) > 1)
        {
            state = 0;
            return;
        }
        //二叉树的深度等于左、右子树深度的最大值加 1
        h = lh;
        if (rh > lh)
            h = rh;
        h = h + 1;
    }
}
```

5. 为了记录 Hash 表中某个位置上是否存在数据元素,这里在散列表的每个分量中设置一个标志位 tag。

算法描述如下:

```
#define m 哈希表的表长
typedef struct
{
    int key;
```

```
    int tag;                    //标志,当 tag = 0 时表示该分量中无有效数据元素
}record;
typedef record HastTable[m];
int HashSeqSearch(HastTable SHT, int k, int p)
{
    i = k % p;
    j = i;
    while(SHT[j].key != k && SHT[j].tag != 0)
    {
        j = (j + 1) % m;
        if(i == j)              //整个 Hash 表都已被访问过一遍
            return (-1);
    }
    if(SHT[j].key == k && SHT[j].tag == 1)
        return(j);
    else
        return(-1);
}
int HashSeqInsert(HastTable SHT, int k, int p) //插入成功返回 1,否则返回 0
{
    i = k % p;
    j = i;
    while(SHT[j].key != k && SHT[j].tag != 0)
    {
        j = (j + 1) % m;
        if(i == j)              // Hash 表的空间都已用完,无法再插入,返回 0
            return (0);
    }
    if(SHT[j].key == k && SHT[j].tag == 1)
        return(1);              //关键字等于 k 的元素已存在,返回 1
    else
    {
        SHT[j].key = k;         //将关键字 k 插入
        SHT[j].tag = 1;
        return(1);
    }
}
int HashSeqDelete(HastTable SHT, int k, int p)
```

```
//删除 Hash 表中值为 k 的元素,删除成功返回 1,否则返回 0
{
    i = k % p;
    j = i;
    while(SHT[j].key != k && SHT[j].tag != 0)
    {
        j = (j + 1) % m;
        if(i == j)  //整个 Hash 表都已被访问过一遍,没有找到关键字等于 k
                      的记录
            return 0;
    }
    if(SHT[j].key == k && SHT[j].tag == 1)
    {
        SHT[j].tag = 0 ; //将标志置为 0,表示该位置的元素已无效。
        return 1;
    }
    return 0;
}
```

第9章　内　排　序

排序是数据处理中经常使用的一种重要运算，它通过改变记录 $R_1, R_2, \cdots, R_n$ 的排列顺序，使其按照某个关键字的非递减(或非递增)顺序重新排列。排序过程中数据全部放在内存中进行处理的算法称为“内排序”；排序过程中不仅需要使用内存，而且还要借助外存的方法称为“外排序”。

本章首先介绍了“排序”的基本概念，然后重点阐述了插入类排序、交换类排序、选择类排序、归并排序和基数排序等几类不同的内排序方法，并分析了各算法的时间复杂度、空间复杂度和稳定性。其中：各种排序方法的原理、实现及算法的复杂性和排序结果的稳定性是本章的重点所在；而快速排序、堆排序、归并排序和基数排序则是本章的难点所在。

知识结构图

本章的知识结构如图 9.1 所示。

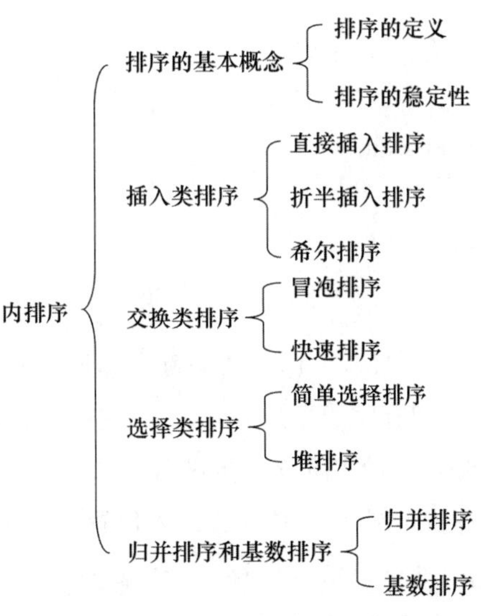

图 9.1　排序的知识结构

9.1 知识要点

9.1.1 排序的基本概念

1. 排序的定义

排序:设含 n 个记录的文件$\{R_1,R_2,\cdots,R_n\}$,其相应的关键字为$\{k_1,k_2,\cdots,k_n\}$,需确定一种顺序 $p(1),p(2),\cdots,p(n)$,使其相应的关键字满足如下的非递减(或非递增)关系:

$$k_{p(1)} \leqslant k_{p(2)} \leqslant \cdots \leqslant k_{p(n)}$$

2. 排序的稳定性

如果在排序期间具有相同关键字的记录的相对位置不变,则称此排序方法是稳定的,即:

(1) $k_i \leqslant k_{i+1}(1 \leqslant i \leqslant n-1)$;

(2) 若在输入文件中 $i<j$,且 $k_i = k_j$,则在经过排序后的文件中 R_i 仍先于 R_j。

假定待排序的数据存放在如下定义的数据结构上:

```
#define MaxNum 待排序记录个数的最大值
typedef struct
{
    int key;
    datatype otheritem //其他域
} records;
typedef records List[MaxNum + 1];
```

9.1.2 插入类排序

1. 直接插入排序

假设排序时,记录序列中 $r[1..i-1]$已按关键字非递减有序,则一趟直接插入排序的基本思想为:将记录 $r[i]$插入到有序子序列 $r[1..i-1]$中,使记录的有序序列从 $r[1..i-1]$变为 $r[1..i]$。显然,完成这个“插入”需分三步进行:

(1) 在 $r[1..i-1]$中查找记录 $r[i]$的合适插入位置 $j+1$;

(2) 将 $r[j+1..i-1]$中的记录依次后移一个位置;

(3) 将 $r[i]$复制到 $r[j+1]$的位置上。

直接插入排序的算法描述如下:

```
void InsertSort(List& r, int n)          //r 为给定的表,其记录为 r[i],i = 0,1,
                                           …,n
```

```
{
    for (i = 2; i <= n; i ++ )
    {
        r[0] = r[i];                    //r[0]作为监督哨
        j = i - 1;
        while (r[0].key < r[j].key)     //从后向前找到第一个关键字不小于
                                          r[0].key 的记录
        {
            r[j + 1] = r[j];
            j -- ;
        }                               //j 从 i - 1 至 0,r[j].key 与 r[i].key
                                          进行比较
        r[j + 1] = r[0];
    }
}//insort
```

从上面的算法可以看出,每一趟排序过程中关键字的比较次数和记录移动的次数均与初始记录的排列顺序有关。当初始记录恰好已按关键字非递减有序时,排序过程所需的比较次数和记录移动次数最少,分别为 $n-1$ 和 $2(n-1)$;反之,当初始记录恰好按逆序排列时,排序过程所需的比较次数和记录移动次数最多,分别为 $\sum_{i=2}^{n} i = (n+2)(n-1)/2$ 和 $\sum_{i=2}^{n}(i+1) = (n+4)(n-1)/2$ 。从空间来看,它只需要 1 个记录的辅助空间,因此属于就地排序。另外,直接插入排序是一种稳定的排序算法。

2. 折半插入排序

插入排序中,在 $r[1..i-1]$中查找 $r[i]$的合适插入位置时,记录序列 $r[1..i-1]$已按关键字非递减有序,因此可以采用折半查找算法来进行,这类插入排序称为折半插入排序。

算法描述如下:

```
void BinInsertSort(List& r, int n)
{
    for(i = 2; i <= n; i ++ )
    {
        r[0] = r[i];
        low = 1;
        high = i - 1;
        while(low <= high)
        {
```

```
            m = (low + high) / 2;
            if (r[0].key < r[m].key)
                high = m - 1;
            else
                low = m + 1;
        }
        for (j = i - 1; j >= low; j-- )
            r[j+1] = r[j];      //把从第 low 起到第 i-1 个记录依次后移
        r[low] = r[0];          //将第 i 个记录插入
    }
}
```

折半插入排序仅在比较次数上比直接插入排序有所减少，而附加存储空间及记录的移动次数仍与直接插入排序相同，因此总的时间复杂度仍然是 $O(n^2)$。

3. 希尔排序

对待排序记录序列先做“宏观”调整，再做“微观”调整。所谓“宏观”调整，是指将记录序列分成若干子序列，每个子序列分别进行直接插入排序，待整个序列中的记录“基本有序”时，再对全体记录进行一次直接插入排序。

算法描述如下：

```
void ShellInsert (List& r,int d, int n)    //d 是增量,n 是记录的个数
//本算法对直接插入算法做了以下修改:(1)前后记录位置的增量是 d,而不是 1
//(2)r[0]只是暂存单元,不是哨兵,当 j<=0 时,插入位置已找到
{
    for(i=d+1; i<=n ;i++)
    if ( r[i].key < r[i-d].key)            //需将 r[i]插入有序增量子表
    {
        r[0] = r[i];                       //暂存在 R[0]
        j = i - d ;
        while ((j>0)&& (r[0].key < r[j].key))
        {
            r[j+d] = r[j];                 //记录后移,查找插入位置
            j = j - d;
        }
        r[j+d] = r[0];                     //插入
    }
}
void ShellSort (List& r, int n);
{
```

```
    int d = n;
    while (d > 1)
    {
        d = d / 2;
        ShellInsert(r,d, n);
    }
}
```

希尔排序通过将记录进行分组以减少各组中记录的个数,从而可以有效减少排序过程中关键字的比较次数。希尔排序不是一种稳定的排序方法。

9.1.3 交换类排序

交换类排序的思想是:两两比较待排序记录的关键字,当两个记录的次序不符合排序要求时进行交换,直到没有可交换的记录为止。常用的交换类排序算法是:冒泡排序和快速排序。

1. 冒泡排序

比较记录 $r[1]$和 $r[2]$的关键字, 如果这些关键字的值不符合排序顺序,就交换 $r[1]$和 $r[2]$;然后对记录 $r[2]$和 $r[3]$,$r[3]$和 $r[4]$等进行相同的工作,直到 $r[n-1]$和 $r[n]$为止,到此得到一个最大(或最小)关键字值存在 $r[n]$的位置上(通常将此过程叫作一趟)。重复这个过程,直到没有记录交换为止。

算法描述如下:

```
void BubbleSort(List& r,int n)
{
    k= n;
    do
    {
        all = true;  //all = true,标志没有交换的; all= false,标志有交换的
        for (m = 1; m <= k - 1; m ++ )
        {
            i= m + 1;
            if (r[m].key > r[i].key)   //进行记录的交换
            {
                max = r[m];
                r[m] = r[i];
                r[i] = max;
                all = false;           //进行了记录交换,更新标志
            }
        }
```

```
        k--;                          //需要排序的记录个数减1
    } while((all == false) && (k!= 1))
}
```

从上述过程容易看出,若初始记录按关键字非递减有序,则只需进行一趟排序,在排序过程中关键字间的比较次数为 $n-1$,且没有记录的移动;若初始记录恰好为逆序排列时,则需进行 $n-1$ 趟排序,关键字间总的比较次数 $\sum_{m=1}^{n-1}(n-m)=n(n-1)/2\approx n^2/2$。因为每比较一次就要交换一次记录(最坏情况),而每交换一次就要移动三次记录,故记录移动次数最多为 $3n^2/2$。因此,总的时间复杂度为 $O(n^2)$。另外,冒泡排序是一种稳定的排序算法。

2. 快速排序

快速排序又称分划交换排序,该方法先取序列中任一关键字 k(通常取第一个),然后用 k 从两头到中间进行比较/交换形成一个分划:凡是小于等于 k 的被移到左边,凡是大于 k 的被移到右边,这个过程称作一趟快速排序。然后对 k 左边和右边的记录形成的序列分别重复上述过程,直到每部分只有一个记录为止。

算法描述如下:

```
void QuickSort(List& r,int L, int P) //将r[L]至r[P]进行排序
{
    i = L;
    j = P;
    x = r[i];                       //置初值
    do
    {
        while ((r[j].key >= x.key) && (j > i))
            j--;                    //从表尾一端开始比较
        if (i < j)
        {
            r[i] = r[j];            //将r[j].key<x.key的记录移至i所指位置
            i++;
            while ((r[i].key <= x.key) && (i < j))
                i++;                //再从表的始端起进行比较
            if (i < j)
            {
                r[j] = r[i];
                j--;
            }
        }
```

```
    }while (i != j);
    r[i] = x;
    i++;
    j--;                          //一趟快排结束,将 x 移至正确位置
    if (L < j)
        QuickSort(r, L, j);       //反复排序前一部分
    if (i < P)
        QuickSort(r,i, P);        //反复排序后一部分
}
```

快速排序是目前内部排序中最快的方法。若关键字的分布是均匀的,可以粗略地认为每次划分都把文件分成长度相等的两个文件。

令 $T(n)$为分类 n 个记录所需的比较次数,则有:

$T(n) \leqslant cn + 2T(n/2)$ (其中,cn 为进行一趟排序所需的比较次数)

$$
\begin{aligned}
&\leqslant cn + 2(cn/2 + 2T(n/4)) \\
&\leqslant 2cn + 4T(n/4) \\
&\leqslant \cdots \\
&\leqslant \log_2 n \cdot cn + nT(1) \\
&= O(n\log_2 n)
\end{aligned}
$$

但如果原来的记录恰好是非递减有序的,即 $k_1 \leqslant k_2 \leqslant \cdots \leqslant k_n$,则每个"分划"操作几乎都是无用的,因为它仅使子文件的大小减少一个元素。这种情况(它应是所有情况中最易于排序的)使得快速排序根本不快,它的运行时间接近于冒泡排序,其时间复杂度为 $O(n^2)$。因此快速排序偏爱一个无次序的文件!

9.1.4 选择类排序

选择排序的基本思想是:每一趟从待排序的记录中选择关键字最小的记录,顺序放在已排序好的子文件的最后,直到全部记录排序完毕。常用的两种选择排序算法是简单选择排序和堆排序。

1. 简单选择排序

首先在 n 个记录中选择一个具有最小或最大关键字的记录,将选出的记录与记录集合中的第一个记录交换位置,然后在 $r[2]$至 $r[n]$中选择一个最小或最大的值与 $r[2]$交换位置,……,依此类推,直至 $r[n-1]$和 $r[n]$比较完毕。

算法描述如下:

```
void SelectionSort(List& r,int n)
{
    for (i=1;i<=n-1; i++)              //共进行 n-1 趟排序
    {
        m =i;
```

```
        for(j = i + 1; j <= n; j ++ )
        if(r[j].key < r[m].key)
            m = j;                          //m 指示关键字最小的记录的序号
        if (m != i)
        {
            x = r[i];
            r[i] = r[m];
            r[m] = x;
        }
    }
}
```

在上面的算法中,选择最小值时需进行 $n-1$ 次比较,选次小值时需进行 $n-2$ 次比较,……,选第 $n-1$ 个最小值时需进行 $n-(n-1)$次比较,所以总的比较次数为$(n-1)+(n-2)+\cdots+2+1 = n(n-1)/2$,故排序 n 个记录需要时间为 $O(n^2)$。由于执行一次交换,需三次移动记录,最多交换 $n-1$ 次,故移动记录次数最多为 $3(n-1)$。简单选择排序是一种不稳定的排序算法。

2. 堆排序

定义:由 n 个记录组成的线性序列$\{R_1,R_2,\cdots,R_n\}$,当其关键字满足下列特性时,称之为堆。

$$\begin{cases}R_i.\text{key}\leqslant R_{2i}.\text{key}\\R_i.\text{key}\leqslant R_{2i+1}.\text{key}\end{cases}\quad\text{或}\quad\begin{cases}R_i.\text{key}\geqslant R_{2i}.\text{key}\\R_i.\text{key}\geqslant R_{2i+1}.\text{key}\end{cases}\quad(i=1,2,\cdots,\lfloor n/2\rfloor)$$

若将此数列看成是一棵完全二叉树的顺序存储表示,则堆或是空树或是满足下列特性的完全二叉树:其左、右子树分别是堆,并且当左、右子树不空时,根结点的值小于(或大于)左、右子树根结点的值。

可以采用筛选法将一给定的记录序列调整为堆,算法描述如下:

```
void sift(List& r, int k, int m)
//对 m 个结点的集合 r 从某个结点 i = k 开始筛选,如果 r[j]> r[j + 1](j = 2i),则沿右
分支筛,否则沿左分支筛,把关键字大的筛到堆底。
{
    i = k;
    j = 2 * i;
    x = r[i];
    while (j <= m)
    {
        if ((j < m) && (r[j].key > r[j + 1].key))   //左子树>右子树
            j ++ ;                                 //沿右筛
        if (x.key > r[j].key)
```

```
        {
            r[i] = r[j];
            i = j;
            j = 2 * i;
            //将关键字小的换到 i 位置,x.key 再准备与下一层的比较
        }
        else
            j = m + 1; //强制跳出 while 循环
    }
    r[i] = x;//将 x 放在适当的位置
}//sift
```

堆排序的过程:用拔尖的方法将堆顶输出,把最后一个元素送到树根上,然后从 $i=1$ 开始调用筛选算法重新建堆,再将堆顶输出并将最后一个送到树根,再重新建堆。如此反复,直到得到最后全部排好序的关键字序列。算法描述如下:

```
void HeapSort(List& r, int n)       //对 n 个结点的集合 r 进行堆排序
{
    for (i = n/2; i >= 1; i--)
        sift (r, i, n);             //从第[n/2]个结点开始进行筛选建初始堆
    for (k = n; k >= 2; k--)
    {
        t = r[k];
        r[k] = r[1];
        r[1] = t;
        printf("%d  ", r[k]);
        sift(r,1,k-1);
    }                               //重建堆
    printf("%d  ",r[1]);            //输出最后一个元素即最大元素
}//headsort
```

堆排序算法的时间复杂度为 $O(n\log_2 n)$,是一种不稳定的排序算法。

9.1.5 归并排序和基数排序

1. 归并排序

归并排序的基本思想是:将两个或两个以上的有序子序列"归并"为一个有序序列。在内部排序中,通常采用的是2-路归并排序,算法描述如下:

```
void merge(List r,List& r2, int s,int m,int n)
//表 r 可看成首尾相接的两个文件,第一个文件的下标从 s 到 m
//第二个文件的下标从 m+1 到 n
```

```
{
    i = s;
    k = s;
    j = m + 1;                      //从 s 开始
    while (i <= m) && (j <= n)     //当两个表都有内容未排完时
    {
        if (r[i].key <= r[j].key)
        {
            r2[k] = r[i];
            i++;
        }
        else
        {
            r2[k] = r[j];
            j++;
        }
        k++;
    }
    if (i > m)
        Copy(r, j, n, r2);          //将 r[j]至 r[n]照抄至 r2 上
    else
        Copy(r, i, m, r2);          //将 r[i]至 r[m]照抄至 r2 上
}
void MergeSort(List r, List& r1, int s, int t)
//将 r[s..t]进行 2-路归并排序为 r1[s..t]
{
    if (s == t)
        r1[s] = r[s];
    else
    {
        m = (s + t)/2;              //将 r[s..t]平分为 r[s..m]和 r[m+1..t]
        MergeSort (r, r2, s, m);    //递归地将 r[s..m]归并为有序的 r2[s..m]
        MergeSort (r, r2, m+1, t); //递归地将 r[m+1..t]归并为有序的 r2[m+1..t]
        Merge (r2, r1, s, m, t);    //将 r2[s..m]和 r2[m+1..t]归并到 r1[s..t]
    }
}
```

归并排序算法的时间复杂度为 $O(n\log_2 n)$，是一种稳定的排序算法。

2. 基数排序

基数排序是一种基于最低位优先的多关键字排序算法，即先对最低位的关键字 k^d 进行排序，然后对 k^{d-1} 进行排序，依次类推，直至对最主位关键字 k^1 排序完成为止，其中 d 是记录中关键字的个数。假如在多关键字的记录序列中，每个关键字的取值均为离散值且范围相同，则按最低位优先法进行排序时，可以采用"分配-收集"的方法，其好处是不需要进行关键字间的比较。链式基数排序的算法描述如下：

```
#define d  关键字项数(位数)的最大值
#define RADIX 关键字的基数
#define MAX_SPACE 10000
typedef struct
{
    keytype keys[d];              //关键字
    InfoType otheritems;          //其他数据项
    int next;
}SLCell;                          //静态链表的结点类型
typedef struct
{
    SLCell r[MAX_SPACE];          //静态链表的可利用空间,r[0]为头结点
    int recnum;                   //静态链表的当前长度
}SLList;                          //静态链表的类型
typedef int ArrType[RADIX];       //指针数组类型
void Distribute(SLCell r[], int i, ArrType &f, ArrType &e )  //分配算法
/ * 静态链表 r 中记录已按(keys[i+1],…,keys[d-1])有序。本算法按第 i 个关
    键字 keys[i]建立 RADIX 个子表,使同一子表中记录的 keys[i]相同。f[0..
    RADIX-1]和 e[0..RADIX-1]分别指向各子表中第一个和最后一个记录。
 * /
{
    for (j=0; j<RADIX-1; ++j)
        f[j] = 0;   //各子表初始化为空表
    for (p=r[0].next; p; p=r[p].next)
    {
        j = ord(r[p].keys[i]); //ord 将记录中第 i 个关键字映射到[0..RADIX-1]
        if (! f[j])
            f[j] = p;
        else
            r[e[j]].next = p;
        e[j] = p;                   //将 p 所指的结点插入第 j 个子表中
```

```
    }
}
void Collect(SLCell r[], int i, ArrType &f, ArrType &e )  //收集算法
//本算法按 keys[i]自小至大地将 f[0..RADIX-1]所指各子表依次链接成一个链表
//e[0..RADIX-1]为各子表的尾指针
{
    for (j=0; ! f[j]; j=succ(j)) //找第一个非空子表,succ 为求后继函数
        r[0].next = f[j];         //r[0].next 指向第一个非空子表中第一个结点
    t = e[j];
    while (j<RADIX)
    {
        for (j=succ(j); j<RADIX-1)&&(! f[j]); j=succ(j));
                                  //找下一个非空子表
        if (f[j])
        {
            r[t].next = f[j];
            t = e[j];             //链接两个非空子表
        }
    }
    r[t].next = 0;                //t 指向最后一个非空子表中的最后一个结点
}
void  RadixSort(SLList &L)
//对 L 作基数排序,使得 L 成为按关键字自小到大的有序静态链表,L.r[0]为头结点
{
    for (i=0; i<L.recnum-1; ++i)
        L.r[i].next = i + 1;      //将 L 改造为静态链表
    for (i = RADIX-1; i>=0; i--)
    {  //按最低位优先依次对各关键字进行分配和收集
       Distribute(L.r, i, f, e);  //第 i 趟分配
       Collect(L.r, i, f, e);     //第 i 趟收集
    }
}
```

对于 n 个记录(每个记录含有 d 个关键字,每个关键字的取值范围为 rd 个值,即基数为 rd)进行链式基数排序的时间复杂度为 $O(d(n+rd))$,其中每一趟分配的时间复杂度为 $O(n)$,每一趟收集的时间复杂度为 $O(rd)$,整个排序需进行 d 趟分配和收集。基数排序是一种稳定的排序算法。

9.1.6 总结

对以上不同的内排序算法简单归纳一下，可得：

(1) 时间性能

按平均的时间性能来分，有三类排序方法：时间复杂度为 $O(n\log_2 n)$ 的方法有快速排序、堆排序和归并排序；时间复杂度为 $O(n^2)$ 的方法有直接插入排序、冒泡排序和简单选择排序；时间复杂度为 $O(n)$ 的排序方法只有基数排序。

当待排记录序列按关键字顺序有序时：直接插入排序和冒泡排序能达到 $O(n)$ 的时间复杂度；而对于快速排序而言，这是最不好的情况，此时的时间性能蜕化为 $O(n^2)$，因此是应该尽量避免的情况。

简单选择排序、堆排序和归并排序的时间性能不随记录序列中关键字的分布而改变。

(2) 空间性能

所有的简单排序方法（包括：直接插入、冒泡和简单选择排序）和堆排序算法的空间复杂度为 $O(1)$；快速排序为 $O(\log_2 n)$，为栈所需的辅助空间；归并排序所需辅助空间最多，其空间复杂度为 $O(n)$；链式基数排序需附设队列首尾指针，则空间复杂度为 $O(rd)$。

(3) 排序方法的稳定性能

简单选择排序，快速排序和堆排序是不稳定的排序方法，其他为稳定的排序算法。当对多关键字的记录序列进行最低位优先方法排序时，必须采用稳定的排序算法。

9.2 典型例题分析

例 1 已知关键字序列(612, 98, 512, 55, 913, 120, 843, 286, 553, 369)，请给出快速排序的每一趟排序结果。

解答 根据快速排序算法的原理，每趟排序的结果如下：

初态：	612	98	512	55	913	120	843	286	553	369
第 1 趟：	[369	98	512	55	553	120	286]	612	[843	913]
第 2 趟：	[286	98	120	55]	369	[553	512]	612	[843	913]
第 3 趟：	55	[98	120	286]	369	[553	512]	612	[843	913]
第 4 趟：	55	98	[120	286]	369	[553	512]	612	[843	913]
第 5 趟：	55	98	120	286	369	[553	512]	612	[843	913]
第 6 趟：	55	98	120	286	369	512	553	612	[843	913]
第 7 趟：	55	98	120	286	369	512	553	612	843	913

例 2 给定关键字序列(30, 56, 48, 79, 36, 49, 82, 57, 69, 11)，利用堆排序对上述关键字进行排序，写出堆排序每一趟的排序结果。

解答 堆排序每一趟的结果如图 9.2 所示。

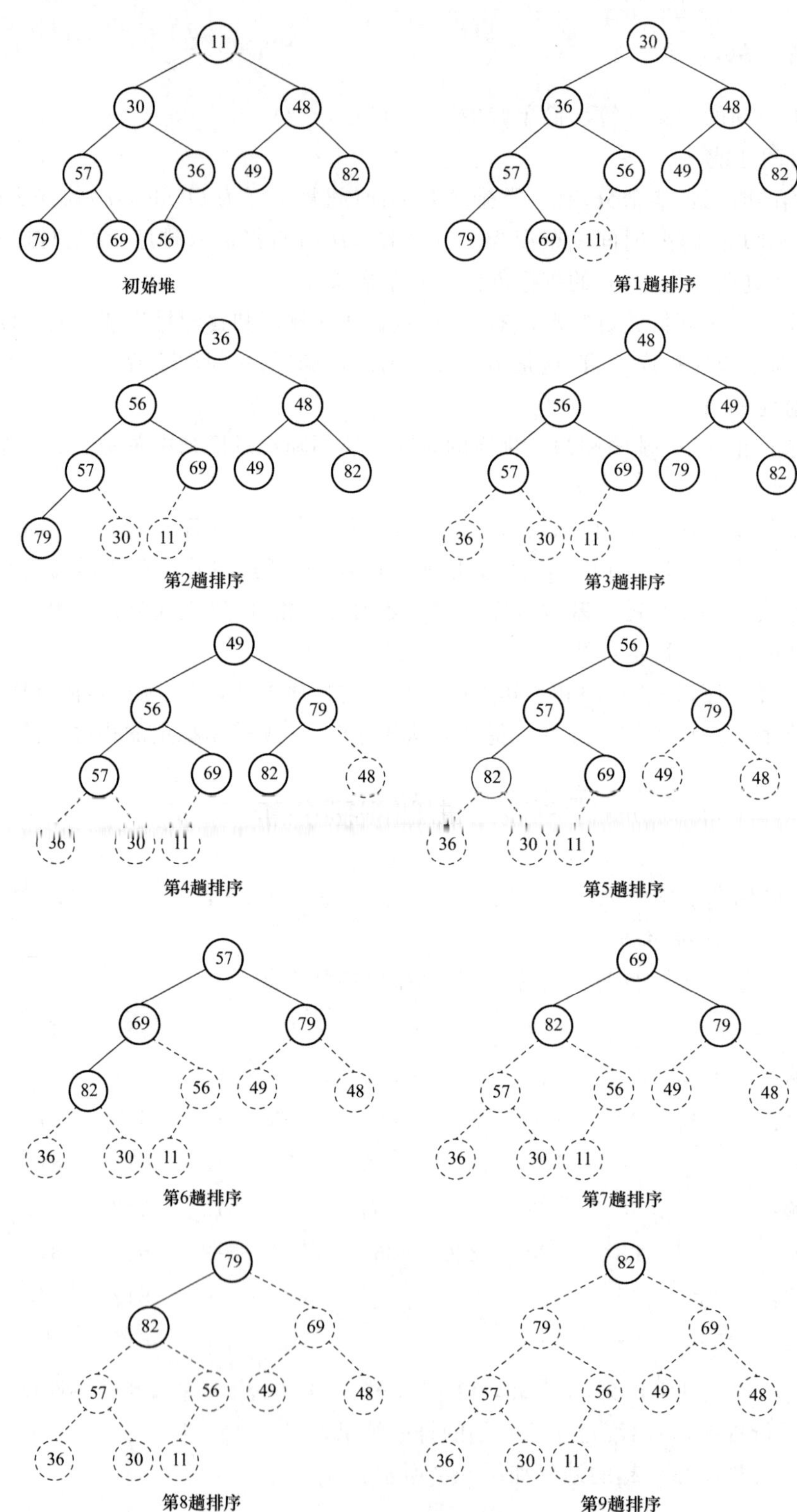

图 9.2　堆排序的过程示意图

例 3 试证明对于一个长度为 n 的任意文件进行基于比较的排序,在最坏的情况下至少需要做 $n\log_2 n$ 次比较。

证明 一般情况下,对 n 个关键字进行排序,可能得到的结果有 $n!$ 种,由于含 $n!$ 个叶子结点的判定树的深度不小于 $\lceil \log_2(n!) \rceil + 1$,由斯蒂林公式 $\log_2 n! = n\log_2 n - n/\ln 2 + \log_2 n/2 + O(l)$,可得 $\log_2 n! \approx n\log_2 n$。所以,对 n 个记录进行基于比较的排序,其比较次数在最坏的情况下不会少于 $n\log_2 n$。

例 4 回答下列关于堆排序的一些问题。

(1) 堆用顺序存储结构还是链式存储结构方便,为什么?

(2) 设有一个最小堆,即堆中任意结点的关键字均小于它的左孩子和右孩子的关键字,则其具有最大关键字的元素可能在什么地方?

(3) 对包含 n 个元素的序列建初始堆,最多需要做多少次比较?

解答 (1) 堆的存储表示是顺序表示,因为堆所对应的二叉树为完全二叉树,而完全二叉树通常采用顺序存储方式,所以堆的存储表示采用顺序方式最合适。

(2) 其具有最大关键字的元素可能在叶子结点上。根据最小堆的定义,最小关键字必然在堆顶,而最大关键字的元素只可能在叶子结点上,否则必然违反最小堆的定义。

(3) 最多做 $4n$ 次比较,在建立含有 n 个元素深度为 h 的堆时,由于第 i 层上的结点数至多为 2^{i-1},以它们为根的二叉树的深度为 $h-i+1$,则调用 $\lfloor n/2 \rfloor$ 次堆调整过程时总共进行的关键字的比较次数不超过:$\sum_{i=h-1}^{1} 2^{i-1} \times 2(h-i) = \sum_{i=h-1}^{1} 2^{i} \times (h-i) = \sum_{j=1}^{h-1} 2^{h-j} \times j \leqslant 2n\sum_{j=1}^{h-1} j/2^{j} \leqslant 4n$。

例 5 设有一个由 1, 2, 3, …, n 组成的无序整数数组,编写一个算法对其进行排序,要求算法的时间复杂度为 $O(n)$,空间复杂度为 $O(1)$。

解答 显然,采用前面讲述的各种排序算法是无能为力的,它们的时间复杂度至少为 $O(n\log_2 n)$。既然题目这样要求,显然原先的数组有一定的规律,需要采用特殊的方法去处理。假设原始数组 $a = [10, 6, 9, 5, 2, 8, 4, 7, 1, 3]$,排序后的结果为 $b = [1, 2, 3, 4, 5, 6, 7, 8, 9, 10]$,对照 a 和 b 的关系会发现 $a[i]$ 在 b 中的位置是 $b[a[i]-1]$,由此可得满足要求的排序算法如下:

```
void Sort(int a[], int n)
{
    i = 0;
    while(i < n)
    {
        j = a[i] - 1;
        if(i != j) //如果 a[i]不在它应该在的位置 j 上,则进行交换
        {
            t = a[j]; a[j] = a[i]; a[i] = t;
        }
```

```
            i = i + 1;
        }
    }
```

例 6　编写一个算法,采用非递归方式实现快速排序。

解答　依题意,将快速排序的递归算法改写成非递归算法,需要借助一个栈 S,它的每个元素包含两个域:start 和 end。其中,$S[i]$. start 存储子表的第一个元素在序列中的下标,$S[i]$. end 存储子表最后一个元素的下标。先调用函数 partition 对原始序列进行划分,划分后第一个子表的下标范围为 start～$i-1$,另外一个子表的下标范围为 $i+1$～end,若后一个子表包含的元素个数不止一个,则将其下标范围入栈,然后对第一个子表继续划分,直到其为空或只有一个元素为止,此时判断栈是否为空,若不为空,则将子表下标出栈,重复上述过程。该方法与二叉树先序遍历的非递归算法非常类似,不同之处在于这里的划分操作相当于二叉树遍历中访问根结点的操作。快速排序的非递归算法如下:

```
#define MaxSize 栈的最大深度
typedef struct
{
    int start;
    int end;
} Selement;
typedef Selement Stack[MaxSizc];
void QuickSort(List& r, int t1, int t2)
{
    Stack S;
    int top = 0;
    do
    {
        while(t1 < t2)
        {
            partition(r, t1, t2, i);
            if(i + 1 < t2)
            {
                top++;
                S[top].start = i + 1;
                S[top].end = t2;
            }
            t2 = i - 1;
        }
        if(top > 0)
```

```
        {
            t1 = S[top].start;
            t2 = S[top].end;
            top--;
        }
    }while( top != 0 || t1 < t2);
}
```

实现数据分割的函数如下：

```
void partition(List& r, int s, int e, int& i)
{
    i = s; j = e; x = r[i];
    do
    {
        while ((r[j].key >= x.key) && (j > i))
            j--;            //从表尾一端开始比较
        if (i < j)
        {
            r[i] = r[j];    //将 r[j].key<x.key 的记录移至 i 所指位置
            i++;
            while ((r[i].key <= x.key) && (i < j))
                i++;        //再从表的始端起进行比较
            if (i < j)
            {
                r[j] = r[i];
                j--;
            }
        }
    }while (i != j);
    r[i]= x;                //基准 x 已最终定位
}
```

教材习题 9

一、简答题

1. 给定一组排序码 43，78，39，11，5，89，97，试写出直接插入排序、希尔排序每一趟的排序结果。

2. 已知关键字序列为 17，18，60，40，7，32，73，65，85，给出用冒泡排序法对该序列做升序排序时每一趟的结果。

3. 在冒泡排序的过程中，什么情况下记录会朝向排序相反的方向移动？试举例说明，在快速排序过程中有没有这种现象发生。

4. 对初始状态如下(长度为 n)的各序列进行直接插入排序时，至多需要进行多少次关键字的比较(排序后的结果从小到大)？

(1) 关键字从小到大有序($k_1 < k_2 <\cdots< k_n$)；

(2) 关键字从大到小有序($k_1 > k_2 >\cdots> k_n$)；

(3) 序号为奇数的关键字顺序有序，序号为偶数的关键字顺序有序($k_1 < k_3 < k_5 <\cdots$，$k_2 < k_4 < k_6 <\cdots$)；

(4) 前半部分关键字从小到大，后半部分关键字从大到小($k_1 < k_2 <\cdots< k_{\lfloor n/2 \rfloor}$，$k_{\lfloor n/2 \rfloor+1} > k_{\lfloor n/2 \rfloor+2} >\cdots> k_n$)。

5. 给定关键字为 53，87，96，48，105，35，256，128，353，408，试写出归并排序每一趟的结果。

6. 如果只要求得到一个关键字序列中前 k 个最小元素的排序序列，最好采用什么排序算法，为什么？

7. 给定关键字序列为 153，66，512，78，908，131，267，385，649，416，试写出每一趟基数排序时分配和收集的结果。

二、算法设计与分析题

1. 设计一个用链表表示的直接插入排序算法。

2. 设计一个用链表表示的简单选择排序算法。

3. 一个线性表中的元素为正整数或负整数，设计一个算法将正整数和负整数分开，使线性表前一半为负整数，后一半为正整数，不要求对这些元素进行排序，但要求尽量减少交换次数。

4. 已知 $k_1,k_2,\cdots,k_n$ 是堆，试写一个算法将 $k_1,k_2,\cdots,k_n,k_{n+1}$ 调整为堆。

5. 编写一个算法，删除堆顶元素并使剩下的元素仍构成一个堆。

6. 如果输入的已为有序表，试证明使用快速排序，其时间复杂度为 $O(n^2)$。

7. 在实现快速排序的非递归算法时，可根据基准对象，将待排序关键字划分为两个子序列，若下一趟首先对较短的子序列进行排序，试分析在此做法下，快速排序算法所需栈的最大深度。

习题 9 答案及解析

一、简答题

1. 直接插入排序每一趟的结果如下：

初　态：	[43]	78	39	11	5	89	97
第 1 趟：	[43	78]	39	11	5	89	97
第 2 趟：	[39	43	78]	11	5	89	97
第 3 趟：	[11	39	43	78]	5	89	97

第 4 趟：	[5	11	39	43	78]	89	97
第 5 趟：	[5	11	39	43	78	89]	97
第 6 趟：	[5	11	39	43	78	89	97]

希尔排序的每一趟的结果如图 9.3 所示：

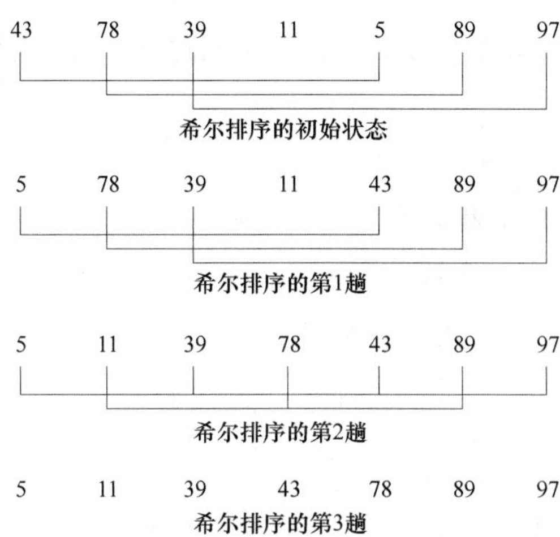

图 9.3 希尔排序各趟的结果

2. 采用冒泡排序法时各趟的结果如下：

初　态：	17	18	60	40	7	32	73	65	85
第 1 趟：	17	18	40	7	32	60	65	73	85
第 2 趟：	17	18	7	32	40	60	65	73	85
第 3 趟：	17	7	18	32	40	60	65	73	85
第 4 趟：	7	17	18	32	40	60	65	73	85
第 5 趟：	7	17	18	32	40	60	65	73	85

3. 如果在待排序序列中前面若干记录的关键字比排在后面记录的关键字要大，则在冒泡排序过程中，记录可能向与它最终应移向位置相反的方向移动。例如：给定关键字序列 55，45，39，15，18，75，6，29，8，3，冒泡排序第一趟后的结果为 45，39，15，18，55，6，29，8，3，75，可以看出 45 向着应排序位置相反的方向移动。在快速排序过程中不会出现这种现象，因为在每趟快速排序中，比基准元素大的都交换到右边，而比基准元素小的都交换到左边。

4. (1) 当关键字恰好有序时，每一趟排序只需 1 次比较，共需 $n-1$ 趟，所以总的比较次数为 $n-1$；

(2) 当关键字为逆序排列时，排第 i 个关键字需要比较 i 次，所以总的比较次数为 $\sum_{i=2}^{n} i = (n+2)(n-1)/2$；

(3) 当后半部分的关键字都比前半部分的关键字小时，所需的比较次数最多，此时序号为奇数的每个元素排好序需要比较 1 次，序号为偶数 i 的元素需要与编号为 $i-2$ 的元素比较 1 次，与序号为奇数的元素比较 $i/2$ 次，所以总的比较次数为 $n-1+\sum_{i=1}^{n/2} i$；

(4) 在后半部分的关键字均小于前半部分元素的关键字时，所需比较次数最多，此时排好前面一半记录需要比较需要 $\lfloor n/2 \rfloor-1$ 次，后面记录的比较次数为 $\sum_{i=\lfloor n/2 \rfloor+1}^{n} i$，所以总的比较次数为 $\lfloor n/2 \rfloor-1+\sum_{i=\lfloor n/2 \rfloor+1}^{n} i$。

5. 归并排序每一趟的结果如下：

初　态：	53	87	96	48	105	35	256	128	69	408
第 1 趟：	[53	87]	[48	96]	[35	105]	[128	256]	[69	408]
第 2 趟：	[48	53	87	96]	[35	105	128	256]	[69	408]
第 3 趟：	[35	48	53	87	96	105	128	256]	[69	408]
第 4 趟：	[35	48	53	69	87	96	105	128	256	408]

6. 采用堆排序最合适，依题意可知，只需取得第 k 个最小元素之前的排序序列时堆排序的时间复杂度为 $O(4n+k\log_2 n)$，若 $k \leqslant n/\log_2 n$，则可以得到其时间复杂度为 $O(n)$。而简单选择排序、冒泡排序和插入排序经过 k 趟也能得到前 k 个最小元素的排序序列，但他们的时间复杂度均为 $O(kn)$。当 $k>4$ 时，显然堆排序的时间复杂度要小一些。

7. 基数排序的分配和收集结果如图 9.4 所示。

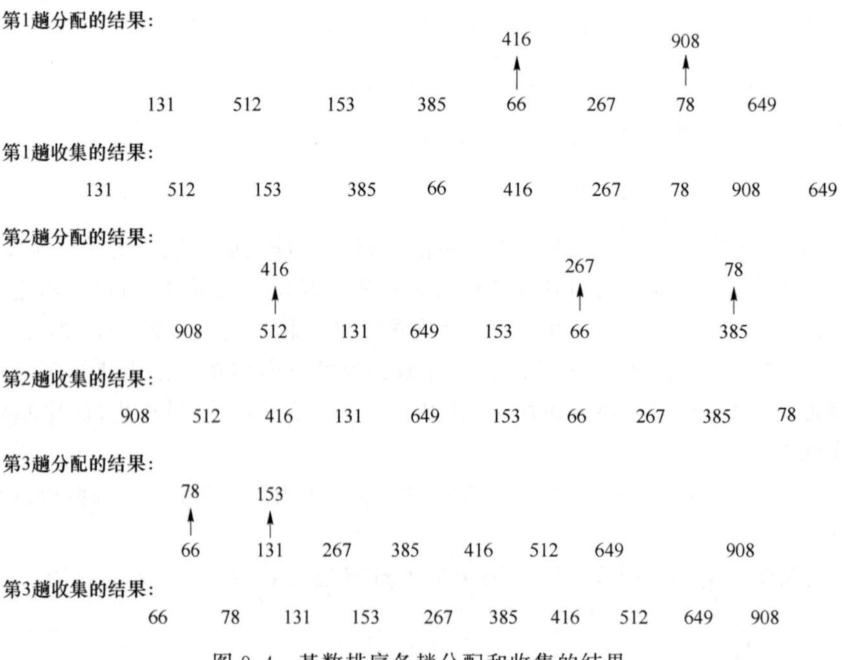

图 9.4　基数排序各趟分配和收集的结果

二、算法设计与分析题

1. 在链式存储结构上实现直接插入排序的方法与顺序存储结构是类似的，从单链表的首元结点开始扫描，将 p 指针指向结点依次插入到头指针指向的有序表中。开始时，有序表为空表，只包含一个头结点。

算法描述如下：

```
void InsertSortList(Pointer &head)
{
    p = head->next;
    head->next = NULL;   //刚开始时,有序表为空表
    while(p != NULL)
    {
        q = head->next;
        s = head;            //s是q的前驱结点,s尾随q移动
        while(q != NULL && q->data < p->data)
        {
            s = q;
            q = q->next;
        }
        t = p;
        p = p->next;
        t->next = q; //将t所指的结点(即原p所指向的结点)插入到有序子表中
        s->next = t;
    }
}
```

2. 在链式存储结构上实现简单选择排序的方法与顺序存储结构是类似的，从单链表的首元结点开始扫描，依次查找从当前结点开始的后续链表中的最小值，如果它与当前结点的值不相等，则进行交换。

算法描述如下：

```
void SelectionSortList(Pointer &head)
{
    p = head->next;
    while(p != NULL)
    {
        s = p;  //s指示从当前结点开始的记录中关键字值最小的记录所在的位置
        q = p->next;
        while(q != NULL)
        {
```

```
            if(s->data > q->data)
                s = q;
            q = q->next;
        }
        if(s != p) //交换两个结点的内容
        {
            temp = p->data;
            p->data = s->data;
            s->data = temp;
        }
        p = p ->next;
    }
}
```

3. 可以采用快速排序中记录分划交换的思想,从两头向中间扫描,如果表右端的数据小于0,则向左边交换,反之将表左端值为正的记录向右交换。整个过程只需要扫描一遍线性表。

算法描述如下:

```
void Change(int r[], int n)            //n为线性表的表长
{
    i = 0; j = n-1;
    do
    {
        while ((r[j]>=0) && (j > i))
            j--;                       //从表尾一端开始扫描
        if (i < j)
        {
            while ((r[i] < 0) && (i < j))
                i++;                   //再从表的始端起进行扫描
            if (i < j)                 //交换记录
            {
                temp = r[j];
                r[j] = r[i];
                r[i] = temp;
                j--;                   //继续向左扫描
                i++;                   //继续向右扫描
            }
        }
```

```
    }while (i < j);
}
```

4. 由于前面 n 个关键字已构成堆，所以只需对 k_{n+1} 进行调整，比较它和双亲的大小，如果双亲结点大（按最小堆调整），则交换，重复上述过程直到根结点为止。

算法描述如下：

```
void InsertHeap(int r[], int &n, int k) //n是原始堆中的元素,k为新插入的记录k_{n+1}
{
    n = n + 1;                       //堆中的记录数加1;
    r[n] = k;                        //将k插入到堆的最末端
    j = n;
    i = n / 2;
    while(i >= 1)
    {
        if(r[j] >= r[i])
            break;
        else                         //交换记录
        {
            temp = r[j]; r[j] = r[i]; r[i] = temp;
            j = i; i = i / 2;
        }
    }
}
```

5. 在堆中删除堆顶元素后，将堆中最后一个元素移至堆顶，然后从堆顶开始做“筛”运算，就可以使剩下的元素仍构成一个堆结构。

算法描述如下：

```
void DeleteHeap(int r[], int &n)     //n是原始堆中的元素
{
    if(n < 1)                        //如果是一个空堆,则直接返回
        return;
    r[1] = r[n];                     //将堆中最后一个元素移至堆顶
    n--;                             //堆中的元素个数减1
    i = 1;
    j = 2 * i;
    while(j <= n)
    {
        if( j < n && (r[j] > r[j + 1])
            j++;                     //沿右边筛选
```

```
        if(r[i] > r[j]) //交换
        {
            temp = r[j]; r[j] = r[i]; r[i] = temp;
            i = j; j = 2 * i;
        }
        else
            j = n + 1;          //强制跳出 while 循环
    }
}
```

6. 当输入序列已经为有序状态时,每一趟排序时作为基准的当前记录已经在合适的位置(即表中最左端)上,根据它划分的结果为一个空表(小于当前记录的元素的集合)和一个只比原来少一个记录的子表(大于等于当前记录的元素的集合)。那么每次调用一次快速排序算法,需要进行的关键字比较次数逐次减 1,总共需要调用 $n-1$ 次快速排序算法,因而关键字总的比较次数共为:$n+(n-1)+\cdots+2+1 = n(n+1)/2 = O(n^2)$,即快速排序算法的时间复杂度为 $O(n^2)$。

7. 由快速排序算法可知,所需递归工作栈的深度取决于所需划分的最大次数。在快速排序过程中,每次都把整个待划分序列根据基准对象划分为左、右两个子序列,当每次划分的这两个子序列的长度都近似相等时,则所需栈的最大深度为 $S(n)$:

$$
\begin{aligned}
S(n) &= 1+S(n/2) \\
&= 1+\{1+S(n/4)\}=2+S(n/4) \\
&= 2+\{1+S(n/8)\}=3+S(n/8) \\
&= \cdots \\
&= \log_2 n+S(l)=\log_2 n
\end{aligned}
$$

如果每次递归时,左、右子序列的长度不等,并且先将较长的子序列的左、右端点保存在递归栈中,再对较短的子序列进行排序,那么此时其递归栈的深度不一定正好是$\log_2 n$,其最坏情况为 $O(n)$。

参考文献

［1］ 夏清国．数据结构考研教案［M］．西安：西北工业大学出版社，2006．

［2］ 王道论坛．2021年计算机专业基础综合考试历年真题解析［M］．北京：电子工业出版社，2020．

［3］ 吴志坚，陶东辉，周则明，等．数据结构辅导及习题精解（C语言版）．西安：陕西师范大学出版社，2006．

［4］ 秦锋，袁志祥．数据结构（C语言版）：例题详解与课程设计指导．合肥：中国科学技术大学出版社，2007．

［5］ 李春葆．数据结构（C语言篇）——习题与解析［M］．北京：清华大学出版社，2002．

［6］ 赵宁，邱镭．数据结构题解·综合练习［M］．北京：机械工业出版社，2004．

［7］ 罗伟刚．数据结构习题与解答［M］．北京：冶金工业出版社，2004．

［8］ 李春葆，喻丹丹．数据结构习题与解析［M］．3版．北京：清华大学出版社，2006．

［9］ 王苗，赵红，李宁，等．数据结构与算法习题解答及实验指导［M］．北京：机械工业出版社，2008．

［10］ 李根强．数据结构（C＋＋版）习题解答及实训指导［M］．北京：中国水利水电出版社，2009．

附录1　计算机专业全国硕士研究生招生考试数据结构部分真题解析

2020年真题解析

一、单项选择题

1. 将一个10×10对称矩阵 $\boldsymbol{M}$ 的上三角部分的元素 $m_{i,j}$（$1 \leqslant i \leqslant j \leqslant 10$）按列优先级高低存入C语言的一维数组 N 中，元素 $m_{7,2}$ 在 N 中的下标是（　　）。

A. 15　　　　B. 16　　　　C. 22　　　　D. 23

【解析】C。

上三角矩阵按列优先级高低存储，先存储仅1个元素的第一列，再存储有2个元素的第二列，以此类推。$m_{7,2}$ 位于左下角，对应右上角的元素为 $m_{2,7}$，在 $m_{2,7}$ 之前存有

第1列：1

第2列：2

第6列：6

第7列：1

前面共存有 $1+2+3+4+5+6+1=22$ 个元素（数组下标范围为0～21），注意数组下标从0开始，故 $m_{2,7}$ 在数组 N 中的下标为22，即 $m_{7,2}$ 在数组 N 中的下标为22。

2. 对空栈 S 进行Push和Pop操作，入栈序列为a，b，c，d，e，经过Push，Push，Pop，Push，Pop，Push，Push，Pop操作后得到的出栈序列是（　　）。

A. b，a，c　　　　B. b，a，e　　　　C. b，c，a　　　　D. b，c，e

【解析】D。

按题意，出入栈操作的过程如下表所示。

操作	栈内元素	出栈元素
Push	a	
Push	a b	
Pop	a	b
Push	a c	
Pop	a	c
Push	a d	
Push	a d e	
Pop	a d	e

故出栈序列为 b,c,e。

3. 对于任意一棵高度为 5 且有 10 个结点的二叉树,若采用顺序存储结构保存,每个结点占 1 个存储单元(仅存放结点的数据信息),则存放该二叉树需要的存储单元数量至少是(　　)。

A. 31　　B. 16　　C. 15　　D. 10

【解析】A。

二叉树采用顺序存储时,用数组下标来表示结点之间的父子关系。对于一棵高度为 5 的二叉树,为了满足任意性,其 1～5 层的所有结点都要被存储起来,即考虑为一棵高度为 5 的满二叉树,总共需要存储单元的数量为 $1+2+4+8+16=31$。

4. 已知森林 F 及与之对应的二叉树 T,若 F 的先根遍历序列是 a,b,c,d,e,f,中根遍历序列是 b,a,d,f,e,c,则 T 的后根遍历序列是(　　)。

A. b,a,d,f,e,c　　B. b,d,f,e,c,a

C. b,f,e,d,c,a　　D. f,e,d,c,b,a

【解析】C。

森林 F 的先根遍历序列对应其二叉树 T 的先序遍历序列,森林 F 的中根遍历序列对应其二叉树 T 的中序遍历序列。即 T 的先序遍历序列为 a,b,c,d,e,f,中序遍历序列为 b,a,d,f,e,c。根据二叉树 T 的先序序列和中序序列可以唯一确定它的结构,构造过程如下:

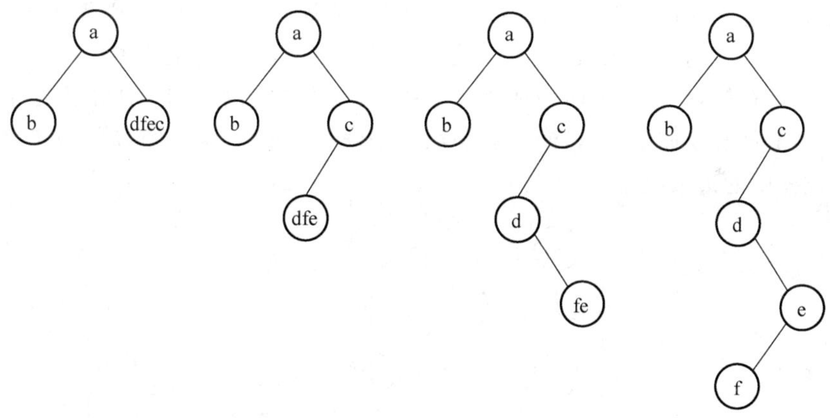

可以得到二叉树 T 的后序序列为 b,f,e,d,c,a。

5. 下列给定的关键字输入序列中,不能生成如下二叉排序树的是(　　)。

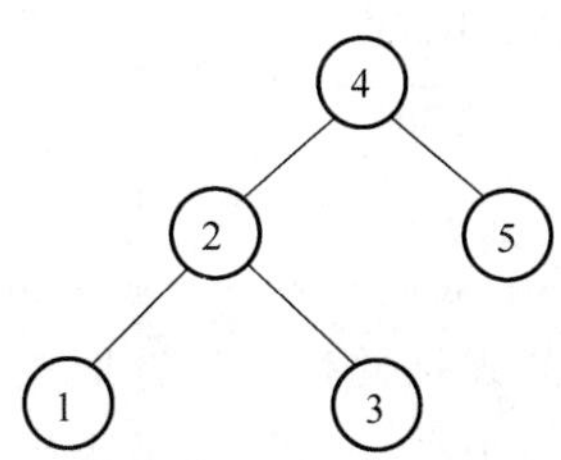

A. 4,5,2,1,3　　B. 4,5,1,2,3

C. 4,2,5,3,1　　D. 4,2,1,3,5

【解析】B。

每个选项都逐一验证,选项 B 生成二叉排序树的过程如下:

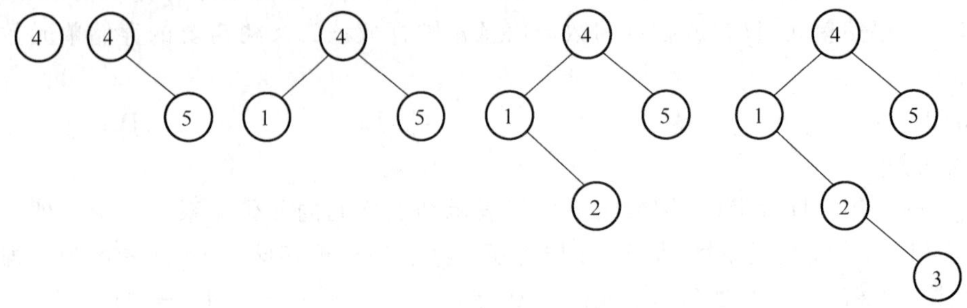

显然选项 B 错误。

6. 修改递归方式实现的图的深度优先搜索(DFS)算法,将输出(访问)顶点信息的语句移到退出递归前(即执行输出语句后立刻退出递归)。采用修改后的算法遍历有向无环图 G,若输出结果中包含 G 中的全部顶点,则输出的顶点序列是 G 的(　　)。

A. 拓扑有序序列　　B. 逆拓扑有序序列

C. 广度优先搜索序列　　D. 深度优先搜索序列

【解析】B。

DFS 是一个递归算法,在遍历过程中,先访问的顶点被压入栈底。设在图中有顶点 v_i,它有后继顶点 v_j,即存在边 $<v_i, v_j>$。根据 DFS 的规则,v_i 入栈后,必先遍历完其后继顶点后 v_i 才会出栈,也就是说 v_i 会在 v_j 之后出栈,在如题所指的过程中,v_i 在 v_j 后打印。由于 v_i 和 v_j 具有任意性,从上面的规律可以看出,输出顶点的序列是逆拓扑有序序列。

7. 已知无向图 G 如下所示,使用克鲁斯卡尔(Kruskal)算法求图 G 的最小生成树,加到最小生成树中的边依次是(　　)。

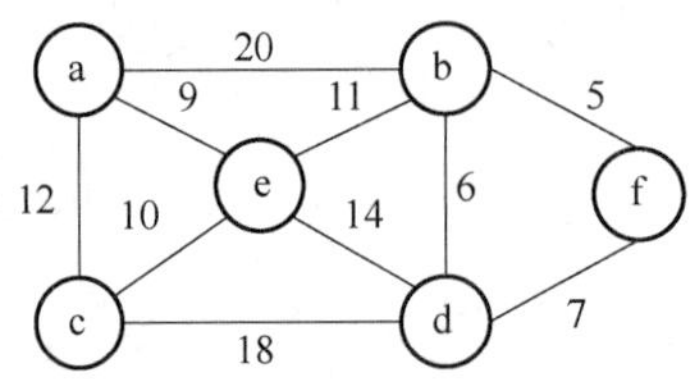

A. (b,f),(b,d),(a,e),(c,e),(b,e)

B. (b,f),(b,d),(b,e),(a,e),(c,e)

C. (a,e),(b,e),(c,e),(b,d),(b,f)

D. (a,e),(c,e),(b,e),(b,f),(b,d)

【解析】A。

Kruskal 算法:按权值递增顺序依次选取 $n-1$ 条边,并保证这 $n-1$ 条边不构成回路。初始构造一个仅含 n 个顶点的森林:第一步,选取权值最小的边(b,f)加入最小生成树;第二步,剩余边中权值最小的边为(b,d),加入最小生成树,第二步操作后权值最小的边(d,f)不能选,因为会与之前已选取的边形成回路;接下来依次选取权值 9、10、11 对应的边加入最小生成树,此时 6 个顶点形成了一棵树,最小生成树构造完成。按照上述过程，加到最小生成树的边依次为(b,f)，(b,d)，(a,e)，(c,e)，(b,e)。其生成过程如下所示。

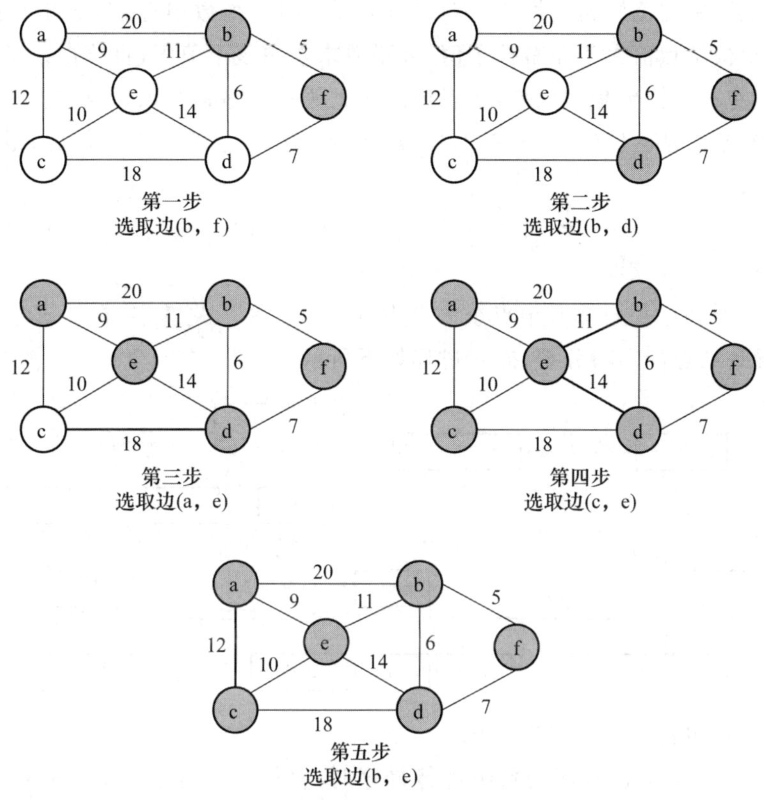

8. 若使用AOE网估算工程进度，则下列叙述中正确的是(　　)。

A. 关键路径是从原点到汇点边数最多的一条路径

B. 关键路径是从原点到汇点最长的路径

C. 增加任一关键活动的时间不会延长工期

D. 缩短任一关键活动的时间将会缩短工期

【解析】B。

关键路径是指权值之和最大而非边数最多的路径，故选项A错误。选项B正确，是关键路径的概念。无论是存在一条还是多条关键路径，增加任一关键活动的时间都会延长工期，因为关键路径始终是权值之和最大的那条路径，选项C错误。仅有一条关键路径时，减少关键活动的时间会缩短工期；存在多条关键路径时，缩短一条关键活动的时间不一定会缩短工期，缩短了路径长度的那条关键路径不一定还是关键路径，选项D错误。

9. 下列关于大根堆(至少含2个元素)的叙述中，正确的是(　　)。

Ⅰ. 可以将堆看成一棵完全二叉树

Ⅱ. 可以采用顺序存储方式保存堆

Ⅲ. 可以将堆看成一棵二叉排序树

Ⅳ. 堆中的次大值一定在根的下一层

A. 仅Ⅰ、Ⅱ　　B. 仅Ⅱ、Ⅲ　　C. 仅Ⅰ、Ⅱ和Ⅳ　　D. Ⅰ、Ⅲ和Ⅳ

【解析】C。

这是一道简单的概念题。堆是一棵完全树,采用一维数组存储,故Ⅰ正确,Ⅱ正确。大根堆只要求根结点值大于左右孩子值,并不要求左右孩子值序,Ⅲ错误。堆的定义是递归的,所以其左右子树也是大根堆,所以堆的次大值一定是其左孩子或右孩子,Ⅳ正确。

10. 依次将关键字5,6,9,13,8,2,12,15插入初始为空的4阶B树后,根结点中包含的关键字是(　　)。

A. 8　　B. 6,9　　C. 8,13　　D. 9,12

【解析】B。

一个4阶B树的任意非叶结点至多含有 $m-1=3$ 个关键字,在关键字依次插入的过程中,会导致结点的不断分裂,插入过程如下所示。

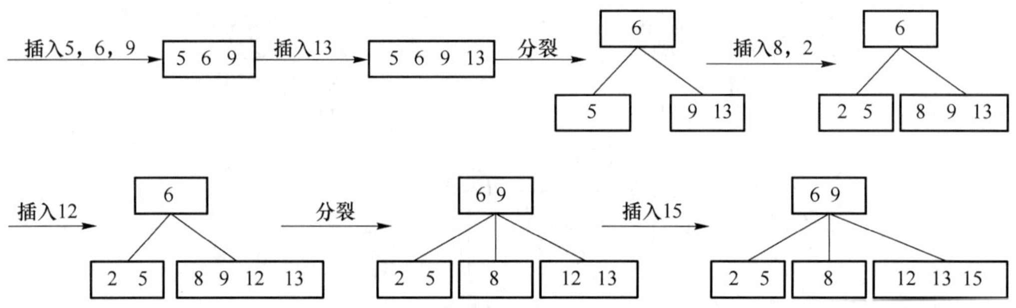

得到根结点包含的关键字为6,9。

11. 对大部分元素已有序的数组进行排序时,直接插入排序比简单选择排序效率更高,其原因是(　　)。

Ⅰ. 直接插入排序过程中元素之间的比较次数更少

Ⅱ. 直接插入排序过程中所需要的辅助空间更少

Ⅲ. 直接插入排序过程中元素的移动次数更少

A. 仅Ⅰ　　B. 仅Ⅲ　　C. 仅Ⅰ、Ⅱ　　D. Ⅰ、Ⅱ和Ⅲ

【解析】A。

考虑较极端的情况,对于有序数组,直接插入排序的比较次数为 $n-1$,简单选择排序的比较次数始终为 $1+2+\cdots+n-1=n(n-1)/2$,Ⅰ正确。两种排序方法的辅助空间都是 $O(1)$,无差别,Ⅱ错误。初始有序时,移动次数均为0;对于通常情况,直接插入排序每趟插入都需要依次向后挪位,而简单选择排序只需与找到的最小元素交换位置,后者的移动次数少很多,Ⅲ错误。

二、综合应用题

1. 定义三元组 (a,b,c)(a,b,c 均为正数)的距离 $D=|a-b|+|b-c|+|c-a|$。给定3个非空整数集合 S_1、S_2 和 S_3,按升序分别存储在3个数组中。请设计一个尽可能高效的算法,计算并输出所有可能的三元组 (a,b,c)($a\in S_1,b\in S_2,c\in S_3$)中的最小距离。例如 $S_1=\{-1,0,9\}$,$S_2=\{-25,-10,10,11\}$,$S_3=\{2,9,17,30,41\}$,则最小距离为2,相应

的三元组为(9,10,9)。要求：

(1) 给出算法的基本设计思想；

(2) 根据设计思想，采用C或C++语言描述算法，关键之处给出注释；

(3) 说明你所设计算法的时间复杂度和空间复杂度。

【解析】

分析。由 $D=|a-b|+|b-c|+|c-a|\geqslant 0$ 得：

① 当 $a=b=c$ 时，距离最小。

② 其余情况。不失一般性，假设 $a\leqslant b\leqslant c$，观察下面的数轴：

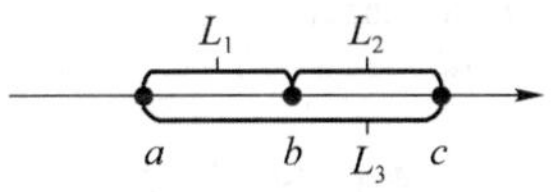

$$L_1=|a-b|$$
$$L_2=|b-c|$$
$$L_3=|c-a|$$
$$D=|a-b|+|b-c|+|c-a|=L_1+L_2+L_3=2L_3$$

由 D 的表达式可知，事实上决定 D 大小的关键是 a 和 c 之间的距离，于是问题就可以简化为每次固定 c 找一个 a 使得 $L_3=|c-a|$ 最小。

(1) 算法的基本设计思想

① 使用 D_{min} 记录所有已处理过的三元组的最小距离，初值为一个足够大的整数。

② 集合 S_1、S_2 和 S_3 分别保存在数组 A、B、C 中。数组的下标变量 $i=j=k=0$，当 $i<|S_1|$、$j<|S_2|$ 且 $k<|S_3|$ 时（$|S|$ 表示集合 S 中的元素个数），循环执行 a)～c)。

a) 计算($A[i]$,$B[j]$,$C[k]$)的距离 D（计算 D）；

b) 若 $D<D_{min}$，则 $D_{min}=D$（更新 D）；

c) 将 $A[i]$,$B[j]$,$C[k]$中的最小值的下标+1（对照分析：最小值为 a，最大值为 c，这里 c 不变而更新 a，试图寻找更小距离 D）；

③ 输出 D_{min}，结束。

(2) 算法实现

```
#define INT MAX 0x7fffffff
int abs_(int a)
{//计算绝对值
    if (a<0)
        return -a;
    else
        return a;
}
bool xls_min(int a, int b, int c)
```

```
{//a 是否是三个数中的最小值
    if (a<=b&&a<=c)
        return true;
    return false;
}
int findMinofTrip(int A[], int n, int B[], int m, int C[], int p)
{//D_min 用于记录三元组的最小距离,初值赋为 INT_MAX
    int i = 0, j = 0, k = 0, D_min = INT_MAX, D;
    while (i<n&&j<m&&k<p&&D_min>0)
    {
        D = abs_(A[i]-B[j])+abs_(B[j]-C[k])+abs_(C[k]-A[i]); //计算 D
        if (D<D_min)
            D_min = D;                                        //更新 D
        if (xls_min (A[i], B[j], C[k]))
            i++;                                              //更新 a
        else if (xls_min(B[j], C[k], A[i]))
            j++;
        else k++;
    }
    return D_min;
}
```

(3) 算法的时间复杂度和空间复杂度

本算法中,设 $n=(|S_1|+|S_2|+|S_3|)$,时间复杂度为 $O(n)$,空间复杂度为 $O(1)$。

2. 若任一个字符的编码都不是其他字符编码的前缀,则称这种编码具有前缀特性。现有某字符集(字符个数≥2)的不等长编码,每个字符的编码均为二进制的 0、1 序列,最长为 L 位,且具有前缀特性。请回答下列问题:

(1) 哪种数据结构适宜保存上述具有前缀特性的不等长编码?

(2) 基于你所设计的数据结构,简述从 0/1 串到字符串的译码过程。

(3) 简述判定某字符集的不等长编码是否具有前缀特性的过程。

【解析】

(1) 使用一棵二叉树保存字符集中各字符的编码,每个编码对应于从根开始到达某叶结点的一条路径,路径长度等于编码位数,在路径到达的叶结点中保存该编码对应的字符。

(2) 从左至右依次扫描 0/1 串中的各位。从根开始,根据串中当前位沿当前结点的左子指针或右子指针下移,直到移动到叶结点时为止。输出叶结点中保存的字符,然后从根开始重复这个过程,直到扫描到 0/1 串结束,译码完成。

(3) 二叉树既可用于保存各字符的编码,又可用于检测编码是否具有前缀特性。判定编码是否具有前缀特性的过程,也是构建二叉树的过程。初始时,二叉树中仅含有根结点,其左子指针和右子指针均为空。

依次读入每个编码 C,建立/寻找从根开始对应于该编码的一条路径,过程如下:

对每个编码,从左至右扫描 C 的各位,根据 C 的当前位(0 或 1)沿结点的指针(左子指针或右子指针)向下移动。当遇到空指针时,创建新结点,让空指针指向该新结点并继续移动。沿指针移动的过程中,可能遇到三种情况:

① 若遇到了叶结点(非根),则表明不具有前缀特性,返回。

② 若在处理 C 的所有位的过程中,均没有创建新结点,则表明不具有前缀特性,返回。

③ 若在处理 C 的最后一个编码位时创建了新结点,则继续验证下一个编码。

若所有编码均通过验证,则编码具有前缀特性。

2019 年真题解析

一、单项选择题

1. 设 n 是描述问题规模的非负整数,下列程序段的时间复杂度是(　　)。

```
x = 0;
while (n >= (x + 1) * (x + 1))
    x = x + 1;
```

A. $O(\log_{10} n)$　　B. $O(n^{1/2})$　　C. $O(n)$　　D. $O(n^2)$

【解析】B。

假设第 k 次循环终止,则第 k 次执行时,$(x+1)^2 > n$,x 的初始值为 0,第 k 次判断时,$x = k-1$,即 $k^2 > n$,$k > \sqrt{n}$,因此该程序段的时间复杂度为 $O(\sqrt{n})$。因此选 B。

2. 若将一棵树 T 转化为对应的二叉树 BT,则下列对 BT 的遍历中,其遍历序列与 T 的后根遍历序列相同的是(　　)。

A. 先序遍历　　B. 中序遍历　　C. 后序遍历　　D. 按层遍历

【解析】B。

后根遍历树可分为两步:①从左到右访问双亲结点的每个孩子(转化为二叉树后就是先访问根结点再访问右子树);②访问完所有孩子后再访问它们的双亲结点(转化为二叉树后就是先访问左子树再访问根结点),因此树 T 的后根遍历序列与其相应二叉树 BT 的中序遍历序列相同。对于此类题,采用特殊值法求解通常会更便捷,树 T 转换为二树 BT 的过程如左下图所示,树 T 的后序遍历序列显然和其相应二叉树 BT 的中序遍历序列相同,均为 5,6,7,2,3,4,1。因此选 B。

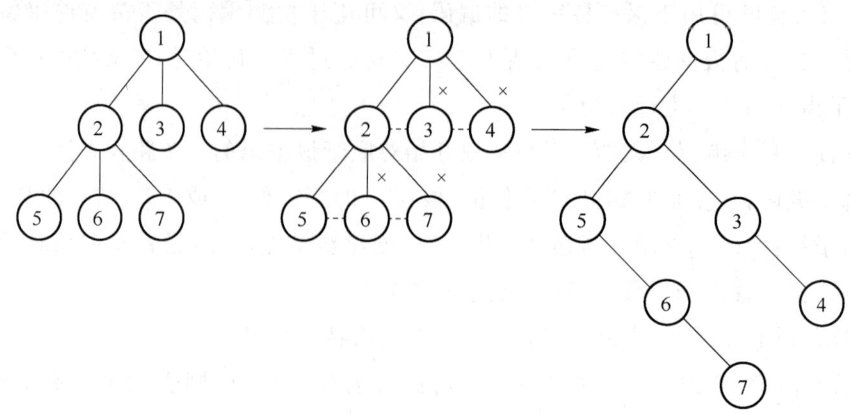

3. 对 n 个互不相同的符号进行哈夫曼编码。若生成的哈夫曼树共有 115 个结点,则 n 的值是(　　)。

A. 56　　B. 57　　C. 58　　D. 60

【解析】C。

在 n 个符号构造成哈夫曼树的过程中,共新建了 $n-1$ 个结点(双分支结点),因此哈夫曼树的结点总数为 $2n-1=115$,n 的值为 58,答案选 C。

4. 在任意一棵非空平衡二叉树(AVL 树)T_1 中,删除某结点 v 之后形成平衡二叉树 T_2,再将 v 插入 T_2 形成平衡二叉树 T_3。下列关于 T_1 与 T_3 的叙述中,正确的是(　　)。

Ⅰ. 若 v 是 T_1 的叶结点,则 T_1 与 T_3 可能不相同

Ⅱ. 若 v 不是 T_1 的叶结点,则 T_1 与 T_3 一定不相同

Ⅲ. 若 v 不是 T_1 的叶结点,则 T_1 与 T_3 一定相同

A. 仅Ⅰ　　B. 仅Ⅱ　　C. 仅Ⅰ、Ⅱ　　D. 仅Ⅰ、Ⅲ

【解析】A。

在非空平衡二叉树中插入结点,在失去平衡调整前,一定插入在叶结点的位置。

若删除的是 T_1 的叶结点,则删除后平衡二叉树不会失去平衡,即不会发生调整,再插入此结点得到的二叉平衡树 T_1 与 T_3 相同;若删除后平衡二叉树失去平衡而发生调整,再插入结点得到的二叉平衡树 T_3 与 T_1 可能不同。Ⅰ正确。例如,如下图所示,删除结点 0,平衡二叉树失衡调整,再插入结点 0 后,平衡二叉树和以前不同。

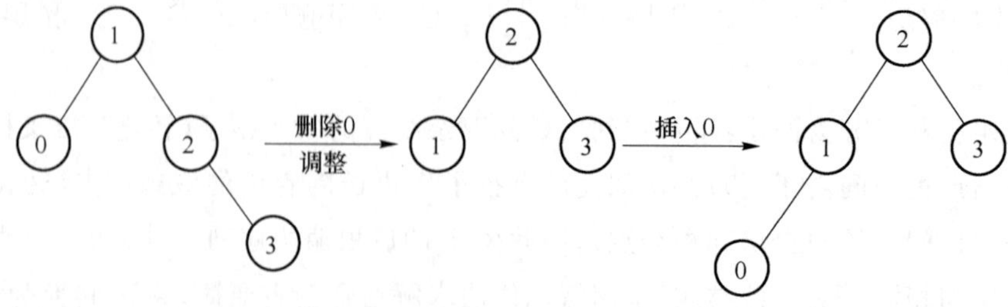

对于比较绝对的说法Ⅱ和Ⅲ,通常只需举出反例即可。

若删除的是 T_1 的非叶结点,且删除和插入操作均没有导致平衡二叉树的调整(这时

可以首先想到删除的结点只有一个孩子的情况)，则该结点从非叶结点变成了叶结点，T_1 与 T_3 显然不同。例如，如下图所示，删除结点 2，用右孩子结点 3 填补，再插入结点 2，平衡二叉树和以前不同。

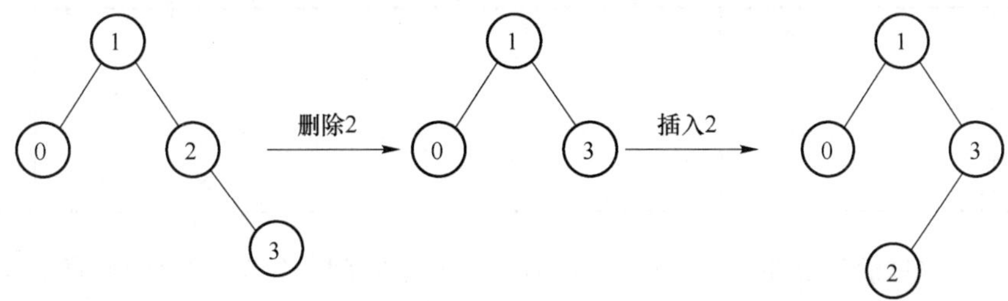

若删除的是 T_1 的非叶结点，且删除和插入后导致了平衡二叉树的调整，则该结点有可能在旋转后继续变成非叶结点，T_1 与 T_3 相同。例如，如下图所示，删除结点 2，用右孩子结点 3 填补，再插入结点 2，平衡二叉树失衡调整，调整后的平衡二叉树和以前相同。

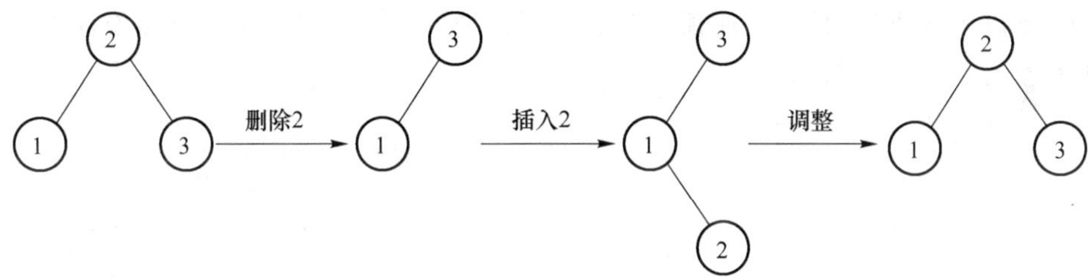

5. 下图所示的 AOE 网表示一项包含 8 个活动的工程。活动 d 的最早开始时间和最迟开始时间分别是(　　)。

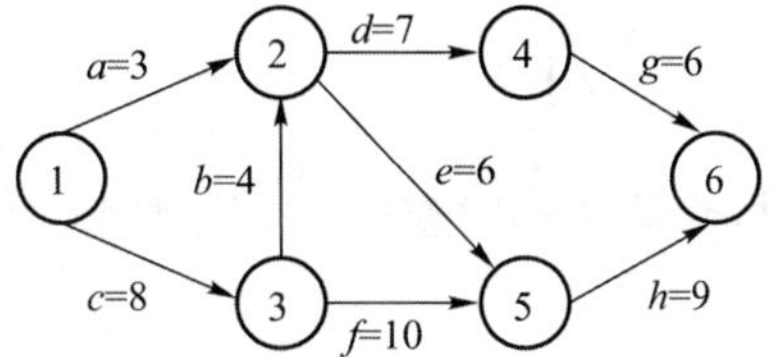

A. 3 和 7　　　　B. 12 和 12　　　　C. 12 和 14　　　　D. 15 和 15

【解析】C。

活动 d 的最早开始时间等于该活动弧的起点所表示的事件的最早发生时间，活动 d 的最早开始时间等于事件 2 的最早发生时间 $\max\{a,b+c\}=\max\{3,12\}=12$。活动 d 的最迟开始时间等于该活动弧的终点所表示的事件的最迟发生时间与该活动所需时间之差，先算出图中关键路径长度为 27(对于不复杂的选择题，找出所有路径计算长度)，那么事件 4 的最迟发生时间为 $\min\{27-g\}=\min\{27-6\}=21$，活动 d 的最迟开始时间为 $21-d=21-7=14$。

常规方法：按照关键路径算法得到下表。

	v_1	v_2	v_3	v_4	v_5	v_6
$v_{e(i)}$	0	12	8	19	18	27
$v_{l(i)}$	0	12	8	21	18	27

	a	b	c	d	e	f	g	h
$e(i)$	0	8	2	12	12	8	19	18
$l(i)$	9	8	0	14	12	8	21	18
$l(i)-e(i)$	9	0	0	2	0	0	3	0

从表中可知，活动 d 的最早开始时间和最迟开始时间分别为 12 和 14，故选 C。

6. 用有向无环图描述表达式$(x+y)((x+y)/x)$，需要的顶点个数至少是(　　)。

A. 5　　B. 6　　C. 8　　D. 9

【解析】A。

先将该表达式转换成有向二叉树，注意到该二叉树中有些顶点是重复的，为了节省存储空间，可以去除重复的顶点(使顶点个数达到最少)，将有向二叉树去重转换成有向无环图，如下图所示。答案选 A。

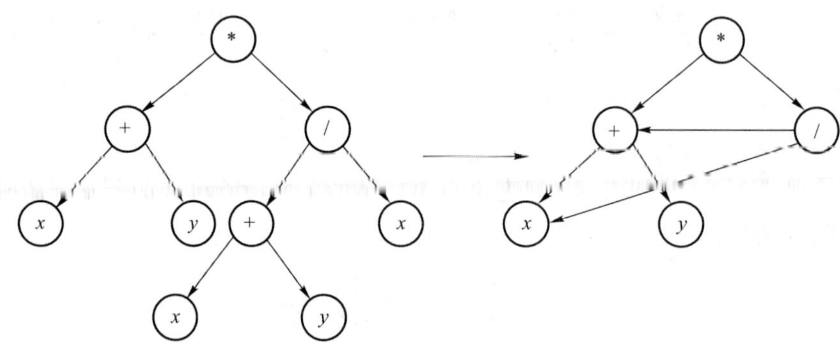

7. 选择一个排序算法时，除算法的时空效率，下列因素中，还需要考虑的是(　　)。

Ⅰ. 数据的规模

Ⅱ. 数据的存储方式

Ⅲ. 算法的稳定性

Ⅳ. 数据的初始状态

A. 仅Ⅲ　　B. 仅Ⅰ、Ⅱ　　C. 仅Ⅱ、Ⅲ、Ⅳ　　D. Ⅰ、Ⅱ、Ⅲ、Ⅳ

【解析】D。

当数据规模较小时可选择复杂度为 $O(n^2)$ 的简单排序方法，当数据规模较大时应选择复杂度为 $O(n\log_2 n)$ 的排序方法，当数据规模大到内存无法放下时需选择外部排序方法，Ⅰ正确。数据的存储方式主要分为顺序存储和链式存储，有些排序方法(如堆排序)只能用于顺序存储方式，Ⅱ正确。若对数据稳定性有要求，则不能选择不稳定的排序方法，Ⅲ显然正确。当数据初始基本有序时，直接插入排序的效率最高，冒泡排序和直接插入排序的时间复杂度都是 $O(n)$，而归并排序的时间复杂度依旧是 $O(n\log_2 n)$，Ⅳ正确。所以选 D。

8. 现有长度为 11 且初始为空的散列表 HT，散列函数是 $H(key) = key\%7$，采用线性探查（线性探测再散列）法解决冲突。将关键字序列 87，40，30，6，11，22，98，20 依次插入 HT 后，HT 查找失败的平均查找长度是（　　）。

A. 4　　B. 5.25　　C. 6　　D. 6.29

【解析】C。

采用线性探查法计算每个关键字的存放情况，如下表所示。

散列地址	0	1	2	3	4	5	6	7	8	9	10
关键字	98	22	30	87	11	40	6	20			

由于 $H(key) = 0 \sim 6$，查找失败时可能对应的地址有 7 个，对于计算出地址为 0 的关键字 key0，只有比较完 0～8 号地址后才能确定该关键字不在表中，比较次数为 9；对于计算出地址为 1 的关键字 keyl，只有比较完 1～8 号地址后才能确定该关键字不在表中，比较次数为 8；以此类推。需要特别注意的是，散列函数不可能计算出地址 7，因此有

$$ASL_{失败} = (9 + 8 + 7 + 6 + 5 + 4 + 3)/7 = 6$$

因此选 C。

9. 设主串 T=“abaabaabcabaabc”，模式串 S=“abaabc”，采用 KMP 算法进行模式匹配，到匹配成功时为止，在匹配过程中进行的单个字符间的比较次数是（　　）。

A. 9　　B. 10　　C. 12　　D. 15

【解析】B。

假设位序都是从 0 开始的，按照 next 数组生成算法，对于 S 有

编号	0	1	2	3	4	5
S	a	b	a	a	b	c
next	−1	0	0	1	1	2

根据 KMP 算法，第一趟连续比较 6 次，模式串的 5 号位和主串的 5 号位匹配失败，模式串的下一个比较位置为 next[5]，即下一次比较从模式串的 2 号位和主串的 5 号位开始，然后直到模式串 5 号位和主串 8 号位匹配，第二趟比较 4 次，模式串匹配成功。单个字的比较次数为 10 次，所以选 B。

10. 排序过程中，对尚未确定最终位置的所有元素进行一遍处理称为一“趟”。下列序列中，不可能是快速排序第二趟结果的是（　　）。

A. 5，2，16，12，28，60，32，72　　B. 2，16，5，28，12，60，32，72

C. 2，12，16，5，28，32，72，60　　D. 5，2，12，28，16，32，72，60

【解析】D。

要理解清楚排序过程中一“趟”的含义，题干也进行了解释。一个初始无序序列，所有元素都没有确定最终位置，对所有元素做一次（称为趟）快速排序后一个元素确定最终位置，且将原序列划分成了前后两块，此时前后两块子表是无序的。按“趟”的解释——对尚未确定最终位置的所有元素都处理一遍才是一趟，所以此时要对前后两块子表各做一次

快速排序才是一“趟”快速排序,如果只对一块子表进行了排序,而未处理另一块子表,就不能算是完整的一趟。

选项 A,第一趟匹配 72,只余一块无序序列,第二趟匹配 28,选项 A 可能。选项 B,第一趟匹配 2,第二趟匹配 72,选项 B 可能。选项 C,第一趟匹配 2,第二趟匹配 28 或 32,选项 C 可能。选项 D,无论先匹配 12 还是先匹配 32,都会将序列分成两块,那么第二趟必须有两个元素匹配,所以选项 D 不可能。故选 D。

11. 设外存上有 120 个初始归并段,进行 12 路归并时,为实现最佳归并,需要补充的虚段个数是(　　)。

A. 1　　B. 2　　C. 3　　D. 4

【解析】B。

在 12 路归并树中只存在度为 0 和度为 12 的结点,设度为 0 的结点数、度为 12 的结点数和要补充的结点数分别为 n_0,n_{12},$n_{补}$,则有 $n_0=120+n_{补}$,$n_0=(12-1)n_{12}+1$,可得

$$n_{12}=(120-1+n_{补})/(12-1)$$

由于结点数 n_{12} 为整数,所以 $n_{补}$ 是使上式整除的最小整数,求得 $n_{补}=2$,所以答案选 B。

二、综合应用题

1. 设线性表 $L=(a_1,a_2,a_3,\cdots,a_{n-2},a_{n-1},a_n)$采用带头结点的单链表保存,链表中的结点定义如下:

```
typedef struct node
{
    int data;
    struct node * next;
}NODE;
```

请设计一个空间复杂度为 $O(1)$ 且时间上尽可能高效的算法,重新排列 L 中的各结点,得到线性表 $L'=(a_1,a_n,a_2,a_{n-1},a_3,a_{n-2},\cdots)$。要求:

(1) 给出算法的基本设计思想;

(2) 根据设计思想,采用 C 或 C++ 语言描述算法,关键之处给出注释;

(3) 说明你所设计的算法的时间复杂度。

【解析】

(1) 算法的基本设计思想

先观察 $L=(a_1,a_2,a_3,\cdots,a_{n-2},a_{n-1},a_n)$和 $L'=(a_1,a_n,a_2,a_{n-1},a_3,a_{n-2},\cdots)$,发现 L'是由 L 摘取第一个结点,再摘取倒数第一个结点,……,依次合并而成的。为了方便链表后半段取结点,需要先将 L 后半段原地逆置[题目要求空间复杂度为 $O(1)$,不能借助于栈],否则每取最后一个结点都需要遍历一次链表。①先找出链表 L 的中间结点,为此设置两个指针 p 和 q,指针 p 每次走一步,指针 q 每次走两步,当指针 q 到达链尾时,指针 p 正好在链表的中间结点;②然后将 L 的后半段结点原地逆置;③从单链表前后两段中依

次各取一个结点，按要求重排。

（2）算法实现

```
void change_list(NODE * h)
{
    NODE *p, *q, *r, *s;
    p = q = h;
    while (q->next!= NULL)        //寻找中间结点
    {
        p= p->next;               //p走一步
        q= q->next;
        if (q->next!= NULL)
            q= q->next;           //q走两步
    }
    q=p ->next;                   //p所指结点为中间结点，q为后半段链表的
                                    首结点
    p->next = NULL;
    while (q!= NULL)              //将链表后半段逆置
    {
        r= q->next;
        q->next = p->next;
        p->next = q;
        q= r;
    }
    s= h->next;                   //s指向前半段的第一个结点，即插入点
    q= p->next;                   //q指向后半段的第一个结点
    p->next = NULL;
    while (q!= NULL)              //将链表后半段的结点插入指定位置
    {
        r= q->next;               //r指向后半段的下一个结点
        q->next = s->next;        //将q所指结点插入s所指结点之后
        s->next = q;
        s= q->next;               //s指向前半段的下一个插入点
        q= r;
    }
}
```

(3) 算法的时间复杂度

本算法中,第 1 步找中间结点的时间复杂度为 $O(n)$,第 2 步逆置的时间复杂度为 $O(n)$,第 3 步合并链表的时间复杂度为 $O(n)$,所以该算法的时间复杂度为 $O(n)$。

2. 请设计一个队列,要求满足:①初始时队列为空;②入队时,允许增加队列占用空间;③出队后,出队元素所占用的空间可重复使用,即整个队列所占用的空间只增不减;④入队操作和出队操作的时间复杂度始终保持为 $O(1)$。请回答下列问题:

(1) 该队列是应选择链式存储结构,还是应选择顺序存储结构?

(2) 画出队列的初始状态,并给出判断队空和队满的条件。

(3) 画出第一个元素入队后的队列状态。

(4) 给出入队操作和出队操作的基本过程。

【解析】

(1) 顺序存储无法满足要求②的队列占用空间随着入队操作而增加。根据要求来分析:要求①容易满足;链式存储方便开辟新空间,要求②容易满足;对于要求③,出队后的结点并不真正释放,用队头指针指向新的队头结点,新结点入队时,有空闲结点则无须开辟新空间,赋值到队尾后的第一个空闲结点即可,然后用队尾指针指向新的队尾结点,这就需要设计成一个首尾相接的循环单链表,类似于循环队列的思想;设置队头、队尾指针后,链式队列的入队操作和出队操作的时间复杂度均为 $O(1)$,要求④可以满足。

因此,采用链式存储结构(两段式单向循环链表),队头指针为 front,队尾指针为 rear。

(2) 该循环链式队列的实现,可以参考循环队列,不同之处在于循环链式队列可以方便地增加空间,出队的结点可以循环利用,入队时空间不够也可以动态增加。同样,循环链式队列也要区分队满和队空的情况,这里参考循环队列牺牲一个单元来判断。初始时,创建只有一个空闲结点的循环单链表,头指针 front 和尾指针 rear 均指向空闲结点,如下图所示。

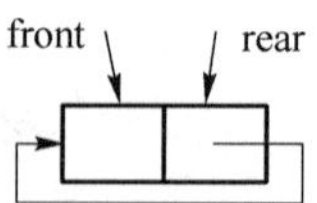

队空的判定条件:front == rear。

队满的判定条件:front == rear->next。

(3) 插入第一个结点后的状态如下图所示。

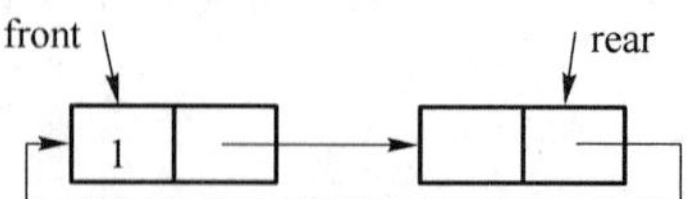

(4) 操作的基本过程如下：

入队操作：
若(front == rear->next)　　　　//队满 　　则在 rear 后面插入一个新的空闲结点； 入队元素保存到 rear 所指结点中；rear = rear->next；返回。
出队操作：
若(front == rear)　　　　//队空 　　则出队失败，返回； 取 front 所指结点中的元素 e；front = front->next；返回 e。

2018 年真题解析

一、单项选择题

1. 若栈 S_1 中保存整数，栈 S_2 中保存运算符，函数 $F()$依次执行下述各步操作：

(1) 从 S_1 中依次弹出两个操作数 a 和 b；

(2) 从 S_2 中弹出一个运算符 op；

(3) 执行相应的运算 b op a；

(4) 将运算结果压入 S_1 中。

假定 S_1 中的操作数依次是 5,8,3,2(2 在栈顶)，S_2 中的运算符依次是 *，－，＋(＋在栈顶)。调用 3 次 $F()$后，S_1 栈顶保存的值是(　　)。

A. －15　　　B. 15　　　C. －20　　　D. 20

【解析】B。

第一次调用：①从 S_1 中弹出 2 和 3；②从 S_2 中弹出＋；③执行 3＋2 = 5；④将 5 压入 S_1。第一次调用结束后 S_1 中剩余 5,8,5(5 在栈顶)，S_2 中剩余 *，－(－在栈顶)。第二次调用：①从 S_1 中弹出 5 和 8；②从 S_2 中弹出－；③执行 8－5 =3；④将 3 压入 S_1。第二次调用结束后 S_1 中剩余 5,3(3 在栈顶)，S_2 中剩余 *。第三次调用：①从 S_1 中弹出 3 和 5；②从 S_2 中弹出 *；③执行 5×3 = 15；④将 15 压入 S_1。第三次调用结束后 S_1 中仅剩余 15(栈顶)，S_2 为空。故选 B。

2. 现有队列 Q 与栈 S，初始时 Q 中的元素依次是 1,2,3,4,5,6(1 在队头)，S 为空。若仅允许下列三种操作：①出队并输出出队元素；②出队并将出队元素入栈；③出栈并输出出栈元素，则不能得到的输出序列是(　　)。

A. 1,2,5,6,4,3　　　B. 2,3,4,5,6,1

C. 3,4,5,6,1,2　　　D. 6,5,4,3,2,1

【解析】C。

A 的操作顺序：①①②②①①③③。B 的操作顺序：②①①①①①③。D 的操作顺序：②②②②②①③③③③③。对于 C：首先输出 3，说明 1 和 2 必须先依次入栈，而此后

2 肯定比 1 先输出,因此无法得到 1,2 的输出顺序。

3. 设有一个 12×12 的对称矩阵 $\boldsymbol{M}$,将其上三角部分的元素 $m_{i,j}(1\leqslant i\leqslant j\leqslant 12)$按行优先存入 C 语言的一维数组 N 中,元素 $m_{6,6}$ 在 N 中的下标是(　　)。

A. 50　　B. 51　　C. 55　　D. 66

【解析】A。

数组 N 的下标从 0 开始,第一个元素 $m_{1,1}$ 对应存入 n_0,矩阵 $\boldsymbol{M}$ 的第 1 行有 12 个元素,第 2 行有 11 个,第 3 行有 10 个,第 4 行有 9 个,第 5 行有 8 个,所以 $m_{6,6}$ 是第 $12+11+10+9+8+1=51$ 个元素,下标应为 50,故选 A。

4. 设一棵非空完全二叉树 T 的所有叶结点均位于同一层,且每个非叶结点都有 2 个子结点。若 T 有 k 个叶结点,则 T 的结点总数是(　　)。

A. $2k-1$　　B. $2k$　　C. k^2　　D. 2^k-1

【解析】A。

非叶结点的度均为 2,且所有叶结点都位于同一层的完全二叉树就是满二叉树。对于一棵高度为 h 的满二叉树(对于空树,$h=0$),其最后一层全部是叶结点,数量为 2^{h-1},总结点数为 2^h-1。因此,当 $2^{h-1}=k$ 时,可以得到 $2^h-1=2k-1$。

5. 已知字符集{a,b,c,d,e,f},若各字符出现的次数分别为 6,3,8,2,10,4,则对应字符集中各字符的哈夫曼编码可能是(　　)。

A. 00,1011,01,1010,11,100　　B. 00,100,110,000,0010,01

C. 10,1011,11,0011,00,010　　D. 0011,10,11,0010,01,000

【解析】A。

构造一棵符合题意的哈夫曼树,如下图所示。

由此可知,左子树为 0,右子树为 1,故答案为 A。

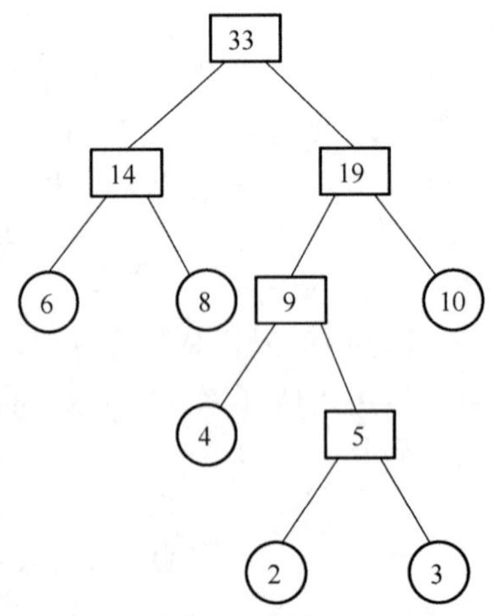

6. 已知二叉排序树如下图所示,元素之间应满足的大小关系是(　　)。

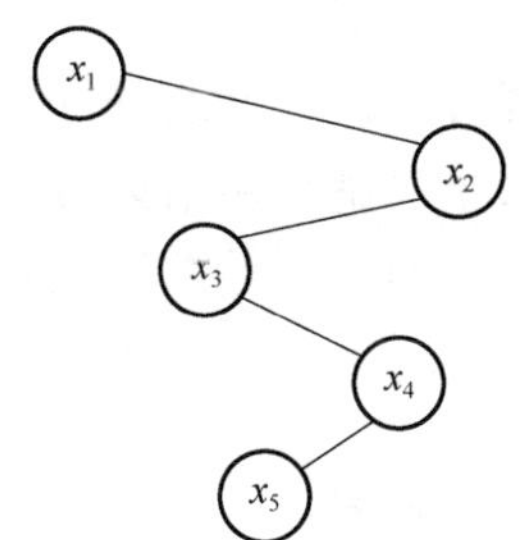

A. $x_1 < x_2 < x_5$　　B. $x_1 < x_4 < x_5$

C. $x_3 < x_5 < x_4$　　D. $x_4 < x_3 < x_5$

【解析】C。

根据二叉排序树的特性：中序遍历(LNR)得到的是一个递增序列。图中二叉排序树的中序遍历序列为 x_1,x_3,x_5,x_4,x_2，可知 $x_3 < x_5 < x_4$。

7. 下列选项中，不是如下有向图的拓扑序列的是(　　)。

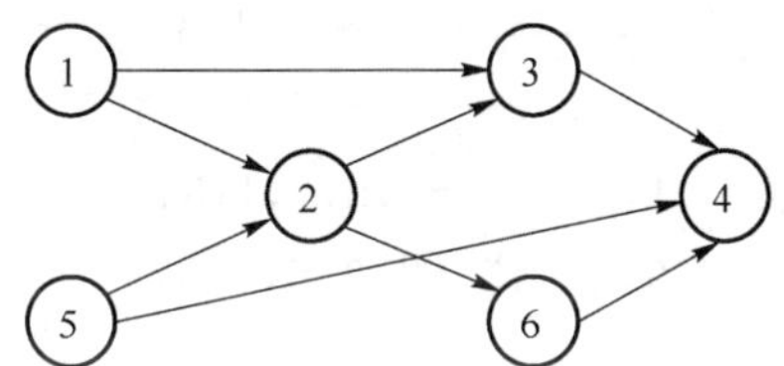

A. 1,5,2,3,6,4　　B. 5,1,2,6,3,4

C. 5,1,2,3,6,4　　D. 5,2,1,6,3,4

【解析】D。

拓扑排序每次选取入度为 0 的结点输出，经观察不难发现拓扑序列前两位一定是 1，5 或 5，1(因为只有 1 和 5 的入度均为 0，且其他结点都不满足仅有 1 或仅有 5 作为前驱的条件)。因此选项 D 显然错误。

8. 高度为 5 的 3 阶 B 树含有的关键字个数至少是(　　)。

A. 15　　B. 31　　C. 62　　D. 242

【解析】B。

m 阶 B 树的基本性质：根结点以外的非叶结点最少含有$\lceil m/2 \rceil-1$ 个关键字，代入 $m=3$得到每个非叶结点中最少包含 1 个关键字，而根结点含有 1 个关键字，因此所有非叶结点都有两个孩子。此时其树形与 $h=5$ 的满二叉树相同，可求得关键字最少为 31 个。

9. 现有长度为 7、初始为空的散列表 HT，散列函数 $H(k)=k\%7$，用线性探测再散列法解决冲突。将关键字 22,43,15 依次插入 HT 后，查找成功的平均查找长度是(　　)。

A. 1.5　　B. 1.6　　C. 2　　D. 3

【解析】C。

根据题意，得到的 HT 如下：

0	1	2	3	4	5	6
	22	43	15			

$ASL_{成功}=(1+2+3)/3=2$。

10. 对初始数据序列(8,3,9,11,2,1,4,7,5,10,6)进行希尔排序。若第一趟排序结果为(1,3,7,5,2,6,4,9,11,10,8),第二趟排序结果为(1,2,6,4,3,7,5,8,11,10,9),则两趟排序采用的增量(间隔)依次是(　　)。

A. 3,1　　B. 3,2　　C. 5,2　　D. 5,3

【解析】D。

初始序列:8,3,9,11,2,1,4,7,5,10,6。

第一趟:1,3,7,5,2,6,4,9,11,10,8。

第二趟:1,2,6,4,3,7,5,8,11,10,9。

第一趟分组:8,1,6;3,4;9,7;11,5;2,10。间隔为5,排序后组内递增。

第二趟分组:1,5,4,10;3,2,9,8;7,6,11。间隔为3,排序后组内递增。

故答案选D。

11. 在将数据序列(6,1,5,9,8,4,7)建成大根堆时,正确的序列变化过程是(　　)。

A. 6,1,7,9,8,4,5→6,9,7,1,8,4,5→9,6,7,1,8,4,5→9,8,7,1,6,4,5

B. 6,9,5,1,8,4,7→6,9,7,1,8,4,5→9,6,7,1,8,4,5→9,8,7,1,6,4,5

C. 6,9,5,1,8,4,7→9,6,5,1,8,4,7→9,6,7,1,8,4,5→9,8,7,1,6,4,5

D. 6,1,7,9,8,4,5→7,1,6,9,8,4,5→7,9,6,1,8,4,5－9,7,6,1,8,4,5→9,8,6,1,7,4,5

【解析】A。

要熟练掌握建堆、堆的调整方法,从序列末尾开始向前遍历,交换过程如下图所示。

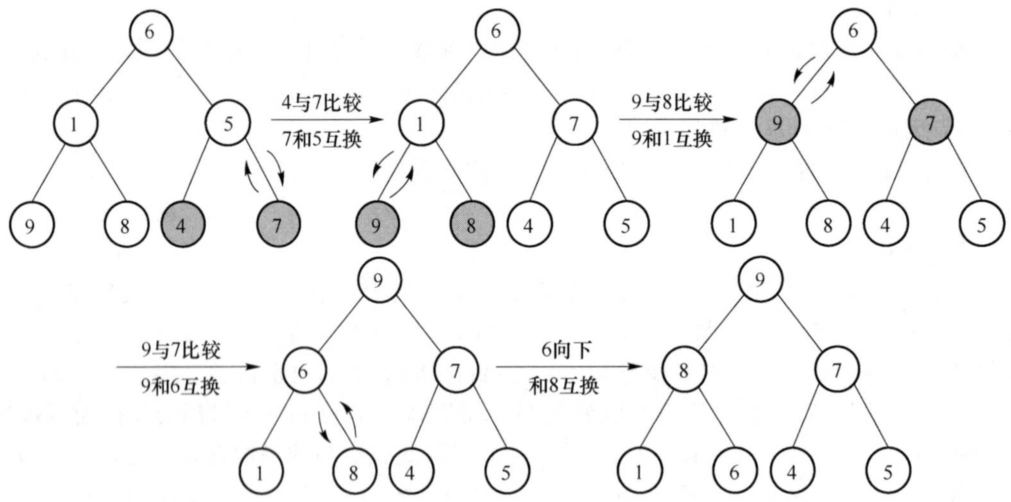

二、综合应用题

1. 给定一个含 $n(n\geqslant 1)$ 个整数的数组,请设计一个在时间上尽可能高效的算法,找出数组中未出现的最小正整数。例如:数组{－5,3,2,3}中未出现的最小正整数是1;数组{1,2,3}中未出现的最小正整数是4。要求:

(1) 给出算法的基本设计思想;

(2) 根据设计思想,采用 C 或 C++语言描述算法,关键之处给出注释;

(3) 说明你所设计的算法的时间复杂度和空间复杂度。

【解析】

(1) 算法的基本设计思想

题目要求算法时间上尽可能高效,因此采用空间换时间的办法。分配一个用于标记的数组 $B[n]$,用来记录 A 中是否出现了 $1\sim n$ 中的正整数,$B[0]$对应正整数 1,$B[n-1]$对应正整数 n,初始化 B 中全部为 0。由于 A 中含有 n 个整数,因此可能返回的值是 $1\sim n+1$,当 A 中 n 个数恰好为 $1\sim n$ 时返回 $n+1$。当数组 A 中出现了小于等于 0 或大于 n 的值时,会导致 $1\sim n$ 中出现空余位置,返回结果必然在 $1\sim n$ 中,因此若 A 中出现了小于等于 0 或大于 n 的值可以不采取任何操作。

经过以上分析可以得出算法流程:从 $A[0]$开始遍历 A,若 $0 < A[i] <= n$,则令 $B[A[i]-1] = 1$;否则不进行操作。对 A 遍历结束后,开始遍历数组 B,若能查找到第一个满足 $B[i] = 0$ 的下标 i,则返回的 $i+1$ 即为结果,此时说明 A 中未出现的最小正整数在 $1\sim n$ 之间。若 $B[i]$全部不为 0,返回 $i+1$(跳出循环时 $i = n, i+1 = n+1$),此时说明 A 中未出现的最小正整数是 $n+1$。

(2) 算法的实现

```
int findMissMin(int A[], int n)
{
    int i, * B;                                //标记数组
    B = (int * )malloc(sizeof(int) * n);       //分配空间
    memset(B, 0, sizeof(int) * n);             //赋初值为 0
    for (i = 0; i < n; i++)
        if (A[i]> 0&&A[i]< = n)                //若 A[i]的值介于 1～n 之间,则标
                                               //记数组 B
            B[A[i] - 1] = 1;
    for (i = 0; i < n; i++)                    //扫描数组 B,找到目标值
        if (B[i] == 0)
            break;
    return i + 1;
}
```

(3) 算法的时间复杂度和空间复杂度

本算法中,遍历 A 一次,遍历 B 一次,两次循环内操作步骤为 $O(1)$量级,因此时间复杂度为 $O(n)$。空间复杂度:额外分配了 $B[n]$,空间复杂度为 $O(n)$。

2. 拟建设一个光通信骨干网络连通 BJ、CS、XA、QD、JN、NJ、TL 和 WH 共 8 个城市,题 2 图中无向边上的权值表示两个城市间备选光纤的铺设费用。

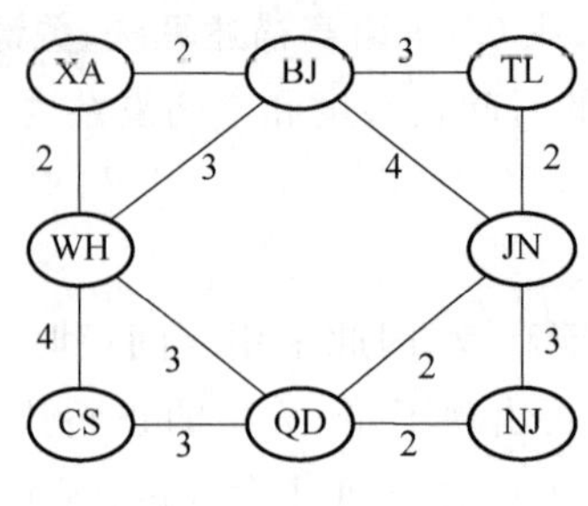

题 2 图

请回答下列问题：

(1) 仅从铺设费用的角度出发，给出所有可能的最经济的光纤铺设方案(用带权图表示)，并计算相应方案的总费用。

(2) 题 2 图可采用图的哪种存储结构？给出求解问题(1)所使用的算法名称。

(3) 假设每个城市采用一个路由器按(1)中得到的最经济方案组网，主机 H1 直接连接在 TL 的路由器上，主机 H2 直接连接在 BJ 的路由器上。若 H1 向 H2 发送一个 TTL=5 的 IP 分组，则 H2 是否可以收到该 IP 分组？

【解析】

(1) 为了求解最经济的方案，可以把问题抽象为求无向带权图的最小生成树。可以采用手动 Prim 算法或 Kruskal 算法作图，注意本题最小生成树有两种构造，如下图所示。

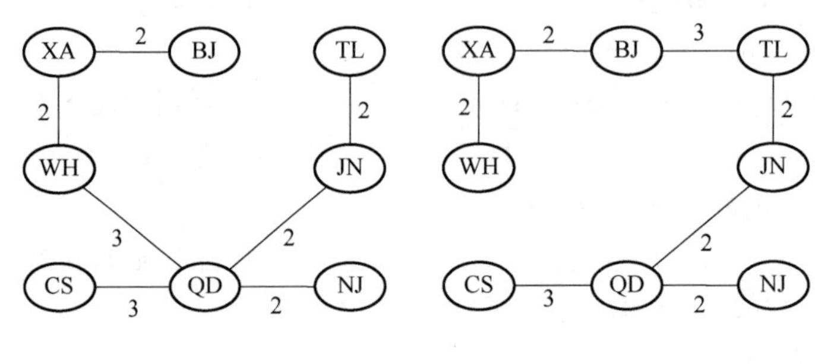

方案的总费用为 16。

(2) 存储题中的图可以采用邻接矩阵(或邻接表)。构造最小生成树采用 Prim 算法(或 Kruskal 算法)。

(3) TTL=5，即 IP 分组的生存时间(最大传递距离)为 5，方案 1 中 TL 和 BJ 的距离过远，TTL = 5 不足以让 IP 分组从 H1 传送到 H2，因此 H2 不能收到 IP 分组。而方案 2 中 TL 和 BJ 邻近，H2 可以收到 IP 分组。

2017 年真题解析

一、单项选择题

1. 下列函数的时间复杂度是(　　)。

```
int func(int n)
{
    int i = 0, sum = 0;
    while(sum < n)
        sum +=  ++ i;
    return i;
}
```

A. $O(\log_{10}n)$　　B. $O(n^{1/2})$　　C. $O(n)$　　D. $O(n\log_{10}n)$

【解析】B。

“sum+ = ++i;”相当于“++i; sum = sum+i;”。进行到第 k 趟循环，sum = $(1+k)*k/2$。显然需要进行 $O(n^{1/2})$趟循环，因此这也是该函数的时间复杂度。

2. 下列关于栈的叙述中，错误的是(　　)。

Ⅰ. 采用非递归方式重写递归程序时必须使用栈

Ⅱ. 函数调用时，系统要用栈保存必要的信息

Ⅲ. 只要确定了入栈次序，就可确定出栈次序

Ⅳ. 栈是一种受限的线性表，允许在其两端进行操作

A. 仅Ⅰ　　B. 仅Ⅰ、Ⅱ、Ⅲ　　C. 仅Ⅰ、Ⅲ、Ⅳ　　D. 仅Ⅱ、Ⅲ、Ⅳ

【解析】C。

Ⅰ的反例：计算斐波拉契数列迭代只需要一个循环即可实现。Ⅲ的反例：入栈序列为1、2，进行如下操作 PUSH、PUSH、POP、POP，出栈次序为 2、1；进行如下操作 PUSH、POP、PUSH、POP，出栈次序为 1、2。栈是一种受限的线性表，只允许在一端进行操作，故Ⅳ错误。因此Ⅱ正确。

3. 适用于压缩存储稀疏矩阵的两种存储结构是(　　)。

A. 三元组表和十字链表　　B. 三元组表和邻接矩阵

C. 十字链表和二叉链表　　D. 邻接矩阵和十字链表

【解析】A。

三元组表的结点存储了行 row、列 col、值 value 三种信息，是主要用来存储稀疏矩阵的一种数据结构。十字链表将行单链表和列单链表结合起来存储稀疏矩阵。邻接矩阵空间复杂度达 $O(n^2)$，不适于存储稀疏矩阵。二叉链表又名左孩子右兄弟表示法，可用于表示树或森林。因此选项 A 正确。

4. 要使一棵非空二叉树的先序序列与中序序列相同，其所有非叶结点须满足的条件是(　　)。

A. 只有左子树　　B. 只有右子树

C. 结点的度均为 1　　D. 结点的度均为 2

【解析】B。

先序序列是先父结点,接着左子树,然后右子树。中序序列是先左子树,接着父结点,然后右子树,递归进行。如果所有非叶结点只有右子树,先序序列和中序序列都是先父结点,然后右子树,递归进行,因此选项 B 正确。

5. 已知一棵二叉树的树形如图所示,其后序序列为 e,a,c,b,d,g,f,树中与结点 a 同层的结点是(　　)。

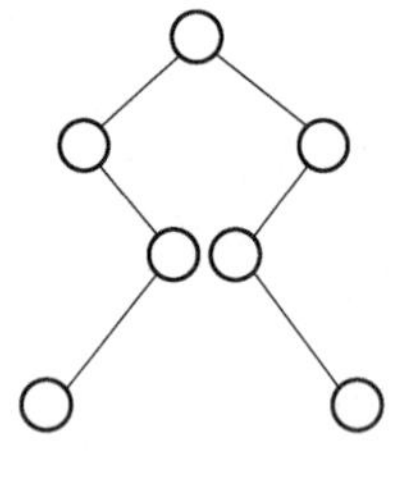

A. c　　B. d　　C. f　　D. g

【解析】B。

后序序列是先左子树,接着右子树,最后父结点,递归进行。根结点左子树的叶结点首先被访问,它是 e,接下来是它的父结点 a,然后是 a 的父结点 c,接着访问根结点的右子树。它的叶结点 b 首先被访问,然后是 b 的父结点 d,再是 d 的父结点 g,最后是根结点 f。因此 d 与 a 同层,B 正确。

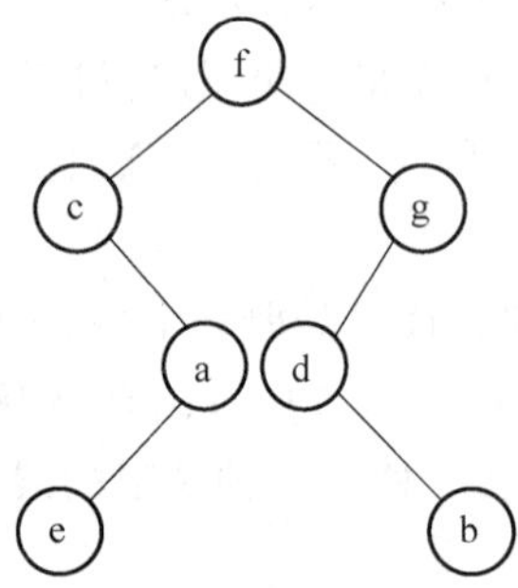

6. 已知字符集{a,b,c,d,e,f,g,h},若各字符的哈夫曼编码依次是 0100,10,0000,0101,001,011,11,0001,则编码序列 0100011001001011110101 的译码结果是(　　)。

A. a c g a b f h　　B. a d b a g b b

C. a f b e a g d　　D. a f e e f g d

【解析】D。

哈夫曼编码是前缀编码,各个编码的前缀各不相同,因此直接拿编码序列与哈夫曼编码一一比对即可。序列可分割为 0100 011 001 001 011 11 0101,译码结果是 a f e e f g d,选项 D 正确。

7. 已知无向图 G 含有 16 条边,其中度为 4 的顶点个数为 3,度为 3 的顶点个数为 4,其他顶点的度均小于 3。图 G 所含的顶点个数至少是(　　)。

A. 10　　　　　B. 11　　　　　C. 13　　　　　D. 15

【解析】B。

无向图边数的两倍等于各顶点度数的总和。由于其他顶点的度均小于 3,可以设它们的度都为 2,设它们的数量是 x,可列出方程 $4\times3+3\times4+2x=16\times2$,解得 $x=3$。$4+4+3=11$,选项 B 正确。

8. 下列二叉树中,可能成为折半查找判定树(不含外部结点)的是(　　)。

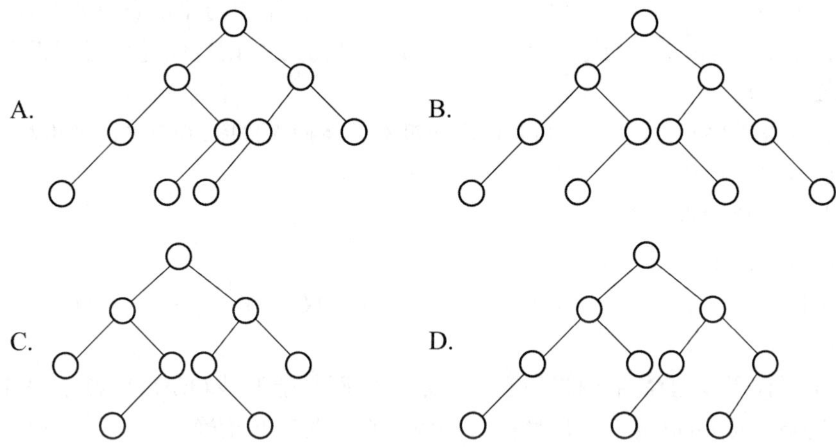

【解析】A。

折半查找判定树实际上是一棵二叉排序树,它的中序序列是一个有序序列。可以在树结点上依次填上相应的元素,符合折半查找规则的树即是所求。

B 选项,4、5 相加除 2 向上取整,7、8 相加除 2 向下取整,矛盾。C 选项,3、4 相加除 2 向上取整,6、7 相加除 2 向下取整,矛盾。D 选项,1、10 相加除 2 向下取整,6、7 相加除 2 向上取整,矛盾。选项 A 符合折半查找规则,因此正确。

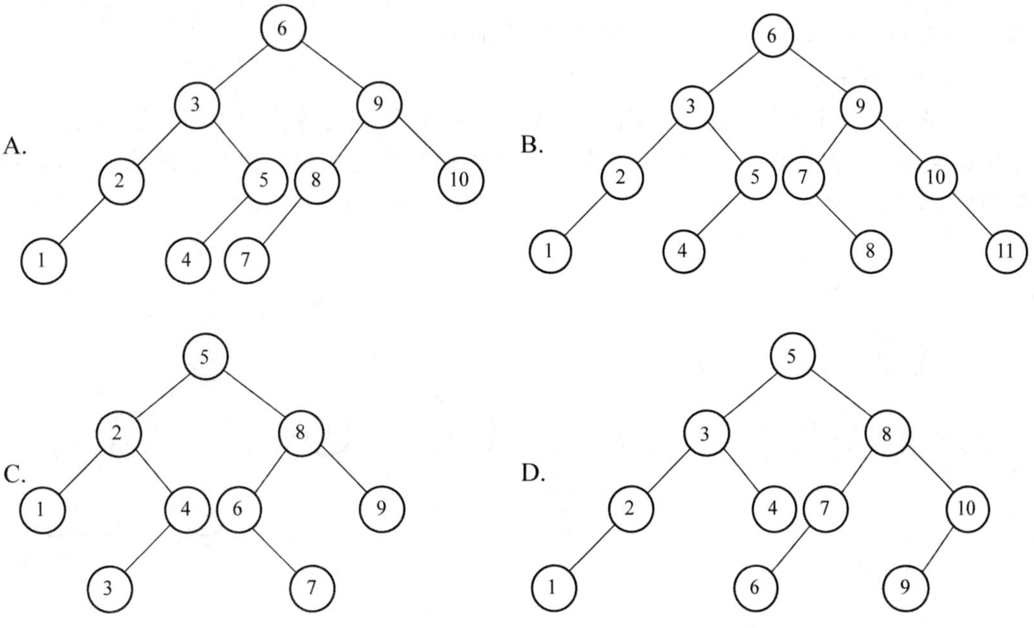

9. 下列应用中,适合使用B+树的是(　　)。

A. 编译器中的词法分析　　B. 关系数据库系统中的索引

C. 网络中的路由表快速查找　　D. 操作系统的磁盘空闲块管理

【解析】B。

B+树是应文件系统所需而产生的B－树的变形,前者比后者更加适用于实际应用中的操作系统的文件索引和数据库索引,因为前者磁盘读写代价更低,查询效率更加稳定。编译器中的词法分析使用有穷自动机和语法树。网络中的路由表快速查找主要靠高速缓存、路由表压缩技术和快速查找算法。系统一般使用空闲空间链表管理磁盘空闲块。所以选项B正确。

10. 在内部排序时,若选择了归并排序而没有选择插入排序,则可能的理由是(　　)。

Ⅰ. 归并排序的程序代码更短

Ⅱ. 归并排序的占用空间更少

Ⅲ. 归并排序的运行效率更高

A. 仅Ⅱ　　B. 仅Ⅲ　　C. 仅Ⅰ、Ⅱ　　D. 仅Ⅰ、Ⅲ

【解析】B。

归并排序代码比选择插入排序更复杂,前者空间复杂度是$O(n)$,后者是$O(1)$。但是前者时间复杂度是$O(n\log_{10}n)$,后者是$O(n^2)$。所以选项B正确。

11. 下列排序方法中,若将顺序存储更换为链式存储,则算法的时间效率会降低的是(　　)。

Ⅰ. 插入排序　Ⅱ. 选择排序　Ⅲ. 起泡排序　Ⅳ. 希尔排序　Ⅴ. 堆排序

A. 仅Ⅰ、Ⅱ　　B. 仅Ⅱ、Ⅲ　　C. 仅Ⅲ、Ⅳ　　D. 仅Ⅳ、Ⅴ

【解析】D。

插入排序、选择排序、起泡排序的原本时间复杂度是$O(n^2)$,更换为链式存储后的时间复杂度还是$O(n^2)$。希尔排序和堆排序都利用了顺序存储的随机访问特性,而链式存储不支持这种性质,所以时间复杂度会增加,因此选D。

二、综合应用题

1. 请设计一个算法,将给定的表达式树(二叉树)转换为等价的中缀表达式(通过括号反映操作符的计算次序)并输出。例如,当下列两棵表达式树作为算法的输入时,输出的等价中缀表达式分别为$(a+b)*(c*(-d))$和$(a*b)+(-(c-d))$。

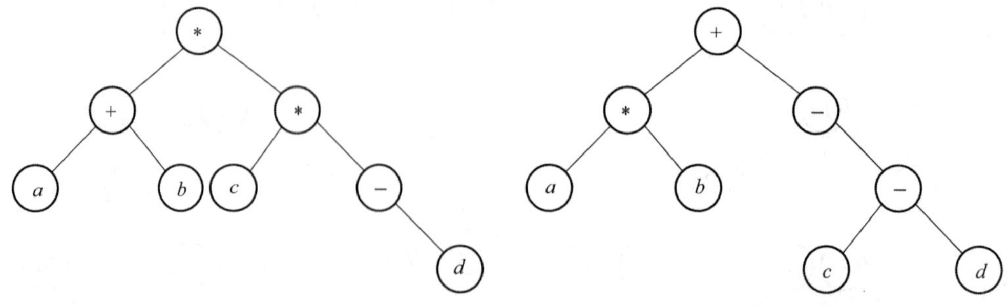

二叉树结点定义如下：

```
typedef struct node
{
    char data[10];          //存储操作数或操作符
    struct node * left, * right;
}BTree;
```

要求：

(1) 给出算法的基本设计思想；

(2) 根据设计思想，采用C或C++语言描述算法，关键之处给出注释。

【解析】

(1) 算法的基本设计思想

表达式树的中序序列加上必要的括号即为等价的中缀表达式。可以基于二叉树的中序遍历策略得到所需的表达式。

表达式树中分支结点所对应的子表达式的计算次序，由该分支结点所处的位置决定。为得到正确的中缀表达式，需要在生成遍历序列的同时，在适当位置增加必要的括号。显然，表达式的最外层(对应根结点)及操作数(对应叶结点)不需要添加括号。

(2) 算法实现

将二叉树的中序遍历递归算法稍加改造即可得本题答案。除根结点和叶结点，遍历到其他结点时在遍历其左子树之前加上左括号，在遍历完右子树后加上右括号。

```
void BtreeToE(BTree * root)
{
    BtreeToExp(root,1);                       //根的高度为1
}
void BtreeToExp( BTree * root, int deep)
{
    if (root == NULL)
        return;                               //空结点返回
    else if (root->left == NULL&&root->right == NULL) //若为叶结点
        printf("%s", root->data);             //输出操作数,不加括号
    else
    {
        if (deep > 1)
            printf( "(" );                    //若有子表达式则加1层括号
        BtreeToExp(root->left, deep+1);
        printf ("%s", root->data) ;           //输出操作符
        BtreeToExp(root->right, deep+1) ;
        if (deep > 1)
            printf( ")" );                    //若有子表达式则加1层括号
    }
}
```

2. 使用 Prim(普里姆)算法求带权连通图的最小(代价)生成树(MST)。请回答下列问题。

(1) 对下图 G,从顶点 A 开始求 G 的 MST,依次给出按算法选出的边。

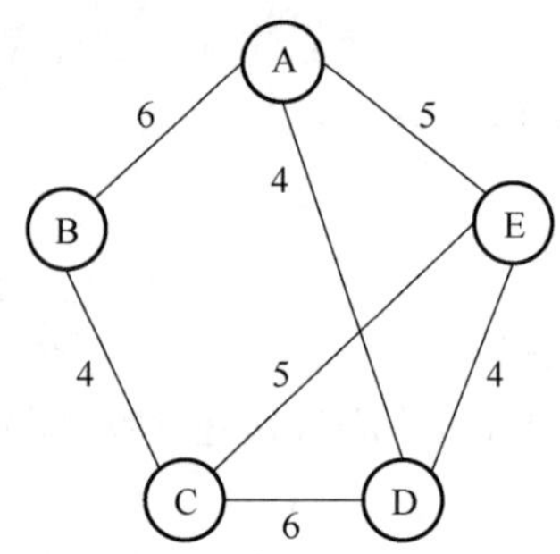

(2) 图 G 的 MST 是唯一的吗?

(3) 对任意的带权连通图,满足什么条件时,其 MST 是唯一的?

【解析】

(1) Prim 算法属于贪心策略。算法从一个任意的顶点开始,一直长大到覆盖图中所有顶点为止。算法每一步在连接树集合 S 中顶点和其他顶点的边中,选择一条使得树的总权重增加最小的边加入集合 S。当算法终止时,S 就是最小生成树。

① S 中顶点为 A,候选边为(A,D),(A,B),(A,E),选择(A,D)加入 S。

② S 中顶点为 A,D,候选边为(A,B),(A,E),(D,E),(C,D),选择(D,E),加入 S。

③ S 中顶点为 A,D,E,候选边为(A,B),(C,D),(C,E),选择(C,E)加入 S。

④ S 中顶点为 A,D,E,C,候选边为(A,B),(B,C),选择(B,C)加入 S。

⑤ S 就是最小生成树。

依次选出的边为:(A,D),(D,E),(C,E),(B,C)。

(2) 图 G 的 MST 是唯一的。第(1)题的最小生成树包括了图中权值最小的四条边,其他边都比这四条边大,所以此图的 MST 唯一。

(3) 当带权连通图的任意一个环中所包含的边的权值均不相同时,其 MST 是唯一的。

2016 年真题解析

一、单项选择题

1. 已知表头元素为 c 的单链表在内存中的存储状态如下表所示。

地址	元素	链接地址
1000H	a	1010H
1004H	b	100CH
1008H	c	1000H
100CH	d	NULL
1010H	e	1004H
1014H		

现将 f 存放于 1014H 处并插入单链表，若 f 在逻辑上位于 a 和 e 之间，则 a，e，f 的“链接地址”依次是（　　）。

A. 1010H，1014H，1004H　　B. 1010H，1004H，1014H

C. 1014H，1010H，1004H　　D. 1014H，1004H，1010H

【解析】D。

根据存储状态，单链表的结构如下图所示。

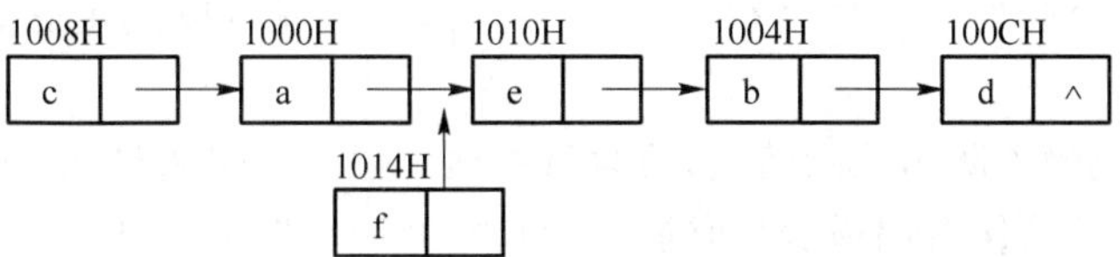

其中“链接地址”是指结点 next 所指的内存地址。当结点 f 插入后，a 指向 f，f 指向 e，e 指向 b。显然 a，e 和 f 的“链接地址”分别是 f，b 和 e 的内存地址，即 1014H，1004H 和 1010H。

2. 已知一个带有表头结点的双向循环链表 L，结点结构为

prev	data	next

，其中，prev 和 next 分别是指向其直接前驱和直接后继结点的指针。现要删除指针 p 所指的结点，正确的语句序列是（　　）。

A. p—>next—>prev＝p—>prev；p—>prev—>next＝p—>prev；free(p)；

B. p—>next—>prev＝p—>next；p—>prev—>next＝p—>next；free(p)；

C. p—>next—>prev＝p—>next；p—>prev—>next＝p—>prev；free(p)；

D. p—>next—>prev＝p—>prev；p—>prev—>next＝p—>next；free(p)；

【解析】D。

此类题的解题思路万变不离其宗，无论是链表的插入还是删除都必须保证不断链。

3. 设有下图所示的火车车轨，入口到出口之间有 n 条轨道，列车的行进方向均为从左至右，列车可驶入任意一条轨道。现有编号为 1～9 的 9 列列车，驶入的次序依次是 8，4，2，5，3，9，1，6，7。若期望驶出的次序依次为 1～9，则 n 至少是（　　）。

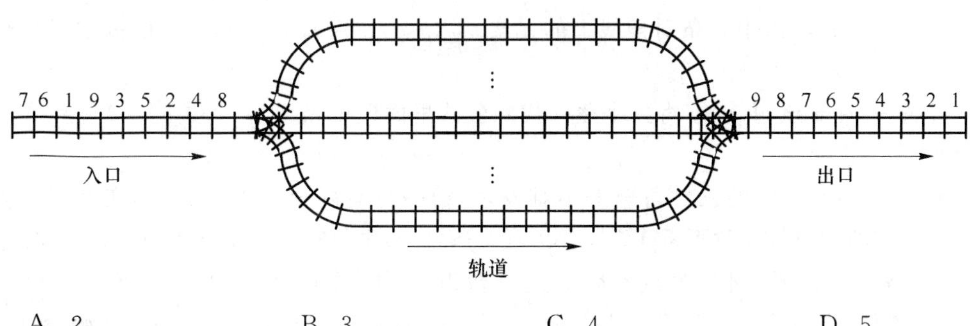

A. 2　　B. 3　　C. 4　　D. 5

【解析】C。

在确保队列先进先出原则的前提下。根据题意具体分析：入队顺序为 8，4，2，5，3，9，1，6，7，出队顺序为 1～9。入口和出口之间有多个队列（n 条轨道），且每个队列（轨道）可容纳多个元素（多列列车）。如此分析：显然先入队的元素必须小于后入队的元素（如果 8

和 4 入同一队列，8 在前 4 在后，那么出队时只能是 8 在前 4 在后)，这样 8 入队列 1，4 入队列 2，2 入队列 3，5 入队列 2(按照前面的原则“大的元素在小的元素后面”也可以将 5 入队列 3，但这时剩下的元素 3 就必须放到一个新的队列里面，无法确保“至少”，本应该是将 5 入队列 2，再将 3 入队列 3，不增加新队列的情况下，可以满足题意“至少”的要求)，3 入队列 3，9 入队列 1，这时共占了 3 个队列，后面还有元素 1，直接再占用一个新的队列 4，1 从队列 4 出队后，剩下的元素 6 和 7 或者入队到队列 2 或者入队到队列 3(为简单起见，我们不妨设 n 个队列的序号分别为 1，2，…，n)，这样就可以满足题目的要求。综上，共占用了 4 个队列。

当然还有其他的入队出队的情况，可自行推演。但要确保满足：①队列中后面的元素大于前面的元素；②确保占用最少(即满足题目中的“至少”)的队列。

4. 有一个 100 阶的三对角矩阵 $\boldsymbol{M}$，其元素 $m_{i,j}$($1\leqslant i\leqslant 100, 1\leqslant j\leqslant 100$)按行优先依次压缩存入下标从 0 开始的一维数组 N 中。元素 $m_{30,30}$ 在 N 中的下标是(　　)。

A. 86　　B. 87　　C. 88　　D. 89

【解析】B。

三对角矩阵如下图所示。

$$\begin{bmatrix} a_{1,1} & a_{1,2} & & & & \\ a_{2,1} & a_{2,2} & a_{2,3} & & 0 & \\ & a_{3,2} & a_{3,3} & a_{3,4} & & \\ & & \ddots & \ddots & \ddots & \\ & 0 & & a_{n-1,n-2} & a_{n-1,n-1} & a_{n-1,n} \\ & & & & a_{n,n-1} & a_{n,n} \end{bmatrix}$$

采用压缩存储，将 3 条对角线上的元素按行优先方式存放在一维数组 B 中，且将 $a_{1,1}$ 存放于 $B[0]$中，其存储形式如下所示：

$a_{1,1}$	$a_{1,2}$	$a_{2,1}$	$a_{2,2}$	$a_{2,3}$	…	$a_{n-1,n}$	$a_{n,n-1}$	$a_{n,n}$

可以计算矩阵 $\mathbf{A}$ 中 3 条对角线上的元素 $a_{i,j}$($1\leqslant i,j\leqslant n, |i-j|\leqslant 1$)在一维数组 B 中存放的下标为 $k = 2i+j-3$。

解法一：针对该题，仅需将数字逐一代入公式里面即可，$k = 2\times 30+30-3 = 87$，结果为 87。

解法二：观察上图的三对角矩阵不难发现，第一行有两个元素，剩下的在元素 $m_{30,30}$ 所在行之前的 28 行(注意下标 $1\leqslant i\leqslant 100, 1\leqslant j\leqslant 100$)中每行有 3 个元素，而 $m_{30,30}$ 之前仅有一个元素 $m_{30,29}$，那么不难发现元素 $m_{30,30}$ 在数组 N 中的下标是 $2+28\times 3+2-1=87$。

【注意】矩阵和数组的下标是从 0 或 1 开始的(如矩阵可能从 $a_{0,0}$ 或 $a_{1,1}$ 开始，数组可能从 $B[0]$或 $B[1]$开始)，这时就需要适时调整计算方法(这个方法无非是针对上面提到的公式 $k=2\times i+j-3$ 多计算 1 或少计算 1 的问题)。

5. 若森林 F 有 15 条边、25 个结点，则 F 包含树的个数是(　　)。

A. 8　　B. 9　　C. 10　　D. 11

【解析】C。

解法一：树有一个很重要的性质，即在 n 个结点的树中有 $n-1$ 条边，“那么对于每棵树，其结点数比边数多 1”。题中的森林中的结点数比边数多 10(即 $25-15=10$)，显然共有 10 棵树。

解法二：若再仔细分析可发现，此题也是考察图的某些方面的性质，即生成树和生成森林。此时对于图的生成树有一个重要的性质：若图中顶点数为 n，则它的生成树含有 $n-1$ 条边。对比解法一中树的性质，不难发现两种解法都利用了“树中结点数比边数多 1”的性质，接下来的分析如解法一。

6. 下列选项中，不是下图深度优先搜索序列的是(　　)。

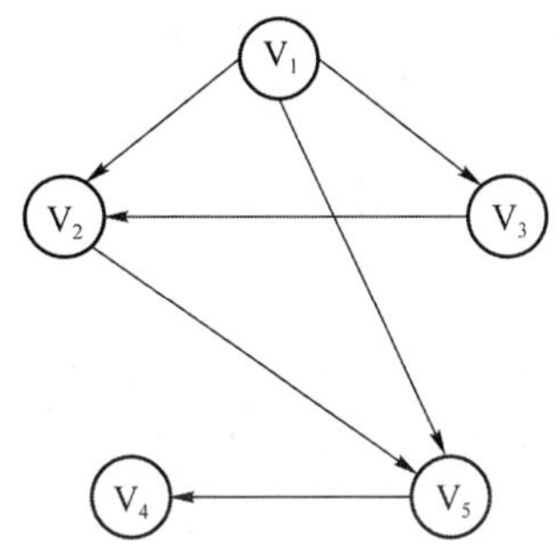

A. V_1,V_5,V_4,V_3,V_2　　B. V_1,V_3,V_2,V_5,V_4

C. V_1,V_2,V_5,V_4,V_3　　D. V_1,V_2,V_3,V_4,V_5

【解析】D。

对于本题，只需按深度优先遍历的策略进行遍历即可。对于选项 A：先访问 V_1，然后访问与 V_1 邻接且未被访问的任一顶点(满足的有 V_2、V_3 和 V_5)，此时访问 V_5，然后从 V_5 出发，访问与 V_5 邻接且未被访问的任一顶点(满足的只有 V_4)，然后从 V_4 出发，访问与 V_4 邻接且未被访问的任一顶点(满足的只有 V_3)，然后从 V_3 出发，访问与 V_3 邻接且未被访问的任一顶点(满足的只有 V_2)，结束遍历。选项 B 和 C 的分析方法与选项 A 相同，不再赘述。对于选项 D，首先访问 V_1，然后从 V_1 出发，访问与 V_1 邻接且未被访问的任一顶点(满足的有 V_2、V_3 和 V_5)，然后从 V_2 出发，访问与 V_2 邻接且未被访问的任一顶点(满足的只有 V_5)，按规则本应该访问 V_5，但选项 D 却访问 V_3，因此 D 错误。

7. 若将 n 个顶点 e 条弧的有向图采用邻接表存储，则拓扑排序算法的时间复杂度是(　　)。

A. $O(n)$　　B. $O(n+e)$　　C. $O(n^2)$　　D. $O(ne)$

【解析】B。

根据拓扑排序的规则，输出每个顶点的同时还要删除以它为起点的边，这样对各顶点和边都要进行遍历，故拓扑排序的时间复杂度为 $O(n+e)$。

8. 使用迪杰斯特拉(Dijkstra)算法求下图中从顶点 1 到其他各顶点的最短路径，依次得到的各最短路径的目标顶点是(　　)。

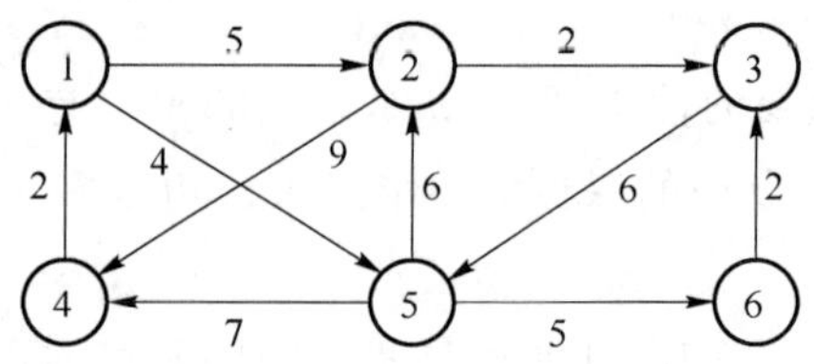

A. 5,2,3,4,6　　　　B. 5,2,3,6,4

C. 5,2,4,3,6　　　　D. 5,2,6,3,4

【解析】B。

根据 Dijkstra 算法,从顶点 1 到其余各顶点的最短路径如下表所示。

顶点	第 1 趟	第 2 趟	第 3 趟	第 4 趟	第 5 趟
2	5 $v_1 \to v_2$	5 $v_1 \to v_2$			
3	∞	∞	7 $v_1 \to v_2 \to v_3$		
4	∞	11 $v_1 \to v_5 \to v_4$	11 $v_1 \to v_5 \to v_4$	11 $v_1 \to v_5 \to v_4$	11 $v_1 \to v_5 \to v_4$
5	4 $v_1 \to v_5$				
6	∞	9 $v_1 \to v_5 \to v_6$	9 $v_1 \to v_5 \to v_6$	9 $v_1 \to v_5 \to v_6$	
集合 S	{1,5}	{1,5,2}	{1,5,2,3}	{1,5,2,3,6}	{1,5,2,3,6,4}

9. 在有 $n(n>1\,000)$个元素的升序数组 A 中查找关键字 x。查找算法的伪代码如下所示。

```
k = 0;
while(k < n 且 A[k]< x)
    k = k + 3;
if(k < n 且 A[k] == x)
    查找成功;
else if(k - 1 < n 且 A[k - 1] == x)
    查找成功;
else if(k - 2 < n 且 A[k - 2] == x)
    查找成功;
else
    查找失败;
```

本算法与折半查找算法相比,有可能具有更少比较次数的情形是(　　)。

A. 当 x 不在数组中　　　　B. 当 x 接近数组开头处

C. 当 x 接近数组结尾处　　　　D. 当 x 位于数组中间位置

【解析】B。

该程序采用跳跃式的顺利查找法查找升序数组中的 x，显然是 x 越靠前，比较次数才会越少。因此 B 正确。

10. B+树不同于 B 树的特点之一是(　　)。

A. 能支持顺序查找　　B. 结点中含有关键字

C. 根结点至少有两个分支　　D. 所有叶结点都在同一层上

【解析】A。

由于 B+树的所有叶结点中包含了全部的关键字信息，且叶结点本身依关键字从小到大顺序链接，可以进行顺序查找，而 B 树不支持顺序查找(只支持多路查找)。

11. 对 10 TB 的数据文件进行排序，应使用的方法是(　　)。

A. 希尔排序　　B. 堆排序

C. 快速排序　　D. 归并排序

【解析】D。

外部排序指待排序文件较大，内存一次性放不下，须存放在外部介质中。外部排序通常采用归并排序法。选项 A、B、C 都是内部排序的方法。

二、综合应用题

1. 如果一棵非空 $k(k\geqslant 2)$ 叉树 T 中每个非叶结点都有 k 个孩子，则称 T 为正则 k 叉树。请回答下列问题并给出推导过程。

(1) 若 T 有 m 个非叶结点，则 T 中的叶结点有多少个？

(2) 若 T 的高度为 h(单结点的树 $h=1$)，则 T 的结点数最多为多少个？最少为多少个？

【解析】

(1) 根据定义，正则 k 叉树中仅含有两类结点：叶结点(个数记为 n_0)和度为 k 的分支结点(个数记为 n_1)。树 T 中的结点总数 $n=n_0+n_k=n_0+m$。树中所含的边数 $e=n-1$，这些边均为 m 个度为 k 的结点发出的，即 $e=mk$。整理得 $n_0+m=mk+1$，故 $n_0=(k-1)m+1$。

(2) 高度为 h 的正则 k 叉树 T 中，含最多结点的树形为：除第 h 层外，第 1 层到第 $h-1$层的结点都是度为 k 的分支结点；而第 h 层均为叶结点，即树是“满”树。此时第 $j(1\leqslant j\leqslant h)$层结点数为 k^{j-1}，结点总数 M_1 为

$$M_1=\sum_{j=1}^{h}k^{j-1}=\frac{k^h-1}{k-1}$$

含最少结点的正则 k 叉树的树形为：第 1 层只有根结点，第 2 层到第 $h-1$ 层仅含 1 个分支结点和 $k-1$ 个叶结点，第 h 层有 k 个叶结点，即除根外第 2 层到第 h 层中每层的结点数均为 k，故 T 中所含结点总数 M_2 为

$$M_2=1+(h-1)k$$

2. 已知由 $n(n\geqslant 2)$个正整数构成的集合 $A=\{a_k\mid 0\leqslant k<n\}$，将其划分为两个不相交的子集 A_1 和 A_2，元素个数分别是 n_1 和 n_2，A_1 和 A_2 中元素之和分别为 S_1 和 S_2。设计一个尽可能高效的划分算法，满足$|n_1-n_2|$最小且$|S_1-S_2|$最大。要求：

(1) 给出算法的基本设计思想；

(2) 根据设计思想,采用C或C++语言描述算法,关键之处给出注释;

(3) 说明你所设计算法的平均时间复杂度和空间复杂度。

【解析】

(1) 算法的基本设计思想

由题意知,将最小的$\lfloor n/2 \rfloor$个元素放在A_1中,其余的元素放在A_2中,分组结果即可满足题目要求。仿照快速排序的思想,基于枢轴将n个整数划分为两个子集。根据划分后枢轴所处的位置i分别处理:

① 若$i = \lfloor n/2 \rfloor$,则分组完成,算法结束。

② 若$i < \lfloor n/2 \rfloor$,则枢轴及之前的所有元素均属于A_1,继续对i之后的元素进行划分。

③ 若$i > \lfloor n/2 \rfloor$,则枢轴及之后的所有元素均属于A_2,继续对i之前的元素进行划分。

基于该设计思想实现的算法,无须对全部元素进行全排序,其平均时间复杂度是$O(n)$,空间复杂度是$O(1)$。

(2) 算法实现

```
int setPartition(int a[], int n)
{
    int pivotkey, low = 0, low0 = 0, high = n-1, high0 = n-1, flag = 1,
k = n/2, i;
    while (flag)
    {
        piovtkey = a[low];              //选择枢轴
        while (low<high)
        {                               //基于枢轴对数据进行划分
            while (low<high && a[high]>= pivotkey)
                --high;
            if (low!= high)
                a[low] = a[high];
            while (low<high && a[low]<= pivotkey)
                ++low;
            if (low!= high)
                a[high] = a[low];
        }//end of while (low<high)
        a[low] = pivotkey;
        if (low == k-1)                 //如果枢轴是第 n/2 小元素,划分成功
            flag=0;
        else
        {                               //是否继续划分
```

```
                if (low < k - 1)
                {
                    low0 = ++low;
                    high = high0;
                }
                else
                {
                    high0 = --high;
                    low = low0;
                }
            }
        }
    for (i = 0; i < k; i++)
        s1 += a[i];
    for (i = k; i < n; i++)
        s2 += a[i];
    return s2 - s1;
}
```

(3) 算法的平均时间复杂度和空间复杂度

本算法的平均时间复杂度是 $O(n)$，空间复杂度是 $O(1)$。

附录2 模拟试题及参考答案

模拟试题1

一、填空题(共20分,每空1分)

1. 数据结构是研究数据元素之间抽象化的相互关系和这种关系在计算机中的存储结构表示,通常有下列四种存储结构:________、________、________和________。

2. 评价算法的标准很多,通常以执行算法所需要的________和所占用的________来判别一个算法的优劣。

3. 队列操作的原则是________,栈的插入和删除操作在________进行。

4. 对循环队列 Q,它的最大存储空间是 MAXSIZE,队头指针是 front,队尾指针是 rear,采用少用一个存储单元的方法解决假溢出时,队满的判断条件是________,队空的判断条件是________。

5. 在以 head 为表头指针的带有头结点的单链表和循环单链表中,判断链表为空的条件分别为________和________。

6. 假设二维数组 $A[6][8]$,每个元素用相邻的4个字节存储,存储器按字节编址,已知 $A[0][0]$的存储位置为100,按行优先顺序存储的元素 $A[2][5]$的第一个字节的地址为________。

7. 空格串的长度为串中所包含________字符的个数,空串的长度为________。

8. 有向图 G 用邻接矩阵 $A[n][n]$存储表示,其第 i 行的所有元素之和等于顶点 i 的________。

9. 在关键字序列(12, 23, 34, 45, 56, 67, 78, 89, 91)中折半查找关键字为89和25的结点时,所需进行的比较次数分别为________和________。

10. 请说出两种处理哈希冲突的方法________和________。

二、选择题(共30分,每题3分)

1. 对线性表,在下列哪种情况下应采用链式存储结构?( )

   A. 经常需要随机存取元素

   B. 经常需要进行插入和删除操作

   C. 表中元素的个数不变

   D. 表中元素需要占据一片连续的存储空间

2. 从一个具有 n 个结点的单链表中查找其值等于 x 的结点时,在查找成功情况下,则平均比较( )个结点。

A. n　　B. $n/2$　　C. $(n-1)/2$　　D. $(n+1)/2$

3. 若对某线性表最常进行的操作是在最后一个元素之后插入和删除第一个元素，则采用(　　)存储方式最节省运算时间。

A. 单链表　　B. 双链表

C. 仅有头指针的单循环链表　　D. 仅有尾指针的单循环链表

4. 在一个单链表中，若要删除 p 指针所指结点的后继结点，则执行(　　)。

A. p=p->next; p->next = p->next->next;

B. p->next=p->next->next;

C. p=p->next;

D. p=p->next->next;

5. 在具有 n 个结点的二叉链表中，非空链域的个数为(　　)。

A. $n-1$　　B. n　　C. $n+1$　　D. 不确定

6. 有 64 个结点的完全二叉树的深度为(　　)(假设根结点的层次为 1)。

A. 8　　B. 7　　C. 6　　D. 5

7. 边远山区有些小村庄，现要为他们建成能互相通信的网，并且总的花费最少，这可以归结为(　　)问题。

A. 最短路径　　B. 关键路径　　C. 拓扑排序　　D. 最小生成树

8. 折半查找法要求查找表中各元素的键值必须是(　　)。

A. 递增或递减　　B. 递增　　C. 递减　　D. 无序

9. 下列排序算法中，(　　)算法在进行一趟相应的排序处理结束后不一定能选出一个元素放到其最终位置上。

A. 直选择排序　　B. 冒泡排序　　C. 归并排序　　D. 堆排序

10. 对于键值序列(2,33,21,18,65,38,7,49,24,86)，用筛选法建堆，必须从键值为(　　)的结点开始。

A. 86　　B. 2　　C. 65　　D. 38

三、判断题(共 10 分，每题 2 分)

1. 已知指针 P 指向链表 L 中的某结点，执行语句 P = P->next 不会删除该链表中的结点。(　　)

2. 如果一个串中的所有字符均在另一串中出现，则说前者是后者的子串。(　　)

3. 若一棵二叉树的任一非叶结点度均为 2，则该二叉树为满二叉树。(　　)

4. 任一 AOE 网中至少有一条关键路径，且是从源点到汇点的路径中最短的一条。(　　)

5. 在采用线性探测法处理冲突的散列表中所有同义词在表中相邻。(　　)

四、简答题(共 24 分，每题 8 分)

1. 已知一棵二叉树的先序遍历序列为 A B C D E F G H I，中序遍历序列为 B C A E D G H F I，画出这棵二叉树。

2. 输入一个结点序列{300,100,80,52,40,64,350}，给出构造平衡二叉树的过程，并说明平衡旋转类型。

3. 已知一组记录的排序码为(46,79,56,38,40,80,95,24),写出对其进行快速排序的每一趟升序排序的结果。

五、算法设计题(共 16 分,每小题 8 分)

1. 试写一建立单链表的算法。

2. 已知一个非空线性链表第一个结点的指针为 L,请写一算法,将链表中数据域值最大的那个结点移到链表最后。

模拟试题 2

一、解释下列术语(共 20 分,每小题 4 分)

1. 数据的逻辑结构
2. 头指针
3. 头结点
4. 二叉排序树
5. 排序方法的稳定性

二、选择题(共 30 分,每小题 3 分)

1. 在一个长度为 n 的顺序表中,在第 i 个元素($1 \leqslant i \leqslant n+1$)之前插入一个新元素时向后移动(　　)个元素。

   A. $n-i$　　B. $n-i+1$　　C. $n-i-1$　　D. i

2. 某个栈的输入序列为 1,2,3,4,下面的四个序列中(　　)不可能是它的输出序列?

   A. 1,2,3,4　　B. 2,3,4,1

   C. 4,3,2,1　　D. 3,4,1,2

3. 对二叉排序进行(　　)遍历可以得到结点的排序序列。

   A. 前序　　B. 中序　　C. 后序　　D. 按层次

4. 有 64 个结点的完全二叉树的深度为(　　)。

   A. 8　　B. 7　　C. 6　　D. 5

5. 折半查找法的时间复杂度是(　　)。

   A. $O(n^2)$　　B. $O(n)$　　C. $O(n\log n)$　　D. $O(\log n)$

6. $A[5][6]$的每个元素占 5 个单元,将其按行优先次序储存在起始 $A[1][1]$地址为 1 000 的连续的内存单元中,则元素 $A[5][5]$的地址为(　　)。

   A. 1 140　　B. 1 145　　C. 1 120　　D. 1 125

7. 有 n 个叶子结点的哈夫曼树的结点总数为(　　)。

   A. 不确定　　B. $2n$　　C. $2n+1$　　D. $2n-1$

8. 已知某二叉树的后序遍历序列是 d,a,b,e,c,中序遍历序列是 d,e,b,a,c,则它的前遍历序列是(　　)。

   A. a,c,b,e,d　　B. d,e,c,a,b

   C. d,e,a,b,c　　D. c,e,d,b,a

9. 若循环队列用数组 $A[0..m-1]$存放其元素值，已知其头、尾指针分别是 f 和 r，则当前队列中的元素个数是(   )。

A. $(r-f+m) \bmod m$　　B. $r-f+1$

C. $r-f-1$　　D. $r-f$

10. 一个二叉树的先序序列和后序序列正好相反，则该二叉树一定是(   )的二叉树(树中结点个数大于 1)。

A. 空或只有一个结点　　B. 高度等于其结点数

C. 任一结点无左孩子　　D. 任一结点无右孩子

三、判断题(共 10 分，每小题 2 分)

1. 若图 G 的最小生成树不唯一，则 G 的边数一定多于 $n-1$，并且权值最小的边有多条(其中 n 为 G 的顶点数)。(   )

2. 对任意一个图，从它的某个顶点出发进行一次深度优先或广度优先遍历可访到该图的每个顶点。(   )

3. 若某二叉树的叶子结点数为 1(树中只有一个结点的情况除外)，则其先序序列和后序序列一定相反。(   )

4. 在队列中，队头指针总是指向第一个数据元素。(   )

5. 线性表的唯一存储形式是链表。(   )

四、简答题(共 24 分，每小题 6 分)

1. 从一个平衡二叉树开始，把关键字(5,19,6,22,16,15,30)按出现的先后顺序逐一插入，从而构造一棵平衡二叉排序树，每插入一个关键字后，若需要进行平衡旋转，则标明其旋转类型及旋转后的结果。

2. 满足下列条件的二叉树具有什么形状？

(1) 前序和中序遍历次序相同；

(2) 中序和后序遍历次序相同；

(3) 前序和后序遍历次序相同。

3. 根据所给数据表，写出采用快速排序方法按升序排序的每一趟的结果：(25,10,20,31,5,28)。

4. 具有 144 个记录的文件，若采用分块查找法查找，则分成几块最好？每块的最佳长度是多少？假定每块的长度是 8，确定所在块、块中均采用顺序查找法查找，则平均查找长度是多少？

五、算法设计题(共 16 分，每小题 8 分)

1. 写出建立一个具有 n 个顶点的无向网的邻接矩阵的算法。提示：先将矩阵 $\boldsymbol{A}$ 的每个元素都初始化成 0，然后，读入边及数值(i,j,w)，将 $\boldsymbol{A}$ 的相应元素置成 w。

2. 线性表 V 采用顺序存储结构，试编写删除 V 中自第 i 个元素起的连续 k 个元素的算法。

模拟试题 3

一、填空题(共 15 分,每空 1 分)

1. 在图状结构中,每个结点的前驱结点和后继结点可以有________。

2. 评价算法的标准很多,通常是以执行算法所需要的________和所占用的________来判别一个算法的优劣。

3. 下面程序段的时间复杂度是________。

```
for (i = 0; i < n; i ++)
    for (j = 0; j < m; j ++)
        A[i][j] = 0;
```

4. 在一个长度为 n 的数组的第 i 个元素($1 \leqslant i \leqslant n$)之前插入一个元素时,需要向后移动________个元素。

5. 判断一个栈 S(元素最多为 m 个)为空的条件是(设栈顶指针为 top)________。

6. 在一个单链表的 p 所指结点之后插入一个 s 所指结点时,可执行如下操作:

s -> next = ________;

p -> next = ________;

7. 二维数组 M 的每个元素占 4 个存储单元,行下标 i 的范围从 0 到 4,列下标 j 的范围是从 0 到 5,M 按行存储时元素 $M[3][5]$ 的起始地址与 M 按列存储时________的起始地址相同(起始地址为 $M[0][0]$)。

8. 稀疏矩阵的一般存储方法有________和十字链表法。

9. 两个串相等的充分必要条件是________。

10. 三个结点可构成________种不同形态的二叉树。

11. 在无向图 G 的邻接矩阵 A 中,若 $A[i][j]$ 等于 1,则 $A[j][i]$ 等于________。

12. 长度为 225 的表,采用分块查找法,若块内采用顺序查找,则每块的最佳长度是________。

13. 在有序表 $A[20]$ 中,采用折半查找算法查找元素值等于 $A[11]$ 的元素,所比较过的元素的下标依次为________。

二、选择题(共 20 分,每小题 2 分)

1. 为解决计算机与打印机之间速度不匹配的问题,通常设置一个打印数据缓冲区,主机将要输出的数据依次写入该缓冲区,而打印机则依次从该缓冲区中取出数据。该缓冲区的逻辑结构应该是(　　)。

A. 栈　　B. 队列　　C. 树　　D. 图

2. 设栈 S 和队列 Q 的初始状态均为空,元素 abcdefg 依次进入栈 S。若每个元素出栈后立即进入队列 Q,且 7 个元素出队的顺序是 bdcfeag,则栈 S 的容量至少是(　　)。

A. 1　　B. 2　　C. 3　　D. 4

3. 判定一个循环队列 Q(元素最多为 m 个)为满队列的条件是(　　)。

A. rear－front ＝ m　　　　B. rear－front－1 － m

C. front ＝ rear % m　　　　D. front ＝ (rear＋1) % m

4. 链表不具有的特点是(　　)。

A. 可随机访问任一元素　　　　B. 插入删除不需要移动元素

C. 不必事先估计存储空间　　　　D. 所需空间与线性表长度成正比

5. 设有两个串 p 和 q，求 q 在 p 中首次出现的位置的运算符称作(　　)。

A. 连接　　B. 模式匹配　　C. 求子串　　D. 求串长

6. 将一棵有 100 个结点的完全二叉树从根这一层开始，每一层从左到右依次对结点进行编号，根结点的编号为 1，则编号为 49 的结点的左孩子编号为(　　)。

A. 98　　B. 99　　C. 50　　D. 48

7. 对下图进行拓扑排序，可以得到不同的拓扑序列的个数是(　　)。

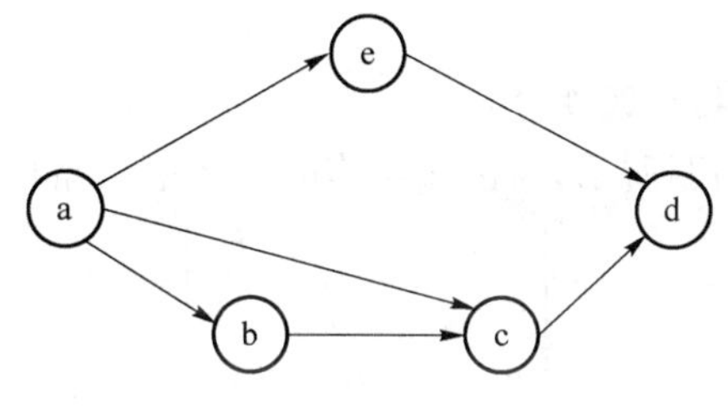

A. 4　　B. 3　　C. 2　　D. 1

8. 在下列所示的平衡二叉树中插入关键字 48 后得到一棵新平衡二叉树，在新平衡二叉树中，关键字 37 所在结点的左、右子结点中保存的关键字分别是(　　)。

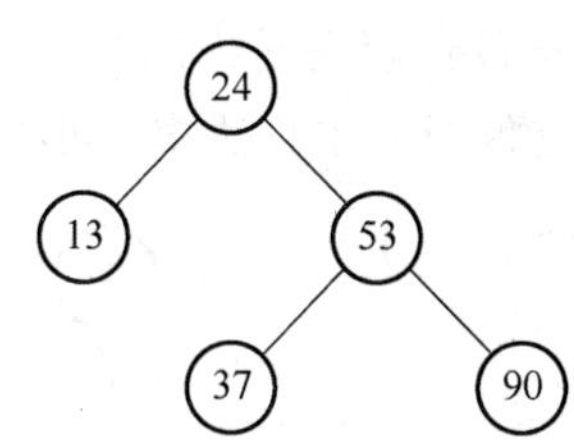

A. 13,48　　B. 24,48　　C. 24,53　　D. 24,90

9. 若数据元素序列 11,12,13,7,8,9,23,4,5 是采用下列排序方法之一得到的第二趟排序后的结果，则该排序算法只能是(　　)。

A. 起泡排序　　B. 插入排序　　C. 选择排序　　D. 二路归并排序

10. 在下列排序方法中，稳定的排序方法是(　　)。

A. 选择排序　　B. 堆排序　　C. 快速排序　　D. 直接插入排序

三、将下面程序空格处补充完整(共 5 分)

```
void insort(int r[], int n)
{ //该算法完成的是直接插入排序
```

```
//r为给定的表,其记录为r[i],i=0,1,…,n为暂存单元
  for (i=2; i<=n; i++)
  {
      ___(1)___;                    //r[0]作为标志位
      j=i-1;
      while (r[0]<r[j])
      {
          ___(2)___;
          j--;
      }
  ___(3)___;
  }
}//insort
```

四、简答题(共45分,每小题9分)

1. 现有稀疏矩阵 **A** 如图所示,写出该矩阵的三元组压缩存储表示。

$$\begin{bmatrix} 3 & 0 & 0 & 7 \\ 0 & 0 & -1 & 0 \\ 2 & 0 & 0 & 0 \\ 0 & 0 & 0 & 0 \\ 0 & 0 & 0 & 0 \end{bmatrix}$$

2. 假设用于通信的电文仅由8个字母组成,字母在电文中出现的频率分别为7,19,2,6,32,3,21,10。试为这8个字母设计哈夫曼编码。

3. 写出下图的邻接表,并按克鲁斯卡尔算法求最小生成树。

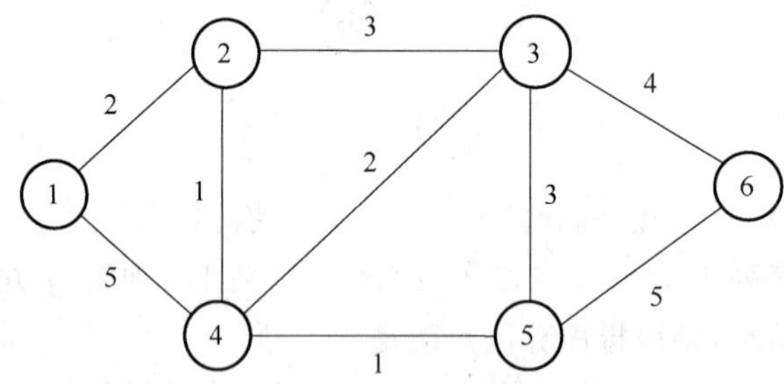

4. 将关键字序列(7,8,30,11,18,9,14)散列存储到散列表中,散列表的存储空间是下标从0开始的一个一维数组。散列函数为:$H(\text{key}) = (\text{key} \times 3)\ \text{MOD}\ T$($T$ 为散列表空间规模),处理冲突采用线性探测再散列法,要求装载因子为0.7。问题:

(1) 请画出所构造的散列表;

(2) 分别计算等概率情况下,查找成功和查找不成功的平均查找长度。

5. 给定关键字序列 $K=\{46,79,56,38,40,84\}$,按照从小到大的顺序进行排序,要求:

(1) 给出该序列的初始堆;

(2) 给出快速排序第一趟结果。

五、算法设计题(共 15 分)

1. 已知一个带有表头结点的单链表,结点结构为:

data	link

假设该单链表只给出了头指针 list。在不改变链表的前提下,请设计一个尽可能高效的算法,查找链表中倒数第 k 个位置上的结点(k 为正整数)。若查找成功,算法输出该结点的 data 域的值,并返回 1;否则,只返回 0。要求:

(1) 描述算法的基本设计思想;

(2) 给出算法的实现步骤,关键之处请给出简要注释。

2. 假设二叉树采用链表存储结构,设计一个算法交换二叉树中各结点的左右子树。

模拟试题 4

一、填空题(共 15 分,每空 1 分)

1. 数据逻辑结构包括________、________、________和________四种类型,树形结构和图形结构合称为________。

2. 下面程序段的时间复杂度是________。

```
i = s = 0;
while(s < n)
{
    i++;
    s+ = i;
}
```

3. 判定一个栈 S(元素最多为 m 个)为空的的条件是(设栈顶指针为 top)________。

4. 设 n 行 n 列的下三角矩阵 $\mathbf{A}$ 已压缩到一维数组 $S[1..n*(n+1)/2]$中,若按行序为主存储,则 $A[i][j]$对应的 S 中的存储位置是________。

5. 空串是________,空白串是________。

6. 三个结点可构成________种不同形态的树。

7. 已知一个有向图的邻接矩阵表示,删除所有从第 i 个结点出发的边的方法是________。

8. 在有序表 $A[20]$中,采用二分查找算法查找元素值等于 $A[11]$的元素,所比较过的元素的下标依次为________。

9. 在平衡二叉树中插入一个结点后造成了不平衡,设最低的不平衡结点为 A,并已知 A 的左孩子的平衡因子为 0,右孩子的平衡因子为 1,则应作________型调整以使其平衡。

10. 在选择排序、堆排序、快速排序和直接插入排序方法中,稳定的排序方法是________。

二、选择题(共 20 分,每小题 2 分)

1. 一个栈的入栈序列是 a,b,c,d,e,则栈不可能的输出序列是(　　)。

   A. edcba　　B. decba　　C. dceab　　D. abcde

2. 栈和队列的共同点是(　　)。

   A. 都是先进后出　　B. 都是先进先出

   C. 只允许在端点处插入和删除元素　　D. 没有共同点

3. 在某链表中最常用的操作是在最后一个结点之后插入一个结点和删除最后一个结点,则采用(　　)存储方式最节省运算时间。

   A. 单链表　　B. 双链表

   C. 单循环链表　　D. 带头结点的双循环链表

4. 在一个单链表中,若要删除 p 所指结点的后继结点,则执行(　　)。

   A. p->next = p->next->next;

   B. p=p->next; p->next = p->next->next;

   C. p=p->next;

   D. p= p->next->next;

5. 一维数组和线性表的区别是(　　)。

   A. 前者长度固定,后者长度可变

   B. 后者长度固定,前者长度可变

   C. 两者长度均固定

   D. 两者长度均可变

6. 给定二叉树图所示。设 D 代表二叉树的根,L 代表根结点的左子树,R 代表根结点的右子树。若遍历后的结点序列是 3,1,7,5,6,2,4,则其遍历方式是(　　)。

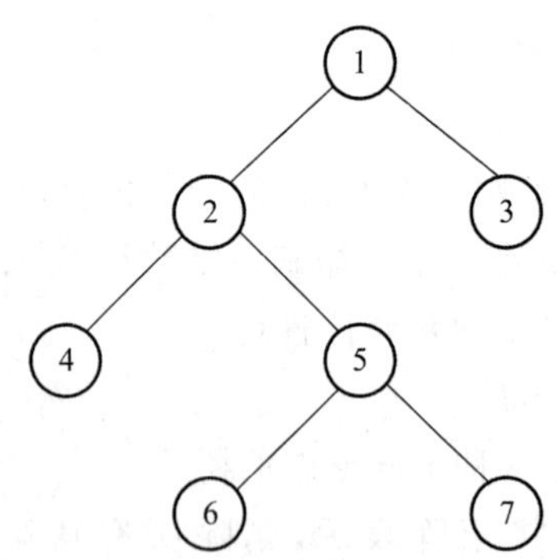

   A. LRD　　B. DRL　　C. RLD　　D. RDL

7. 已知一棵完全二叉树的第 6 层(设根为第 1 层)有 8 个叶结点,则完全二叉树的结点个数最多是(　　)。

   A. 39　　B. 52　　C. 111　　D. 119

8. 对 $n(n\geqslant2)$个权值均不相同的字符构成的哈夫曼树,关于该树的叙述中,错误的是(　　)。

A. 该树一定是一棵完全二叉树

B. 树中一定没有度为 1 的结点

C. 树中两个权值最小的结点一定是兄弟结点

D. 树中任一非叶结点的权值一定不小于下一层任一结点的权值

9. 已知关键序列 5,8,12,19,28,20,15,22 是小根堆(小顶堆),插入关键字 3,调整后得到的小根堆是(　　)。

A. 3,5,12,8,28,20,15,22,19

B. 3,5,12,19,20,15,22,8,28

C. 3,8,12,5,20,15,22,28,19

D. 3,12,5,8,28,20,15,22,19

10. 采用递归方式对顺序表进行快速排序,下列关于递归次数的叙述中,正确的是(　　)。

A. 递归次数与初始数据的排列次数无关

B. 每次划分后,先处理较长的分区可以减少递归次数

C. 每次划分后,先处理较短的分区可以减少递归次数

D. 递归次数与每次划分后得到的分区处理顺序无关

三、阅读下面程序,说明该程序的功能(共 5 分)

```
void Swap (bitreptr t)
{
    if (t!= NULL)
    {
        if((t->lchild!= NULL) || (t->rchild!= NULL))
        {
            p= t->rchild;
            t->rchild = t->lchild;
            t->lchild = p;
        }
        if (t->lchild!= NULL)
            Swap(t->lchild);
        if (t->rchild!= NULL)
            Swap(t->rchild);
    }
}
```

四、简答题(共 45 分,每小题 9 分)

1. 线性表可用顺序表或链表存储。试问:

(1) 两种存储表示各有哪些主要优缺点?

(2) 如果有 n 个表同时并存,并且在处理过程中各表的长度会动态发生变化,表的总数也可能自动改变,在此情况下,应选用哪种存储表示?为什么?

2. 以{5,6,7,8,9,10,15,18,22}作为叶子结点的权值构造一棵哈夫曼树，并计算出其带权路径长度。

3. 下列所示 AOE 网，每项活动的最早开始时间 $e(i)$ 和最迟时间 $l(i)$ 是什么？工程完工的最短时间是什么？哪些活动是关键活动？

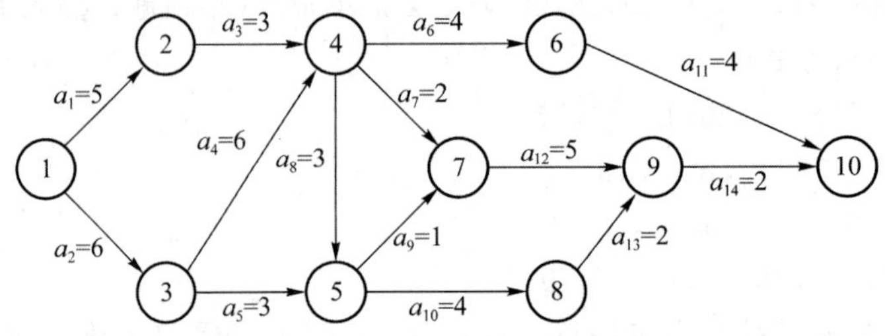

4. 给定的数列 $R=\{7, 16, 4, 8, 20, 9, 6, 18, 5\}$，构造一棵二叉排序树，并且：

(1) 给出按中序遍历得到的数列 R_1；

(2) 给出按后序遍历得到的数列 R_2。

5. 给出一组关键字 $T=\{12,2,16,30,8,28,18\}$，写出用下列算法排序时，第二趟结束时的状态(排序次序为从小到大)。

(1) 插入排序；

(2) 选择排序；

(3) 快速排序。

五、算法设计题(共 15 分)。

1. 设将 $n(n>1)$ 个整数存放到一维数组 R 中。设计一个在时间和空间两方面尽可能高效的算法。将 R 中的序列循环左移 $P(0<P<n)$ 个位置，即将 R 中的数据由 $(X_0, X_1, \cdots, X_{n-1})$ 变换为 $(X_p, X_{p+1}, \cdots, X_{n-1}, X_0, X_1, \cdots, X_{p-1})$。要求：

(1) 给出算法的基本设计思想；

(2) 根据设计思想，用程序设计语言描述算法，关键之处给出注释。

2. 假设在长度大于 1 的循环链表中，既无头结点也无头指针。S 为指向链表中某个结点的指针，试编写算法删除指针 S 指向结点的前驱结点。

模拟试题 1 参考答案

一、填空题

1. 顺序存储;链式存储;索引存储;散列存储
2. 时间;空间
3. 先进先出;栈顶
4. (rear+1)%MAXSIZE = front;front = rear
5. head-> next = NULL;head-> next = head
6. 184
7. 空格;0

8. 出度

9. 3;3

10. 开放定址法;链地址法

二、选择题

1. B	2. D	3. D	4. B	5. A
6. B	7. D	8. A	9. C	10. C

三、判断题

1. √	2. ×	3. ×	4. ×	5. ×

四、简答题

1. 二叉树形状如图所示：

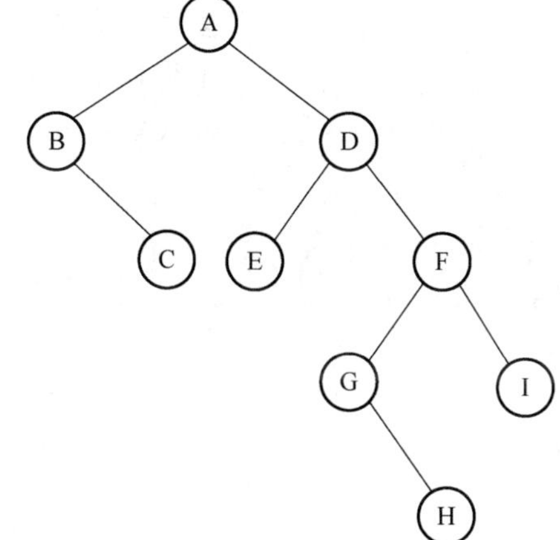

2. 平衡旋转过程如下：

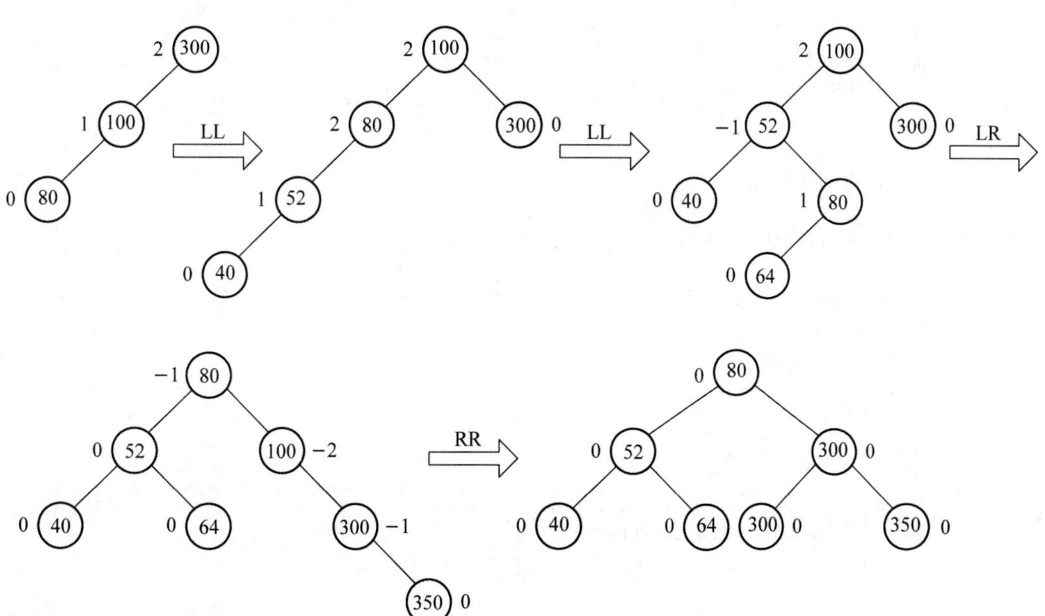

3. 快速排序过程如下：

第一趟：(x=46)24 40 38 46 56 80 95 79

第二趟：(x=24)24 40 38 46 56 80 95 79

第三趟：(x=40)24 38 40 46 56 80 95 79

第四趟：(x=56)24 38 40 46 56 80 95 79

第五趟：(x=80)24 38 40 46 56 79 80 95

五、算法设计题

1. 建立单链表的算法如下：

```
void CreateList (Pointer &head)
{
    head = new Node;                    //生成头结点
    p = head;                           //尾指针指向头结点
    getchar(x);                         //读入第一个元素
    while (x!='*')
    {
        q = new Node;
        if (! q)
            exit(1);                    // 存储空间分配失败
        q->data = x;
        p->next = q;
        p = q;
        getchar(x);
    }
    p->next = NULL;
}
```

2. 算法的设计如下：

```
void Remove(Pointer &list);
{
    q= L;
    p = L->next;
    r = L;
    while (p!= NULL)
    {
        if (p->data>q->data)
        {
            s= r;
            q = p;
```

```
        }
        r= p;
        p = p->next;            //s 始终指向 q 的前一个结点
    }                           //找到值最大的那个结点 ,地址由 q 记录
    if (q!=L)                   //若值最大的结点不是链表最前面的那个结点
    {
        s->next = q->next;
        q->next=L;
        L= q;
    }
}
```

模拟试题 2 参考答案

一、解释下列术语

1. 数据的逻辑结构:数据元素之间的逻辑关系。数据的逻辑结构可以看作是从具体问题上抽象出来的数学模型,通常我们把数据元素之间的关联方式(邻接关系)叫作数据元素间的逻辑关系。数据元素之间逻辑关系的整体称为逻辑结构。表示方法通常有四种:集合结构、线性结构、树形结构、图状结构。

2. 头指针:指向链表中第一个结点的指针。

3. 头结点:单链表的第一个结点之前附设的一个结点,它的数据域不存放信息或存放如线性表的长度等附加信息。

4. 二叉排序树:或者是一棵空树,或者是具有下列性质的二叉树。(1)若它的左子树不空,则它的左子树上所有结点的值均小于根结点的值;(2)若它的右子树不为空,则它的右子树上所有结点的值均大于或等于它的根结点的值;(3)它的左、右子树均为二叉排序树。

5. 排序方法的稳定性:如果在排序期间具有相同关键字的记录的相对位置不变,则称此方法是稳定的。

二、选择题

1. B	2. D	3. B	4. B	5. D
6. A	7. D	8. D	9. A	10. B

三、判断题

1. ×	2. ×	3. √	4. ×	5. ×

四、简答题

1. 平衡旋转过程如下:

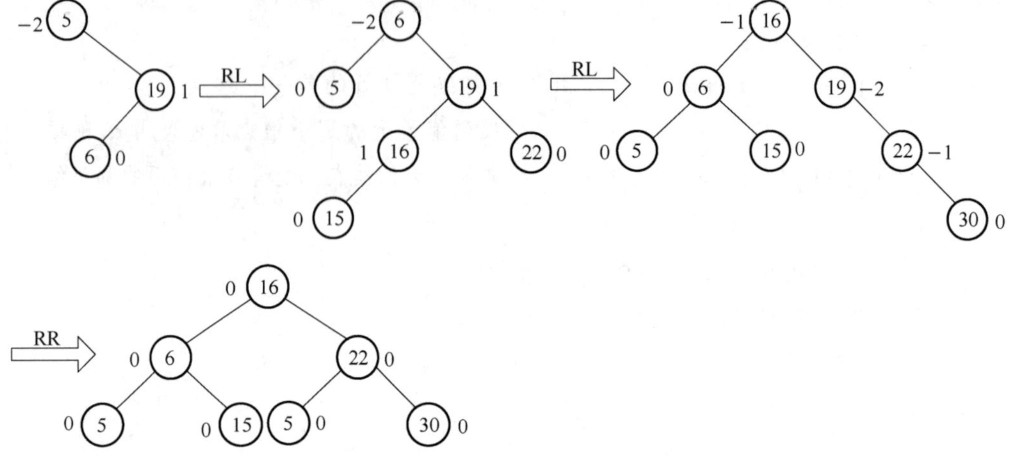

2. 满足条件的二叉树形状如下：

(1) 前序和中序遍历次序相同：空二叉树或者仅有右分支的退化二叉树。

(2) 中序和后序遍历次序相同：空二叉树或者仅有左分支的退化二叉树。

(3) 前序和后序遍历次序相同：空二叉树或者仅有一个根结点的二叉树。

3. 快速排序方法过程如下：

第一趟：($x=25$)5 10 20 25 31 28

第二趟：($x=5$) 5 10 20 25 31 28

第三趟：($x=10$)5 10 20 25 31 28

第四趟：($x=31$)5 10 20 25 28 31

4. 具有 144 个记录的文件，若采用分块查找法查找，则分成 12 块最好。

每块的最佳长度是 12。

假定每块的长度是 8，确定所在块、块中均采用顺序查找法查找，则平均查找长度是 14。

五、算法设计题(共 16 分)

1. 算法的设计如下：

```
#definen 图的顶点数
enum adj{0,1};
typedef adj adjmatrix[n][n];
typedef struct
{
    vextype Vexs[n];                    //顶点的信息
    adjmatrix arcs;                     //邻接矩阵
} graph;
void build - graph (graph &ga)
```

```
{
    for (i = 0; i<n; i++)
        scanf("%d", ga.Vexs[i]);
    for (i = 0; i++; i<n)
        for (j = 0; j++; j<n)
            ga.arcs[i][j] = maxint;
    for (k = 0; k++; k<e)                    //读入边(i,j)和权
    {
        scanf("%d,%d,%d", i, j, w);
        ga.arcs[i][j] = w;
        ga.arcs[j][i] = w;
    }
}
```

2. 算法的设计如下：

```
Status DeleteK(Linear_list &L, int i, int k)
{
    if ((i<1) || (i>n) || (k<0) || (i+k>n))
        return 0;                          //参数不合法
    else
    {
        for (count = 1; i + count - 1 <= n - k; count++)
            A[i + count - 1] = A[i + count + k - 1];
        n = n - k;
    }
}
```

模拟试题 3 参考答案

一、填空题

1. 任意多个
2. 时间;空间
3. $O(n*m)$
4. $n-i+1$
5. top = 0

6. p->next;s

7. M[3][4]

8. 三元组法

9. 长度相等且对应位置字符相同

10. 5

11. 1

12. 15

13. 10,15,12,11

二、选择题

A. B	2 .C	3. D	4. A	5. B
6. A	7. B	8. C	9. B	10. D

三、将下面程序空格处补充完整

(1) r[0] = r[i]

(2) r[j+1] = r[j]

(3) r[j+1] = r[0]

四、简答题

1. 三元组存储表示如下：

	[0]	[1]	[2]
B[0]	5	4	5
B[1]	1	1	3
B[2]	1	4	7
B[3]	2	3	−1
B[4]	3	1	2
B[5]	5	4	−8

2. 哈夫曼树如下：

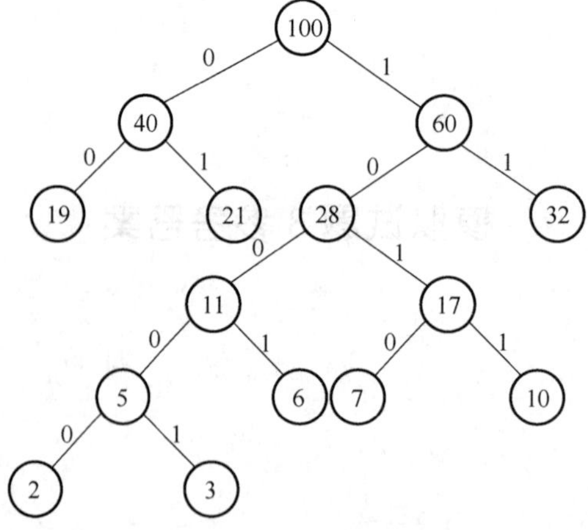

哈夫曼编码如下：

字母频率	编码
7	1010
19	00
2	10000
6	1001
32	11
3	10001
21	01
10	1011

3. 邻接表如下：

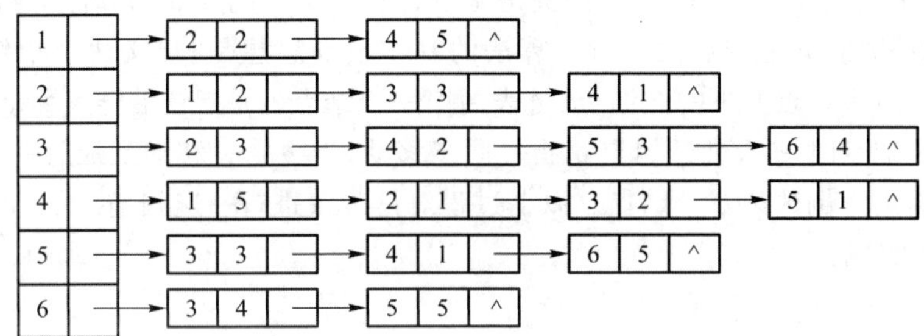

用克鲁斯卡尔算法求得最小生成树如下：

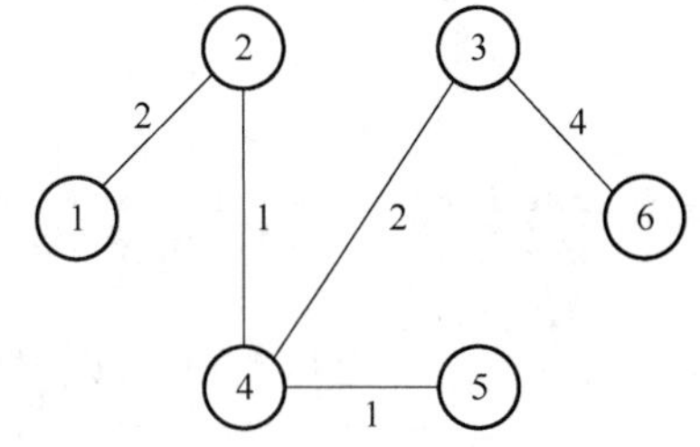

最小生成树的代价为:2+1+2+1+4=10。

4. 根据题意：

(1) 由装载因子0.7,数据总个数为7,得存储的一维数组为7/0.7=10。所以构造的散列表为:$H(7)=(7*3)\text{MOD }10=1$,$H(8)=4$,$H(30)=0$,$H(11)=3$,$H(18)=4$(冲突),$H(18)=(4+1)\text{MOD }10=5$,$H(9)=7$,$H(14)=2$。

散列地址	0	1	2	3	4	5	6	7	8	9
关键字	30	7	14	11	8	18		9		
探测次数	1	1	1	1	1	2		1		

(2) 查找成功的ASL =(1+1+1+1+2+1+1)/ 7=8/7。

查找不成功的ASL =(7+6+5+4+3+3+1+2+1+1)/ 10=3.3。

5. 根据题意:

(1) 该序列的初始堆为:

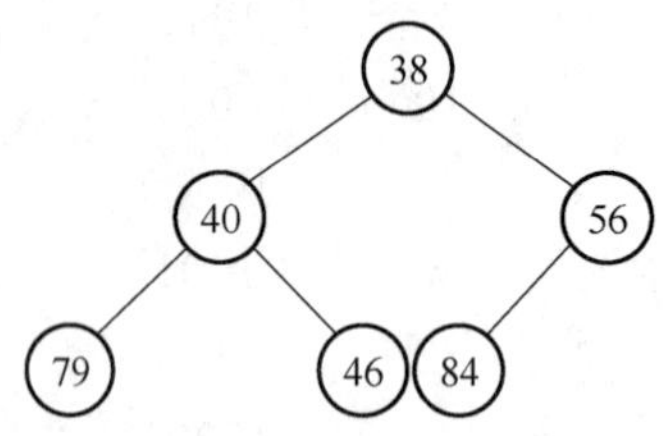

(2) 快速排序第一趟结果为:40 38 46 56 79 84。

五、算法设计题

1. 算法设计如下:

(1) 算法的基本设计思想:问题的关键是设计一个尽可能高效的算法,通过链表的一趟遍历,找到倒数第 k 个结点的位置。算法的基本设计思想是:定义两个指针变量 p 和 q,初始时均指向头结点的下一个结点(链表的第一个结点);p 指针沿链表移动;当 p 指针移动到第 k 个结点时,q 指针开始与 p 指针同步移动;当 p 指针移动到最后一个结点时,q 指针所指示结点为倒数第 k 个结点。以上过程对链表仅进行一遍扫描。

(2) 算法实现:

```
int Search_k(Pointer &list, int k)
{ //查找链表 list 倒数第 k 个结点,并输出该结点 data 域的值
    LinkList p = list->next, q = list->next;   //指针 p,q 指示第一个结点
    int count = 0;
    while (p!= NULL)
    { //遍历链表直到最后一个结点
        if(count<k)
            count++;                           //计数,若 count<k 只移动 p
        else
            q = q->next;
        p = p->next;                           //之后让 p,q 同步移动
    } //while
    if(count<k)
        return 0;                              //查找失败返回 0
    else
    {                                          //否则打印并返回 1
        printf("%d", q->data);
        return 1;
    }
} //Search_k
```

2. 算法设计如下：

```
void Swap (bitreptr t)
{
    if(t!= NULL)
    {
        if((t->lchild!= NULL) || (t->rchild!= NULL))
        {
            p= t->rchild;
            t->rchild = t->lchild;
            t->lchild = p;
        }
        if (t->lchild!= NULL)
            Swap(t->lchild);
        if (t->rchild!= NULL)
            Swap(t->rchild);
    }
}
```

模拟试题 4 参考答案

一、填空题

1. 集合；线性结构；树形结构；图状结构；非线性结构

2. $O(\sqrt{n})$

3. top ＝ 0

4. $\frac{i*(i-1)}{2}+j$

5. 长度为 0 的串；由一个或多个空格字符构成的字符串

6. 2

7. 将邻接矩阵第 i 行置 0

8. 10,15,12,11

9. RL

10. 直接插入排序

二、选择题

1. C	2. C	3. D	4. A	5. A
6. D	7. C	8. A	9. A	10. D

三、阅读下面程序，说明该程序的功能

程序的功能是交换二叉树的左右分支。

四、简答题

1. (1)顺序存储结构的优点:可以随机存取;空间利用率高;结构简单。

顺序存储结构的缺点:需要一片地址连续的存储空间;插入和删除元素时不方便,大量的时间用在元素的搬家上;在预分配存储空间时,可能造成空间的浪费;表的容量难以扩充。

链式存储结构的优点:存储空间动态分配,可以按需要使用;插入和删除元素操作时,只需要修改指针,不必移动数据元素。

链式存储结构的缺点:每个结点需加一指针域,存储密度降低;非随机存储结构,查找定位操作需要从头指针出发顺着链表扫描。

(2) 如果有 n 个表同时并存,并且在处理过程中各表的长度会动态发生变化,表的总数也可能自动改变,这种情况下应选用链式存储结构。因为链表容易实现表容量的扩充,适合表的长度动态发生变化的情况。

2. 哈夫曼树如下:

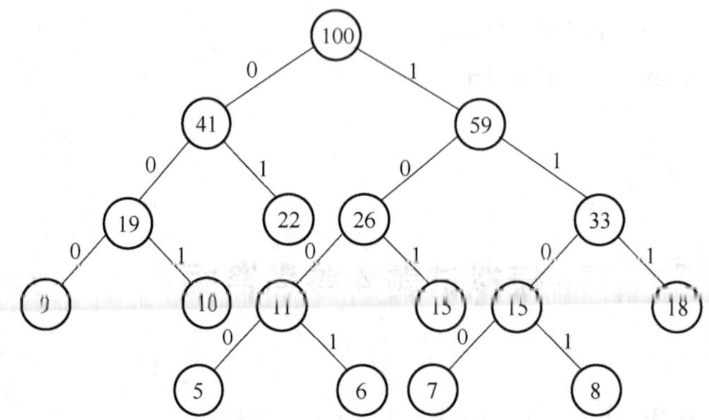

带权路径长度为:WPL=4*4+2*3+2*3+2=16+6+6+2=30。

3. 关键活动求解过程为:

事件 k	事件 k 的最早发生时间 Ve(k)	事件 k 的最迟发生时间 Vl(k)	活动 i	活动 i 的最早发生时间 $e(i)$	活动 i 的最迟发生时间 $l(i)$
1	0	0	1	0	4
2	5	9	2	0	0
3	6	6	3	5	9
4	12	12	4	6	6
5	15	15	5	6	12
6	16	19	6	12	15
7	16	16	7	12	14
8	19	19	8	12	12
9	21	21	9	15	15
10	23	23	10	15	15
			11	16	19

			12	16	16
			13	19	19
			14	21	21

根据计算的结果可知完成工程的最短时间是23。

关键活动为：a_2，a_4，a_8，a_9，a_{10}，a_{12}，a_{13}，a_{14}。

关键路径有两条，分别为：

$a_2 \rightarrow a_4 \rightarrow a_8 \rightarrow a_9 \rightarrow a_{12} \rightarrow a_{14}$ 和 $a_2 \rightarrow a_4 \rightarrow a_8 \rightarrow a_{10} \rightarrow a_{13} \rightarrow a_{14}$。

4. 按照题意，构造出的二叉排序树为：

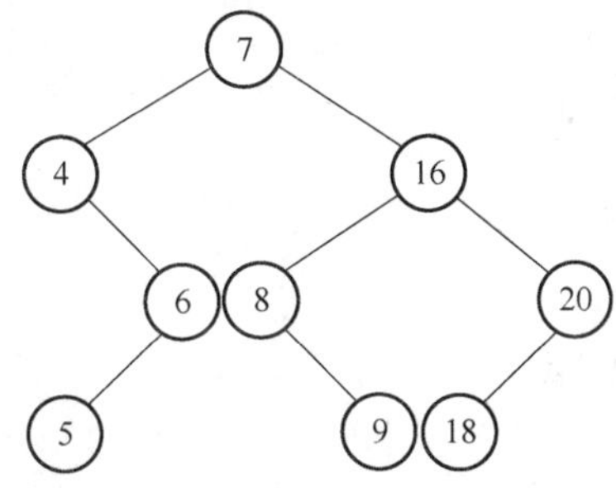

(1) 中序遍历得到的数列 R_1 为：4，5，6，7，8，9，16，18，20。

(2) 后序遍历得到的数列 R_2 为：5，6，4，9，8，18，20，16，7。

5. 各种排序方法第二趟结束时的状态为：

(1)插入排序：2，12，16，30，8，28，18。

(2)选择排序：2，8，16，30，12，28，18。

(3)快速排序：2，8，12，30，16，28，18。

五、算法设计题

1. 根据题意：

(1) 算法的基本设计思想：可以将这个问题看作是把数组 ab 转换成数组 ba（a 代表数组的前 p 个元素，b 代表数组中余下的 $n-p$ 个元素），先将 a 逆置得到 $a^{-1}b$，再将 b 逆置得到 $a^{-1}b^{-1}$，最后将整个 $a^{-1}b^{-1}$ 逆置得到 $(a^{-1}b^{-1})^{-1}=ba$。设 Reverse 函数执行将数组元素逆置的操作，对 abcdefgh 向左循环移动 3（$p=3$）个位置的过程如下：

Reverse(0，$p-1$)得到 cbadefgh；

Reverse(p，$n-1$)得到 cbahgfed；

Reverse(0，$n-1$)得到 defghabc。

注：Reverse 中，两个参数分别表示数组中待转换元素的始末位置。

(2) 使用 C 语言描述算法如下：

```
void Reverse(int R[], int from, int to)
{
    int i, temp;
    for(i = 0; i<(to - from + 1)/2; i++ )
```

```
    {
        temp = R[from + i];
        R[from + i] = R[to - i];
        R[to - i] = temp;
    }
}// Reverse
void Converse(int R[], int n, int p)
{
    Reverse(R, 0, p - 1);
    Reverse(R, p, n - 1);
    Reverse(R, 0, n - 1);
}
```

2. 算法描述如下:

```
void deletnode(Pointer &S)
{
    Pointer *p, *r;
    r = S;
    p = S->next;
    while (p->next!= S)
    {
        r= p;
        p = p->next;
    }
    r->next = S;
    delete(p);
}
```